长江流域生态环境治理丛书

典型流域、区域与城市的设计暴雨研究

DESIGN STORMS FOR TYPICAL BASIN, REGION AND URBAN AREA

刘曙光 周正正 韩 超 梁玉音 著

同济大学出版社
TONGJI UNIVERSITY PRESS
·上海·

图书在版编目(CIP)数据

典型流域、区域与城市的设计暴雨研究 / 刘曙光等著. — 上海：同济大学出版社，2023.3
ISBN 978-7-5765-0109-4

Ⅰ.①典… Ⅱ.①刘… Ⅲ.①设计洪水—暴雨洪水—研究 Ⅳ.①P333.2

中国版本图书馆 CIP 数据核字(2021)第 277062 号

"十四五"时期国家重点出版物出版专项规划项目
长江流域生态环境治理丛书

典型流域、区域与城市的设计暴雨研究

Design Storms for Typical Basin, Region and Urban Area

刘曙光　周正正　韩　超　梁玉音　著

责任编辑：吕　炜　李　杰
责任校对：徐春莲
封面设计：完　颖

出版发行　同济大学出版社　www.tongjipress.com.cn
（地址：上海市四平路 1239 号　邮编：200092　电话：021 - 65985622）
经　　销　全国各地新华书店、建筑书店、网络书店
排版制作　南京文脉图文设计制作有限公司
印　　刷　常熟市华顺印刷有限公司
开　　本　787mm×1092mm　1/16
印　　张　11.25
字　　数　281 000
版　　次　2023 年 3 月第 1 版
印　　次　2023 年 3 月第 1 次印刷
书　　号　ISBN 978 - 7 - 5765 - 0109 - 4
定　　价　88.00 元

内容提要

本书针对当前日益严重的暴雨洪涝灾害问题，梳理了设计暴雨研究现状并总结了笔者开展的流域、区域和城市三个尺度下的防洪研究工作，从流域、区域和城市三个尺度介绍了设计暴雨的研究框架，探讨了三种空间尺度下设计暴雨计算的主要研究手段和当前较为新颖的研究方法，并主要以太湖流域作为典型流域、太湖流域内的嘉兴地区作为典型区域、上海地区以及美国某小城市流域作为典型城市，给出了具体的设计暴雨应用案例。本书可为形成与流域、区域和城市三个尺度相协调的设计暴雨研究体系、研究制定适应中国实际的防洪设计标准和规范、建立人与自然和谐共生的防洪排涝保障体系提供重要的科技支撑；同时，也可为新形势下从流域、区域和城市各层面做好防洪减灾的顶层设计以及加强雨洪资源安全管理提供一定的参考。

本书可供从事防洪规划、设计、运行与管理工作的相关部门以及科研机构等人员参考使用，也可供高等院校相关专业师生学习和参考。

作 者 简 介

刘曙光:俄罗斯莫斯科大学地理学博士,同济大学海洋科学博士后,同济大学土木工程学院水利工程系教授委员会主任、教授、博士生导师。长期从事水文水资源、流域与村镇区域防洪与风险管理、城市及城市地下空间防洪减灾、洪水风险图编制、气候变化与海岸带防灾减灾、中俄大河流水资源与河床演变等研究。主持"十一五""十二五"国家科技支撑计划、"十三五"国家重点研发计划、国家自然科学基金面上项目、国际合作项目、水利部公益性项目、科技部基础研究工作专项、水利部太湖流域管理局项目等国家级、省部级项目40余项,出版专著5部,参编教材3部,发表学术论文100余篇,研究成果获得江苏省、山东省和广西壮族自治区科技进步奖多项。兼任教育部高等学校水利类专业教学指导委员会港口航道与海岸工程专业建设指导组成员、中国水利教育协会理事、国际水文科学协会中国委员会统计水文分委员会成员、中国自然资源学会水资源专业委员会委员、长江水环境教育部重点实验室副主任、上海防灾救灾研究所城市水务与防洪工程研究室主任、上海市学位委员会第四届和第五届学科评议组成员、上海市水利学会常务理事兼防汛专业委员会主任、上海市海洋湖沼学会理事、上海市欧美同学会第八届和第九届理事会理事、上海市俄罗斯东欧中亚学会理事,曾任中国留俄学生总会主席。

周正正:同济大学土木工程博士,同济大学海洋科学博士后,同济大学土木工程学院水利工程系助理研究员,曾在美国普林斯顿大学访问两年。研究方向为水文水资源、流域防洪、极端天气气候事件等。入选中国博士后"创新人才计划",主持国家自然科学基金青年项目、国际合作项目,在国内外期刊、会议上发表学术论文10余篇。

韩　超:同济大学土木工程博士,上海城投兴港投资建设(集团)有限公司规划技术部高级副经理,曾在河北雄安新区规划研究中心任职两年,主要从事城市规划设计、工程项目管理等工作。

梁玉音:同济大学土木工程博士,曾在加拿大麦克马斯特大学访问两年,主要研究方向为水文水资源、频率分析、雨洪管理等。在国内外期刊、会议上发表多篇学术论文。

序

FORWORD

中国的地理位置和气候特点决定了我国洪涝灾害频发。同时，受全球变暖和人类活动等影响，暴雨洪涝出现增多趋强的趋势，使得我国洪涝灾害日趋严重。2012年发生在北京的“7·21”极端暴雨洪涝事件，在使大家认识到城市洪涝防治重要性和紧迫性的同时，更促进了防洪除涝思路的转变。2013年12月，习近平总书记在中央城镇化工作会议的讲话中强调：“提升城市排水系统时要优先考虑把有限的雨水留下来，优先考虑更多利用自然力量排水，建设自然存积、自然渗透、自然净化的‘海绵城市’。”2014年开始，我国开始大力推行海绵城市建设及试点工作，从顶层设计考虑，综合性、科学性解决城市地区的水问题成为解决暴雨洪涝困境的核心思想。海绵城市建设标准先行，由于流域、区域和城市所面向的防护对象和防护目标不同，不仅需要采用不同的设计暴雨方法和设计暴雨标准，还需要注重三者的协调衔接，进一步完善和发展可应用于新形势下防洪规划的设计标准。

本书介绍了我国暴雨洪涝灾害现状和面临的防洪新情势，介绍了流域、区域和城市设计暴雨的主要内容和计算方法，提出了当前流域、区域和城市防洪关系及其与设计暴雨的关系，系统探讨了流域、区域和城市三种空间尺度下设计暴雨计算的主要研究手段和技术，如地区分析法、基于事件的多变量暴雨频率分析方法和随机暴雨移置方法等新颖的技术方法，并以太湖流域、嘉兴地区、上海地区以及美国某小城市流域为例，分别给出了适合这些地区的具体设计暴雨应用方案。

《典型流域、区域与城市的设计暴雨研究》的出版能够为研究制定和完善适应中国实际的防洪设计标准和规范提供有力的理论支撑，为发挥整体防洪效益最大化提供新技术、新思路。衷心希望研究团队能够再接再厉，为我国防洪减灾事业做出新的贡献。

张建云

中国工程院院士

英国皇家工程院外籍院士

水利部、交通运输部、国家能源局南京水利科学研究院教授

2023年3月

前 言

PREFACE

在当前气候变化和快速城市化的大背景下，以暴雨为代表的各类极端天气和气候事件频繁发生。特别是暴雨及其引发的洪涝灾害的发生频率、强度、持续时间都呈现出上升趋势，影响范围不断扩大，从大范围流域到城市地区，造成的灾害损失也越来越严重。极端暴雨问题已成为制约社会经济可持续发展的瓶颈。

随着防洪思想的转变，科学治洪、适应洪水的现代化防洪理念应运而生。2014 年，我国开始大力推行"海绵城市建设"，从顶层设计考虑，综合性解决城市地区的水问题。在新时代治水思路的指导下，我国已基本形成系统性的防洪规划体系，但还需要进一步提升防洪体系中流域、区域和城市等地区的防洪能力，并针对其面向的不同的防护对象和防护目标，考虑采用不同的设计暴雨方法和设计暴雨标准。由此可见，当前防洪形势和社会经济发展对设计暴雨提出了新要求和新任务，完善并发展能应用于新形势下防洪规划的设计暴雨方法和技术已成为当前工程领域的重大问题。

针对以上设计暴雨中的问题，本书梳理了当前设计暴雨的研究现状，在笔者已开展的防洪研究工作的基础上，从流域、区域和城市三个尺度介绍了设计暴雨的研究框架，探讨了三种空间尺度下设计暴雨计算的主要研究手段和较为新颖的研究技术，并主要以太湖流域作为典型流域，以太湖流域内的嘉兴地区作为典型区域，以上海地区以及美国某小城市流域作为典型城市，给出具体的设计暴雨应用案例。

本书可为形成与流域、区域和城市三个尺度相协调的设计暴雨研究体系，研究制定适应中国实际的防洪设计标准和规范，以及建立可统筹、可协调、可衔接不同尺度的防洪排涝体系，最终建立人与自然和谐共生的防洪保障体系等目标提供重要的科技支撑；同时，本书也可为新形势下从流域、区域和城市各层面做好防洪减灾的顶层设计，加强雨洪资源安全管理提供一定的参考。

全书内容安排如下：

第 1 章介绍当前暴雨洪涝灾害和我国面临的防洪新情势。通过梳理当前我国暴雨洪涝灾害以及城市化进程的影响，调研分析了我国防洪现状，并全面总结了设计暴雨的国内外研究进展。

第 2 章介绍流域、区域和城市设计暴雨的主要内容和计算方法。介绍了设计暴雨的主要内容和设计标准的选择，提出新形势下流域、区域和城市防洪关系及其与设计暴雨的关系，并阐述了设计暴雨的计算方法。

第 3 章介绍典型流域设计暴雨研究。采用地区分析法估算流域设计暴雨，包括参数估计、频率估计曲线以及水文气象一致区等内容，并以太湖流域为典型流域，介绍了基于线性矩法的流域暴雨频率分析研究，针对流域内的不同分区，生成不同的设计暴雨结果。

第 4 章介绍区域设计暴雨研究。介绍了 Copula 理论，系统阐述了基于事件的多变量降雨水文频率分析方法，并以太湖流域内的嘉兴地区为典型地区，研究了考虑多要素的区域设计暴雨频率。

第 5 章介绍城市设计暴雨研究。介绍了暴雨时空分布特征的定义与提取，以及暴雨时空演变的特征分析，着重研究了基于随机暴雨移置方法的设计暴雨推求方法，并以上海和美国某小城市流域为典型城市，研究了包含暴雨时空分布结构信息的城市设计暴雨频率。

第 6 章为结论与展望。介绍了本书的主要研究成果和结论，以及下一步可深入研究的问题。

本书由刘曙光、周正正、韩超、梁玉音负责全书的章节安排、各章节的内容撰写和统稿。第 1 章、第 2 章由刘曙光、周正正、庄琦、韩超撰写；第 3 章由梁玉音和周正正撰写；第 4 章由韩超撰写；第 5 章由周正正和庄琦撰写；第 6 章由刘曙光、周正正、钟桂辉撰写。在此谨向每一位为本书的完成作出贡献的人表示衷心的感谢。书中还部分引用了国内外同行学者一些研究成果，在此一并致谢。

本书涉及的研究成果是在“十三五”国家重点研发计划“绿色宜居村镇技术创新”重点专项“村镇建筑灾变机理与适宜性防灾设计理论”(2018YFD1100400)课题之一“地域性村镇建筑洪灾灾变机理与区域防洪设计理论”(2018YFD1100401)、“十二五”国家科技支撑计划村镇建设领域项目“村镇综合防灾减灾关键技术研究与示范”课题之二“村镇区域防洪关键技术研究”(2014BAL05B02)和水利部公益性行业科研专项“水文气象分区线性矩法在防洪规划中的应用”(201001047)的资助下完成的，谨致谢意。

由于本书针对的防洪问题影响因素涉及面广，且具有复杂性和不确定性等特点，导致本书所涉许多研究内容还不够成熟和完善，部分研究结论还只是初步成果，是否具备普遍适用性有待进一步验证。疏漏和不妥之处敬请读者批评指正。

著　者

2022 年 10 月

目　录

CONTENTS

第1章 绪　论

1.1 暴雨洪涝灾害

自然灾害是人类社会过去、现在和将来都要面对的最严峻的挑战之一。在众多自然灾害中，以暴雨洪涝为代表的极端水文气象灾害的影响范围最广，造成的经济损失最大。2014年，IPCC（Intergovernment Panel on Climate Change）的第五次评估报告表明，1901年以来，在大部分的北半球中纬度和高纬度区域，降雨量都呈上升趋势，在21世纪，这些区域暴雨的强度、发生频率等还将继续上升。随着气候变化和人类活动的影响，极端水文气象事件的发生变得更加频繁，暴雨洪涝灾害也日益呈现出多发甚至频发的态势。我国季风气候特点明显，汛期暴雨集中。《2018年中国气候公报》指出，自1961年起，我国暴雨日数在波动中呈上升趋势；近60年的总降雨呈现出先增后减的"曲棍球"现象，暴雨显著增多，出现异常极端暴雨的地区明显增加。中国东部地区以长江和黄河流域为主，夏季的长历时降雨区域增多，且其区域差异不断增大。例如，基于南京地区降雨量的研究发现，该区域发生大雨、暴雨的频率及降雨量均呈现增加趋势；基于北京市20个自动降水观测站小时降水资料的研究发现，北京地区城市化在一定程度上增加了城区总体上的降水总量、场次降水持续时间及降水强度。我国《第三次气候变化国家评估报告》指出，未来区域气温、降水量将继续上升，预计极端天气气候事件还将增加。

在暴雨不断增长的趋势下，暴雨洪涝灾害发生的频率和造成的直接经济损失也一直居于各类自然灾害之首。暴雨因其时间和空间上发生的随机性和突发性让人无法准确掌握，其引发的多重自然灾害以及造成的巨大破坏难以被有效控制，对社会经济所造成的巨大损失难以估量。据统计，2010年以来，洪涝及台风灾害所造成的直接经济损失明显增加（图1.1）。根据民政部国家减灾委员会统计，每年全国十大自然灾害事件中，至少有5项自然灾害来源于或伴随极端降雨事件。2000—2016年，我国因洪涝灾害造成的直接经济损失占当年GDP的比重平均达0.54%；而同期，在与我国纬度接近的美国，由洪水、强风暴、热带气旋、冬季风暴等造成的直接经济损失之和占当年美国GDP比重的均值仅为0.22%。

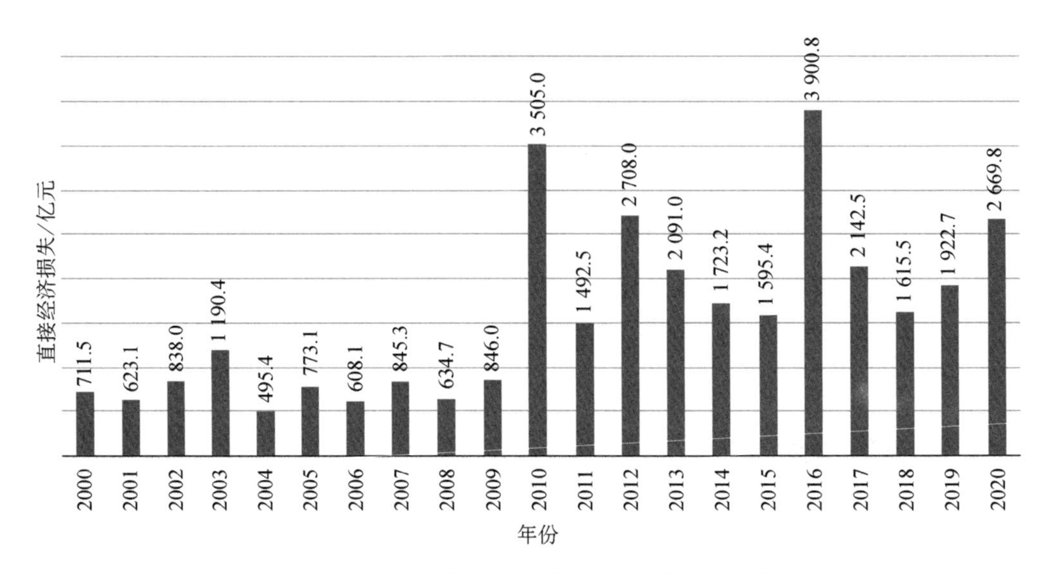

图 1.1　2000—2020 年我国洪涝及台风灾害直接经济损失

城市地区暴雨洪灾异常严重。城市化是伴随现代社会发展的一个重要特征，是区域(流域)大规模开发建设的必然结果。根据国家统计局统计数据，2011 年中国内地的城市化率首次突破 50%，意味着我国城镇人口首次超过农村人口，2018 年城市化率已达到 59.58%。目前，我国城市化进程正处于高速发展阶段，城市地区人口密集，经济发展较快，长历时、高强度、大范围的强降雨事件更容易导致后果严重的暴雨洪涝灾害。2008—2020 年间，我国有 60%以上的城市发生过不同程度的内涝，其中内涝灾害超过 3 次的城市有 137 个，在发生过内涝的城市中，57 个城市的最长积水时间超过 12 小时。2017 年，我国共有 104 个城市受淹或发生内涝，受灾人口达 5 514.90 万人，因灾死亡 316 人，失踪 39 人，直接经济损失达 2 142.53 亿元，占当年 GDP 的 0.26%。由此可见，防洪减灾仍是现阶段我国水安全的重要任务之一。

1.2　城市化与极端暴雨

城市化的快速发展使得城市地区的下垫面发生了本质性的变化，主要表现在人为表面(如混凝土或沥青的墙面或路面)取代自然表面(如植被、水面)，城市开发导致流域产汇流特征发生了显著改变，如：①城市化使得地面不透水面积增加，流域中原有雨水滞留能力锐减，径流系数增大；②城市化后地面糙率下降，汇流速度加快，进一步缩短了地面径流的汇流时间；③随着流域滞水能力的降低，洪水波形变得较为尖陡，洪峰流量明显增大(图 1.2)。城市化后下垫面发生的上述本质性改变将使得暴雨洪灾引发的各类问题日趋严重。

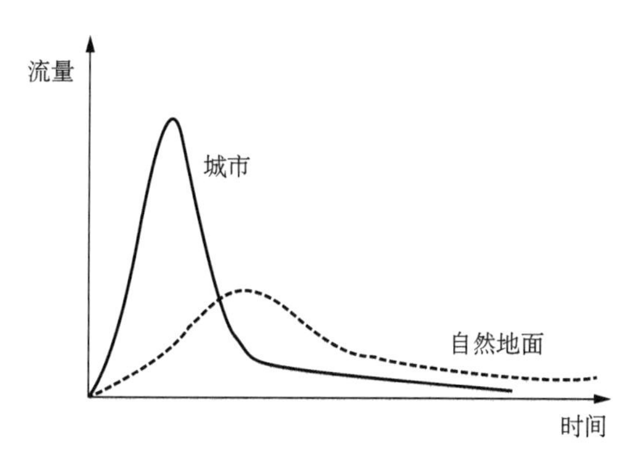

图 1.2 城市化前后径流过程的变化情况

与此同时,城市化进程通过直接或间接的方式使地区性极端气候事件发生变化,引起强度更大、发生更为频繁的城市强降雨。其中城市化进程对气候最显著的影响之一就是热岛效应。热岛效应是指受城市规模扩大带来的一系列影响,形成以城区为中心的"热岛",进而使得降水分布相比于郊区更集中于城区;又因为城市热岛效应与城市扩张及人口增长呈显著正相关,到了夏季,暴雨受城市热岛效应的影响更为明显,更容易形成城区大面积积水,甚至形成城市区域性内涝。如此一来,城市热岛效应的产生在一定程度上对城市暴雨洪涝起到了放大作用。国内外学者通过大量的研究都证明了热岛效应的存在以及对暴雨特性的影响。1968 年,美国学者发起了"都市圈气象观测试验计划"(METROMEX),通过在圣路易斯及近郊设置大量雨量观测网进行持续 5 年的观测,发现城市对夏季中等以上强度的对流性降雨产生显著的增雨效果。在美国巴尔的摩地区的研究显示,城市化改变了致洪降雨类型,使得夏季雷暴天气成为巴尔的摩地区城市流域的主要致洪因素。上海市和广州市的短历时降雨研究均发现,最大小时降雨强度随时间推移而增加,降雨强度增加与热岛效应强度的增加几乎同步,其中广州市区的降雨增幅是郊区增幅的数倍。

当前环境下,城市地区暴雨空间分布格局显著改变,暴雨空间分布不均匀性日益显现。长期以来,由于城市面积较小和受观测条件的限制,理论研究和工程实践中都基本不考虑降雨在城市内部空间分布上的特性。但随着城市建设规模的扩大,城市范围内必然存在暴雨空间分布的不均匀性;同时,由于城市化效应导致局地气候环境改变,城市暴雨空间分布的差异日趋增大。例如,2008—2017 年期间,上海各雨量站最大 12 小时降雨量相差达 100 mm(图 1.3)。苏州市的城市化发展使汛期降雨呈现出集中在市区的趋势。杭嘉湖地区城市增雨效应显著,城郊降雨差距增大。城市地区内降雨空间分布的不均匀性十分明显。

暴雨时空分布的改变必然会对城市暴雨洪水过程造成影响。暴雨空间分布不均,城市局地强降雨增强明显,使得城市流域内雨水径流过程非常复杂,不仅影响了洪水峰值、洪水总量和洪水出现的时间,还极大地增加了洪灾发生的不确定性,加剧了不同区域洪灾

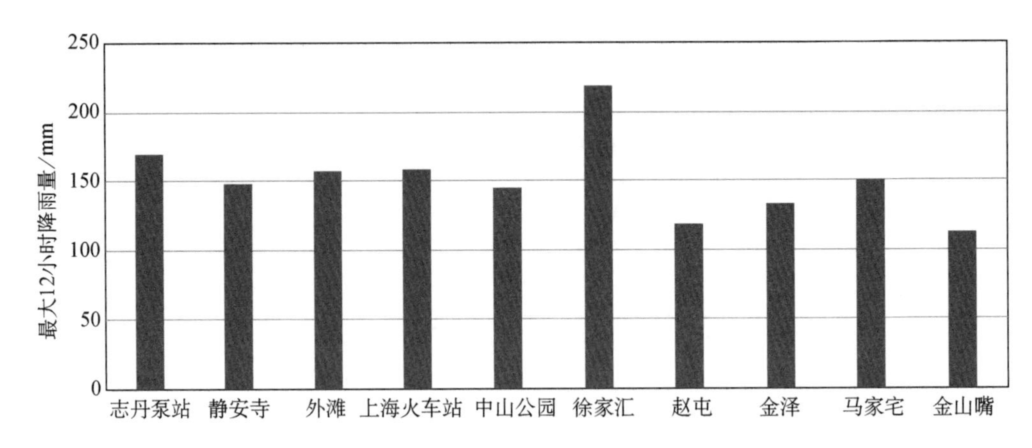

图 1.3　2008—2017 年上海各雨量站最大 12 小时降雨量

风险的差异性和复杂性。在城市地区频繁出现降雨总量不大但仍突发区域性内涝或淹水的情况。目前,已有相关研究重点关注降雨的时空演变规律与水文响应特征的关系。有研究表明,城市地区产汇流过程受到降雨时空分布不确定性的影响较大。现有的研究主要通过降雨的强度、历时、空间覆盖率等典型暴雨特征分析其对城市洪水响应的影响。在欧洲多个地区开展的雷达降雨数据结合半分布式水动力模型的水文响应研究显示,降雨时间上的变异性对水文响应影响更为显著。但也有研究发现,尽管暴雨时程变化的影响相对较为显著,但其空间变化的影响也不可忽略,并且随着降雨量级的增加,洪水对暴雨空间变化的敏感性也相应增加。暴雨空间分布影响了流域产流机制,显著增加或减少径流总量;暴雨云团的移动速度和方向也直接影响洪水过程、洪峰流量及响应时间等。同时,强降雨覆盖率是影响城市雨洪响应的重要因素之一,与洪峰流量、径流总量的相关性较大。随着流域面积的增大,暴雨中心位置对洪水响应的影响增加。此外,城市流域的排水系统会削弱降雨的时空变异性,使得降雨的时空变异性对洪水响应的影响降低。但是总体上暴雨时空分布特性与洪水响应的关系仍然较为复杂,没有明确定论。由此可见,城市暴雨的时空结构及其演化规律是研究城市洪水问题的关键因素。

1.3　我国防洪情势

我国的防洪情势从 1998 年长江、松花江大洪水后发生了很大的变化。从水情来讲,降雨情况变化较大,水文系列延长,河湖调蓄水量变化较大,主要行洪通道水位上涨较快,泄洪水量加大加快。从工情来讲,近年来国家投巨资加强了防洪工程建设,在防洪措施方面,通过各流域与地方的协调,一些多年未解决的问题取得了进展。20 世纪 50 年代末至 70 年代,我国主要江河均开展了流域综合规划编制工作,以“蓄泄兼筹、以泄为主”为目标,进行了大规模的河道水系整治和综合治理:在中、下游修建堤防并对已有堤防进行除险加固，设立泄洪河道，加大蓄滞洪区面积；在下游修建或拓宽泄洪入海通道；在中、上游修建水库控制洪水，同时，加强水土保持；并结合水资源开发利用，兴建了众多的水资源调控工程，建成了基本的水利工程体系，包括两岸堤防、水库和蓄滞洪区等。

20 世纪 80 年代，随着城市化进程的加快，城市防洪工作得到了更多重视，“节水优先、空间均衡、系统治理、两手发力”的国家新时期治水思路为防洪设计奠定了基础。国家防洪减灾目标和总体战略根据可持续发展的治水思路，站在全局和战略的高度构建了由防洪工程体系和非工程体系组成的综合防洪减灾体系框架。以防洪工程体系为主的工程措施包括水库工程、蓄滞洪工程、堤防工程、河道整治工程，即在中、上游修建水库，拦蓄洪水，削减洪峰；在河道周边开辟蓄滞洪区并加固河道堤防；在中、下游平原进行河道整治，清除河障，以形成一个由“拦、分、蓄、滞、排”组成的完整的防洪工程体系。非工程体系主要包括建立和完善各类相关的法律法规（如《中华人民共和国水法》《中华人民共和国防洪法》《中华人民共和国防汛条例》《中华人民共和国河道管理条例》《中华人民共和国水土保持法》等一系列法律条例的出台），以及逐步完善行政、经济等非工程措施等。我国防洪建设正向着“人水和谐”的目标迈进。

进入 21 世纪，随着社会经济的发展和洪涝灾害的急剧增加，“人水和谐”“可持续发展”等现代理念逐渐深入到整个水管理领域。在防洪战略上，开始由“防御洪水”向“管理洪水，与洪水共处”转变，在考虑水资源承载力的基础上对水资源的需求进行管理，维护水环境和水生态系统的良性循环。2014 年，我国开始大力推行“海绵城市建设”，从顶层设计考虑，综合性解决城市地区的水问题。其主要理念是把城市建得像“海绵”一样，下雨时能及时吸水、蓄水、渗水，雨期过后又能将蓄存的水“释放”出来并加以利用，从而增加下渗水量，减少洪量，延迟洪峰行程时间，有利于城市雨水利用、地下水补给和防洪出涝。海绵城市是系统性解决我国城市水问题的重要措施，当前，全国各地都掀起了建设海绵城市的热潮，海绵城市建设中的相关研究问题也已列入《“十四五”国家科技创新规划》之中，已成为国家的重要科学发展方向之一。

尽管我国防洪体系已取得了巨大进展，但仍存在以下一些问题值得探讨。

（1）流域、区域与城市防洪设计标准的衔接协调问题。我国已经初步构建了全国防洪减灾体系，大江大河防洪工程体系已基本建成，形成了流域控制、分区防控的防洪格局，但是，流域、区域、城市的防洪工程仍存在薄弱环节，工程配套不够齐全，防洪设计标准的相互衔接协调仍需进一步完善。

（2）现行防洪标准的更新与提升问题。总体上看，相较于发达国家，我国整体的防洪标准仍有较大的提升空间。例如，美国城市一般可防御 100～500 年一遇的洪水；波兰规定大城市的防洪标准为 500～1 000 年；日本对特别重要的城市要求能防御 200 年一遇的洪水；伦敦、维也纳的城市防洪标准达 1 000 年一遇。我国现行城市防洪标准按照城市重要性及城市非农业人口数量进行设定（表 1.1），整体的防洪设计标准仍低于发达国家（表 1.2）。

表 1.1 城市的等级和防洪标准

等级	重要性	非农业人口/万人	防洪标准:重现期/年
Ⅰ	特别重要的城市	≥150	≥200
Ⅱ	重要的城市	150～50	200～100
Ⅲ	中等城市	50～20	100～50
Ⅳ	一般城镇	≤20	50～20

表 1.2 我国部分城市防洪现状

城市名称	城市化率	常住人口/万人	经济生产总值/亿元	所在流域	防洪标准
上海市	89.3% (2020) (上海市第七次全国人口普查主要数据公报)	2 487.09 (2020) (上海市第七次全国人口普查主要数据公报)	38 700.58 (2020) (2020 年上海市国民经济和社会发展统计公报)	太湖流域	黄浦江市区段防汛墙按 1 000 年一遇高潮位设防。全市主海塘按 200 年一遇标准设防。 [《上海市防洪除涝规划(2020—2035 年)》公示稿]
河南省郑州市	78.40% (2020) (郑州市第七次全国人口普查公报)	1 260.06 (2020) (郑州市第七次全国人口普查公报)	12 003.00 (2020) (2020 年郑州市国民经济和社会发展统计公报)	黄河流域	(1) 主城区河道。按照 100 年一遇防洪标准进行综合治理,制定重点河道超标准洪水应急预案。 (2) 市域其他主要河道。包括双洎河、汜水河、颍河、伊洛河、枯河、丈八沟、石沟等河道,根据河道保护对象,按照 20～50 年一遇防洪标准进行综合治理规划,制定河道超标准洪水应急预案。 (2021 年 11 月 30 日郑州市加强防洪防涝系统规划编制工作实施方案)
湖南省长沙市	59.52% (2020) (长沙市第七次全国人口普查公报)	1 004.79 (2020) (长沙市第七次全国人口普查公报)	12 142.52 (2020) (2020 年长沙市国民经济和社会发展统计公报)	湘江流域	长沙市城区除洋湖垸靳江河段堤防正在进行达标建设以外,其他地区防洪标准已达到 100 年一遇,部分堤垸已经达到 200 年一遇的防洪标准。 (2015 长沙市防洪排涝情况调研报告)
江西省九江市	61.18% (2020) (九江市第七次全国人口普查公报)	460.03 (2020) (九江市第七次全国人口普查公报)	3 240.50 (2020) (九江市 2020 年国民经济和社会发展统计公报)	长江流域	20～50 年一遇 《九江市城市总体规划(2017—2035 年)》

1.4 设计暴雨研究进展

设计暴雨是水利工程设计、施工以及安全运行的重要指标。面对暴雨洪涝灾害对人民的生命安全、财产安全以及社会稳定带来的严重损害，对设计暴雨进行深入研究以确保各地区的防洪安全至关重要。目前，国内外大多采用单变量的降雨频率分析方法来推求设计暴雨，而且降雨量往往是唯一关注的指标。根据实践需要，很多国家和地区都已经出台了相关规范，对适用于当地的水文频率分析方法推求设计暴雨进行了细致而完善的规定，设计暴雨的研究体系基本形成。

在极值暴雨（洪水）取样方法方面，常用的极值取样方法有分期最大值法（Block Maxima，BM）、年最大值法（Annual Maxima，AM）、超定量法（Peak Over Threshold，POT）、r 最大值法（r-largest）和年超大值法（Partial Duration Series，PDS）等。大部分国家，如中国、加拿大、瑞典、美国、南非、新西兰、澳大利亚、英国等，均推荐使用年最大值法（AM）；德国规定，取样方法应与分布曲线线型匹配，若选用耿贝尔（Gumbel）分布，就用 AM 取样，若选用指数分布，则应用 POT 取样；法国规定，若选用 GEV 分布，就要用 AM 取样，若选用 GP 分布，就应用 POT 取样。其中，AM 可以认为是 BM 在分期长度为 1 年时的特殊情况。在太湖流域的降雨频率分析研究中，吴俊梅等比较了 AM 取样与 PDS 取样对暴雨频率设计值的影响。结果表明，虽然从理论上来说，PDS 法的结果应该比 AM 法更加可靠，但是，由于太湖流域站点不够多和序列长度不够长，二者的结果只在重现期较小时有些差别，在重现期较大时的差别并不十分显著。此外，一般认为，BM 法只能在每个分期选取其中的一个最大值，一方面，这会摒弃分期内发生的其他也很“极端”的事件，导致样本信息浪费；另一方面，它还会使得“资料序列短”等问题变得更加严峻，甚至会增大估计结果的不确定性。与 BM 法相比，POT 法能从有限资料中选取出更多的样本，从而包含更全面的极值信息。采用 POT 法进行取样的关键在于选取合适的超定量阈值。阈值太大，会导致样本数量过少，估计出来的参数方差很大；阈值太小，会导致样本的独立性变差。目前，采用 POT 法进行水文极值事件取样时，阈值的选取方法大致可以分为两类：第一类是图解法，常见的有 Hill Plot 法、L-moments Plot（lmomplot）法、Mean Residual Life Plot（mrplot）法和 The Threshold Choice Plot（tcplot）法等；第二类是数值法，常见的有百分率法、年平均出现次数法、最小年最大值法、均值方差法和拟合优度法等。图解法简单明了，物理意义明确，但主观性较强；数值法较为客观，但物理意义不太明确。有研究人员提出应将图解法与数值法结合使用。

在暴雨（洪水）频率分布线型方面，英国推荐使用对数耿贝尔分布（Log-Gumbel，LG）；澳大利亚、新西兰、南非、瑞典等国家推荐使用广义极值分布（Generalized Extreme Value，GEV）；德国推荐使用耿贝尔分布（Gumbel）或者指数分布（Exponential）；法国推荐使用 GEV 分布或者广义帕累托分布(Generalized Pareto, GP);加拿大的一些地区推荐使用耿贝尔分布;我国和奥地利、瑞士等国家推荐使用皮尔逊Ⅲ型(P-Ⅲ)分布。已有研究表明,我国暴雨资料只是大体上符合 P-Ⅲ分布,不能全面或绝对服从该分布,对所有样本只采用 P-Ⅲ这一种分布可能存在不合理性。例如,梁玉音在太湖流域降雨频率分析研究中对 GEV 和 P-Ⅲ这两种分布曲线进行了对比,研究结果表明,GEV 分布曲线比 P-Ⅲ分布曲线更加适用于太湖流域的降雨频率分析研究。俞超锋利用线性矩法在汉江流域进行降雨空间频率分析,分析计算了 P-Ⅲ分布下各单站不同重现期的设计暴雨。区域频率分析结果显示,汉江流域上游降雨符合 LN3 型分布,中、下游降雨符合 GEV 分布,并以此为基础计算了汉江流域各重现期的设计暴雨。因此,在设计暴雨研究中,也应当探究其他分布线型对我国暴雨资料的适用性。

在参数估计方法方面,常用的有常规矩法(Moments)、极大似然法、线性矩法(L-Moment, LM)、适线法、权函数法、间隔最大积法和概率权重矩法(Probability-Weighted Moments, PWMs)等。加拿大推荐使用常规矩法;瑞典、新西兰等国推荐使用概率权重矩法;美国、南非等国推荐使用线性矩法;我国推荐使用常规矩法、适线法等。Hosking 对比了常规矩法、极大似然法和线性矩法估计的参数特征,发现线性矩法的估计结果比常规矩法更加稳健。Royston 通过计算机模拟的手段,从无偏性等方面讨论了线性矩法的 $L\text{-}C_v$ 和 $L\text{-}C_s$ 较常规矩法的 C_v 和 C_s 的优势。Vogel 等利用蒙特卡洛模拟的方法,验证了在样本数量特别大的情况下,线性矩法的估计结果较常规矩法更优。周芬等通过理想样本还原准则,在 P-Ⅲ分布下对矩法、概率权重矩法、数值积分单/双权函数法、混合权函数法和线性矩法等六种参数估计方法进行了统计研究,比较了其无偏性和稳健性,并用三峡水库的洪峰流量计算作为实例,结果表明,就无偏性而言,数值积分单/双权函数法较好,线性矩法次之;就稳健性而言,线性矩法较好,混合权函数法次之;从统计结果看,线性矩法最优,建议在实际中采用。陈元芳等以参数、设计值不偏性及有效性为标准,在 Gumbel 分布、GEV 分布、对数正态分布、指数分布下对绝对值准则和平方和准则两种不同适线法、矩法和线性矩法进行比较,得出线性矩法优于其他参数估计方法。在太湖流域降雨频率分析的研究中,梁玉音、周正正等选取太湖流域年最大一日降雨进行分析,对比了线性矩法和常规矩法对 GEV、P-Ⅲ曲线的参数估计结果,从理论和实践两方面证明了线性矩法的优越性。同时,从理论上来说,极大似然法是数理统计中相对最佳的估计方法,可以证明,在正则条件下,极大似然法是渐近有效和无偏的,其基本点是研究样本出现最大的可能性。利用极大似然估计不变性这一统计性质,可以容易求得一些复杂结构的参数的极大似然估计。因此,极大似然法也是一种应用较为广泛的参数估计方法。目前研究中,越来越多的学者研究证明,线性矩法相较于其他参数估计方法具有其优越性。

在设计暴雨成果的合理性方面,单变量时段降雨频率分析方法在一些应用实例中出现了不同时段降雨频率曲线交叉的现象,在某些重现期情况下,较短历时的设计暴雨可能会大于较长历时的设计暴雨。如许月萍等在计算香港新界北部某雨量站各时段设计暴雨时发现,在接近1 000年一遇时,推求的6小时降雨频率曲线与12小时降雨频率曲线出现了交叉。美国国家海洋和大气管理局(National Oceanic and Atmospheric Administration, NOAA)在制作美国各地区的暴雨图集(Precipitation-Frequency Atlas)时发现,在较长重现期情况下,也多次遇到了较短历时设计暴雨大于较长历时设计暴雨的现象。此外,Smithers等在推求南非的设计暴雨以及林炳章等在推求中国太湖流域的设计暴雨时,在部分站点也遇到了这种异常现象。基于统计学理论可知,这种现象明显是不合理的。目前,关于这种现象产生的确切原因还未形成定论。基于对这种现象产生根源的不同假设,研究人员对这一问题提出了不同的解决思路。但是,这些假设是否正确,相应的解决思路是否能从根本上避免这种不合理现象的出现仍然是存在争议的。

目前,考虑水文事件多元特征的多变量水文频率分析逐渐成为水文统计领域的研究热点。水文事件(包括水文极值事件)往往都是包含频域、时域和空间域的复杂过程,并具有多个方面的特征属性,如降雨事件包括降雨量、降雨历时、降雨强度等;洪水事件包括洪峰、洪量和历时等;干旱事件包括干旱历时、干旱强度等。而单变量水文频率分析方法往往只能挑选水文事件的某一个特征变量进行分析,如单变量降雨频率分析仅考虑指定时段的降雨量,单变量洪水频率分析仅考虑洪峰流量,等等。早期,受统计学理论的限制,水文统计学家们在处理多变量水文频率分析问题时,往往需要假设变量之间是相互独立的(即忽略变量间可能存在的相关性),将多变量联合概率问题简单化。如1984年,Rodriguez-Iturbe等提出了泊松矩形脉冲降雨模型(Poisson Rectangular Pulse-Point Rainfall Model),该模型通过假设降雨历时和平均降雨强度之间相互独立,将联合分布问题简化成两个变量边缘概率分布的乘积。由于其原理简单,操作简便,该模型广泛应用于降雨时间序列分析中。郭毅平等提出的分析概率模型(Analytical Probabilistic Model)也是假设降雨事件各个特征变量之间是相互独立且服从指数分布的,忽略了降雨量、降雨历时等降雨事件特征变量之间的相关性。Córdova等发现,如果忽略降雨变量之间的相关性,会对模型计算的降雨径流结果产生不可忽略的影响;Stephanie等的研究也表明,在进行多变量洪水频率分析时,如果忽略变量之间的相关性,可能会造成洪水风险被低估。随后,基于多元概率分布函数的多变量水文频率分析方法的出现不仅可以考虑各个水文变量的边缘概率分布,还可以同时考虑水文事件各特征变量之间的相关性。目前,多变量水文频率分析领域最常用的多元概率分布函数是多元正态分布。此外,二元指数分布、二元Gamma分布、二元极值分布、二元混合Gumbel分布、二元Gumbel逻辑分布等也有较多应用实例。20世纪90年代以来,基于非参数方法的多变量水文频率分析方法因其构造简单,计算简便,逐渐成为研究热点。由于这种方法是数据驱动的,不需要假定变量的分布形式,从而避开了现行的频率分析方法中复杂的分布曲线线型选择难题,可以较为客观真实地反映水文事件的特征。然而,这种基于非参数方法的多变量水文频率分析方法在实际应用时也是存在局限性的:①非参数方法是数据驱动的,需要很长的样本序列才能得到较为准确的估计结果,在实际应用中,长序列的水文资料往往较难获取,尤其像我国这种发展中国家更是如此;②非参数方法所构造的联合分布、边缘分布类型未知,并且预测(外延)能力不足,不利于对一些水文事件的尾部(极端情况)进行频率分析。

因此,无论是现行的单变量水文频率分析方法,还是基于多元概率分布函数或非参数方法的多变量水文频率分析方法,在实际应用过程中,都存在着一定的局限性。在水文频率分析领域,仍需要一种能同时考虑变量边缘分布以及变量间相关性的多变量水文频率分析方法。

在城市化背景下,城市地区的降雨-洪水关系已发生显著改变,传统的设计暴雨和设计洪水计算方法很可能已不适用于城市地区。例如,美国城市地区常用的洪水频率分析方法是采用有关流域面积和土地利用类型的洪水回归方程,美国北卡罗来纳州城市地区采用的地区洪水频率分析公式中只采用了流域面积和不透水率来计算城市地区的设计洪水。但是以往的研究表明,城市洪水和不透水率并不是简单的线性关系,不透水面在流域内的空间分布、不透水面的“本质”(特别是具有水利可导地面与不可导的不透水面的连接)会显著影响城市洪水的响应。由此可见,城市化的发展对城市地区降雨-洪水的计算问题提出了新的要求。

在城市尺度下,传统的水文频率分析方法给定降雨历时下的降雨强度/深度通常是从雨量站中获取,然后将其制作成强度-历时-频率曲线(Intensity-Duration-Frequency,IDF)。在地区性降雨频率分析中,还做了多个假设:降雨过程线采用某个固定形状,降雨和流域面积的关系采用降雨面积递减因子(Area Reduction Factor, ARF),同时,降雨在空间上是均匀分布的,使其成为统一的“均匀降雨场”。NOAA Atlas 14 是基于地区线性矩法计算的设计降雨图集,提供了地区性的 IDF 曲线以供设计参考,该方法也在中国部分流域得到了应用。但是,由于地区线性矩法所采用的数据主要来源于雨量站观测资料,计算结果的准确度很大程度上依赖于雨量站的密度和资料长度。此外,由于雨量站的位置较为固定,很有可能没有真正观测到最大降雨,且无法充分考虑降雨时空特性,使得计算结果存在较大的不确定性。因此,在观测条件不断改善的前提下,在进行地区性降雨及其洪水频率分析时,需要充分考虑地区降雨的时空分布信息。

随着雷达降雨的发展,可获得的降雨时空分布信息更为详细和有效。在过去几十年的研究中,雷达降雨数据被广泛应用于水文模型和城市水文响应研究中。高精度雷达降雨数据逐渐应用于城市水文领域,尤其是研究暴雨时空分布特性对城市水文响应的影响。因此,在观测条件不断改善的前提下,进行地区性降雨及其洪水频率分析需要充分考虑地区降雨的时空分布信息。随机暴雨移置法(Stochastic Storm Transposition)是当前较为新颖的地区降雨频率分析方法之一。该方法通过提供包含时空分布信息的设计暴雨方案,有效地考虑了暴雨空间分布不均匀性对洪水过程的影响。其中心思想是在划定区域内选定一系列强降雨事件作为暴雨目录(Storm Catalog),基于概率重采样与地理移置相结合的方法模拟暴雨序列,从而有效地延长了序列长度。其主要优势在于:①所需的降雨序列可相对较短,避免了城市水文资料序列短、一致性不足等问题;②充分考虑了降雨的空间分布特性,有效地提高了设计暴雨和设计洪水的可靠性。早期,Wilson 等、Gupta 和 Franchini 等探究了基于随机暴雨移置思路的极端降雨估算,研究结果证明了该理论框架的可行性。Wright 等对该方法进行了进一步的扩展和完善,并将其与水文模型结合推求城市设计洪水,并已推广至美国多个城市和地区。

本章参考文献

[1] 孔锋,方建,吕丽莉.1961—2015 年中国暴雨变化诊断及其与多种气候因子的关联性研究[J].热带气象学报,2018,34(1):34-37.

[2] 周建康,唐运忆,徐志侠.南京站降水量的统计分析[J].水文,2003,23(6):35-38,46.

[3] 朱秀迪,张强,孙鹏.北京市快速城市化对短时间尺度降水时空特征影响及成因[J].地理学报,2018,73(11):2086-2104.

[4] 孔锋,薛澜.1961—2017 年中国不同长历时暴雨与总降雨事件的空间分异特征对比研究[J].长江流域资源与环境,2019,28(9):2262-2277.

[5] 姜仁贵,韩浩,解建仓,等.变化环境下城市暴雨洪涝研究进展[J].水资源与水工程学报,2016,27(3):11-17.

[6] 张建云.城市洪涝应急管理系统关键技术研究[C]//2013 城市防洪国际论坛,中国上海,2013.

[7] Ntelekos A A, Smith J A, Krajewski W F. Climatological analyses of thunderstorms and flash floods in the Baltimore metropolitan region[J]. Journal of Hydrometeorology, 2007, 8(1): 88-101.

[8] 周翠宁,任树梅,杨培岭,等.城市化对降雨特征影响研究[J].水利水电技术,2007,38(10):63-65.

[9] 李娜,许有鹏,陈爽.苏州城市化进程对降雨特征影响分析[J].长江流域资源与环境,2006,15(3):335-339.

[10] 丁瑾佳,许有鹏,潘光波.杭嘉湖地区城市发展对降水影响的分析[J].地理科学,2010,30(6):886-891.

[11] 徐光来,许有鹏,徐宏亮.城市化水文效应研究进展[J].自然资源学报,2010,25(12):2171-2178.

[12] Berne A, Delrieu G, Creutin J D, et al. Temporal and spatial resolution of rainfall measurements required for urban hydrology[J]. Journal of Hydrology, 2004, 299(3-4):166-179.

[13] 林而达,许吟隆,吴绍洪,等.气候变化国家评估报告(Ⅱ):气候变化的影响与适应[J].气候变化研究进展,2007,3(z1):51-56.

[14] Veldhuis M, Zhou Z, Yang L, et al. The role of storm scale, position and movement in controlling urban flood response[J]. Hydrology and Earth System Sciences, 2018, 22(1):417-436.

[15] Mölders N, Olson M A. Impact of urban effects on precipitation in high latitudes[J]. Journal of Hydrometeorology, 2004, 5(3):409-429.

[16] Tetzlaff D, Uhlenbrook S. Significance of spatial variability in precipitation for process-oriented modelling: results from two nested catchments using radar and ground station data[J]. Hydrology and Earth System Sciences Discussions, 2005, 9(1/2):29-41.

[17] Volpi E, Di Lazzaro M, Fiori A. A simplified framework for assessing the impact of rainfall spatial variability on the hydrologic response[J]. Advances in Water Resources, 2012(46):1-10.

[18] 姜智怀,巩志宇,李嫦,等.基于降水时空分布情景模拟的暴雨洪涝致灾危险性评价[J].暴雨灾害,2016,35(5):464-470.

[19] Ogden F L, Sharif H O, Senarath S U S, et al. Hydrologic analysis of the Fort Collins, Colorado, flash flood of 1997[J]. Journal of Hydrology, 2000, 228(1-2): 82-100.

[20] Kim D-H, Seo Y. Hydrodynamic analysis of storm movement effects on runoff hydrographs and loop-rating curves of a V-shaped watershed[J]. Water Resources Research, 2013, 49(10): 6613-6623.

[21] Smith J A, Baeck M L, Morrison J E, et al. The regional hydrology of extreme floods in an urbanizing drainage basin[J]. Journal of Hydrometeorology, 2002, 3(3):267-282.

[22] Syed K H, Goodrich D C, Myers D E, et al. Spatial characteristics of thunderstorm rainfall fields and their relation to runoff[J]. Journal of Hydrology, 2003, 271(1-4):1-21.

[23] Bruni G, Reinoso R, van de Giesen N C, et al. On the sensitivity of urban hydrodynamic modelling to rainfall spatial and temporal resolution[J]. Hydrology and Earth System Sciences, 2015, 19(2): 691-709.

[24] Ochoa-Rodriguez S, Wang L-P, Gires A, et al. Impact of spatial and temporal resolution of rainfall inputs on urban hydrodynamic modelling outputs: A multi-catchment investigation[J]. Journal of Hydrology, 2015, 531(2):389-407.

[25] Morin E, Goodrich D C, Maddox R A, et al. Spatial patterns in thunderstorm rainfall events and their coupling with watershed hydrological response[J]. Advances in Water Resources, 2006, 29(6):843-860.

[26] 中华人民共和国住房和城乡建设部.海绵城市建设技术指南——低影响开发雨水系统构建(试行)[S].北京:2014.

[27] 国务院."十三五"国家科技创新规划[EB/OL].(2016-08-08). http://www.gov.cn/zhengce/content/2016-08/08/content_5098072.htm.

[28] 中华人民共和国水利部.防洪标准:GB 50201—2014[S].北京:中国计划出版社,2014.

[29] 吴玉明,王献辉,花剑岚.南京城市防洪规划(2013—2030)编制与思考[J].水利规划与设计,2017(1):7-10.

[30] 任双立,吕勋博.北京城市副中心防洪对策研究[J].水利水电技术,2017,48(10):56-62.

[31] 雷洪犇.江苏省南通市防洪规划综述[J].城市道桥与防洪,2013(5):120-122.

[32] 冯丽华,景国强,高焕芝.丹阳市城市防洪能力分析与对策[J].江苏水利,2016(1):61-62,66.

[33] 杨桂书,王超磊,吕军.盐城市城市防洪形势分析及对策研究[J].水资源开发与管理,2017(10):68-72.

[34] 杨晶晶.山东济南市城市防洪应急管理简析[J].中国防汛抗旱,2017,27(6):30-33.

[35] 赵玉珍.漯河市城市防洪问题探讨[J].中国水利,2016(13):28-29,22.

[36] 邢勇志.浅析如何提高滁州市城市防洪标准[J].水利规划与设计,2018(1):93-95,99.

[37] 黄惠静.南宁市防洪工程变迁与发展[J].广西水利水电,2017(1):80-86.

[38] 周艳,林志贵,张文强.江西萍乡市城市防洪排涝现状与发展对策[J].中国防汛抗旱,2015,25(6):95-97.

[39] Niemczynowicz J. Urban hydrology and water management-present and future challenges[J]. Urban Water, 1999,1(1):1-14.

[40] Schilling W. Rainfall data for urban hydrology: What do we need?[J]. Atmospheric Research, 1991, 27(1):5-21.

[41] Smith J A, Miller A J, Baeck M L, et al. Extraordinary flood response of a small urban watershed to short-duration convective rainfall[J]. Journal of Hydrometeorology, 2005, 6(5):599-617.

[42] Svensson C, Jones D A. Review of rainfall frequency estimation methods[J]. Journal of Flood Risk Management, 2010, 3(4):296-313.

[43] Institute of Hydrology. Flood Estimation Handbook, Vol. 2: Rainfall frequency estimation[S]. Wallingford,UK, 1999.

[44] Zhou Z Z, Liu S H, Hua H, et al. Frequency analysis for predicting extreme precipitation in Changxing station of Taihu Basin, China[J]. Journal of Coastal Research, 2014, 68(spl): 144-151.

[45] Guo Y, Adams B J. An analytical probabilistic approach to sizing flood control detention facilities [J]. Water Resources Research, 1999, 35(8): 2457-2468.

[46] 中华人民共和国水利部.水利水电工程设计洪水计算规范:SL 44—2006[S].北京:中国水利水电出版社,2006.

[47] 梁玉音.太湖流域降雨频率分析及不确定性研究[D].上海:同济大学,2017.

第2章

流域、区域与城市尺度下的设计暴雨

2.1 设计暴雨概述

2.1.1 设计暴雨

设计暴雨(design storm)是指为防洪等工程设计拟定的、符合指定设计标准、当地可能出现的暴雨。其主要内容包括各历时的设计暴雨量、暴雨时程分配及面分布的确定。设计暴雨量包括设计点暴雨量和设计面暴雨量。设计点暴雨量是指流域中心的点雨量,设计面暴雨量是指一定降雨历时内、一定面积上符合设计标准的面平均雨量。推求设计洪水所需要的设计暴雨一般是指设计面暴雨量,当流域面积较小、各历时面暴雨量系列短缺时,可用相应历时的设计点暴雨量和暴雨点面关系间接计算。对于面积很小的流域,可用设计点暴雨量代替流域设计面暴雨量进行计算。对降雨历时的确定,流域和区域在尺度上与城市有所不同。流域和区域主要关注长历时的设计暴雨。根据计算习惯,一般以日为界。对于大中流域,设计暴雨历时一般选取 1 d, 3 d, 7 d, 15 d, 30 d;对于小流域,设计暴雨历时一般选取 1 h, 3 h, 6 h, 12 h, 24 h。城市地区多关注短历时设计暴雨,根据《室外排水设计标准》(GB 50014—2021),设计暴雨历时采用 5 min, 10 min, 15 min, 20 min, 30 min, 45 min, 60 min, 90 min, 120 min, 150 min, 180 min 11 个历时。短历时暴雨的降雨历时采用 30 min, 60 min, 90 min, 120 min, 150 min, 180 min 6 个历时。

确定了各历时的设计暴雨量之后,还需要确定设计暴雨在时程上的分配,即推求设计暴雨的降雨强度过程线,也称作设计雨型。设计暴雨雨型的确定需要考虑雨型是否反映本地区较大暴雨雨峰的位置和出现的次数、降雨的连续性及各时段的雨量分配。目前,由国外学者提出的常用雨型模型有 Keifer & Chu 雨型(芝加哥雨型)、Huff 雨型、Yen 和 Chow 雨型(三角形雨型)、Pilgrim & Cordery 雨型和均匀雨型等。依据我国的设计暴雨相关规范和标准,目前我国对雨型的研究和应用一般根据各地区实测的典型降雨事件,以不同时段同频率设计暴雨量为控制,然后分时段同频率进行放缩,从而得到设计暴雨过程线。

设计暴雨的面分布是指设计暴雨总量在流域或区域上的分布，常用设计暴雨的等雨量线图表示。应以流域设计面雨量为控制，拟定符合工程设计要求同时又符合本地区暴雨特性、供推求设计洪水过程线和分析设计洪水地区组成使用的设计暴雨地区分布。设计暴雨的地区分布的推求方法一般是选择典型暴雨图，将其放置在流域的适当位置，然后按设计面雨量放大典型暴雨图而求得。当流域内有较长期暴雨资料时，可选本流域内对工程安全不利的实测大暴雨等值线图作为典型暴雨图。当流域内暴雨资料短缺时，可移用暴雨特性相似的邻近地区大暴雨等值线图作为典型暴雨图。移用时应考虑对工程安全的不利影响、暴雨中心经常出现的位置、暴雨走向和雨轴方向等，合理放置典型暴雨等值线图。

在实际工程中，流量系列受外界环境变化的影响较大，流量系列的一致性往往易受到破坏，而暴雨系列变化较小，且洪水往往与暴雨有着密不可分的关系，因此，流域及区域中常用设计暴雨来推求设计洪水，城市中常用设计暴雨作为拟定排水标准的基础。

2.1.2 设计标准的选择

为适应各地经济发展、防洪建设的需要，选择合理的设计标准至关重要。在流域、区域尺度下，设计暴雨往往用于推求设计洪水。利用设计暴雨推求设计洪水时，一般假定设计暴雨与设计洪水同频率，即防洪标准的确定与设计暴雨息息相关。根据国家标准《防洪标准》(GB 50201—2014)的规定：防护对象的防洪标准应以防御的洪水或潮水的重现期表示；对特别重要的防护对象，可采用可能最大洪水表示。根据防护对象的重要性以及经济、社会、环境等因素进行考虑，其防洪标准可采用设计一级或设计、校核两级。各类防护对象的防洪标准确定之后，相应的设计标准应根据防护对象所在地区实测和调查的暴雨、洪水、潮位等资料分析研究确定。根据暴雨资料计算设计洪水，对产流、汇流计算方法和参数应采用实测的暴雨洪水资料进行检验。

以太湖流域为例，太湖流域根据设计暴雨采用流域产汇流模型间接推求设计洪水，故设计暴雨推算成果及标准选择将直接影响太湖流域防洪安全。1991年以后，流域依照《太湖流域综合治理总体规划方案》确定综合治理格局，选用1954年5—7月降雨过程为全流域的防洪设计标准，暴雨频率约为50年一遇，逐渐形成了五条防洪控制屏障，分别为长江堤防控制线、环太湖大堤控制线、武澄锡西控制线、望虞河东岸控制线和太浦河北岸控制线。之后，1999年发生的特大洪涝灾害，降雨范围广，强度大，暴雨中心频率为200～300年一遇，对工程的防洪能力提出了更高的要求和挑战，太湖流域的防洪标准也进行了新的修订。

城市尺度下，设计暴雨通常作为制定城市排水标准的基础资料。根据《室外排水设计标准》(GB 50014—2021)的规定，雨水管渠设计重现期(或设计暴雨重现期)，应根据汇水地区性质、城镇类型、地形特点和气候特征等因素，经技术、经济比较后确定。我国目前采用的雨水管渠设计重现期见表 2.1,其中城镇类型的划分根据 2014 年国务院下发的《国务院关于调整城市规模划分标准的通知》进行调整,增加超大城市,按照城区常住人口将城市划分为“超大城市和特大城市”“大城市”“中等城市和小城市”。城区类型参照国外相关标准,将“中心城区地下通道和下沉式广场等”单独列出,采用较高的重现期。国外如德国地下铁道/地下通道的设计重现期推荐设为 5～20 年,国内如虹桥商务区的规划中,将下沉式广场的设计重现期定为 50 年。

表 2.1　我国雨水管渠设计重现期　　(单位:年)

城镇类型	城区类型			
	中心城区	非中心城区	中心城区的重要地区	中心城区地下通道和下沉式广场等
超大城市和特大城市(城区常住人口≥500 万人)	3～5	2～3	5～10	30～50
大城市(城区常住人口为 100 万～500 万人)	2～5	2～3	5～10	20～30
中等城市和小城市(城区常住人口 <100万人)	2～3	2～3	3～5	10～20

部分国家城市雨水管渠设计重现期的比较见表 2.2。在各国标准中,美国标准相对较高,一般地区规定重现期标准为 2～15 年,特殊地区达到 10～100 年,并鼓励对重要地区采用更高重现期。

表 2.2　部分国家城市雨水管渠设计重现期的比较

国家	设计暴雨重现期
美国	居住区为 2～15 年,一般取 10 年;商业和高价值地区为 10～100 年;各州排水干管系统为 100 年
欧盟国家	农村地区为 1 年,居民区为 2 年,城市中心/工业区/商业区为 5 年,地铁/地下通道为 10 年
德国	地下铁道/地下通道为 5～20 年
日本	3～10 年,10 年内应提高至 10～15 年
澳大利亚	高密度开发的办公、商业和工业区为 20～50 年;其他地区以及住宅区为 10 年;较低密度的居民区和开放地区为 5 年
新加坡	一般管渠、次要排水设施、小河道为 5 年;新加坡河等主干河流为 50～100 年;机场、隧道等重要基础设施和地区为 50 年

2.2　流域、区域与城市的防洪关系及设计暴雨计算

2.2.1　流域、区域与城市的防洪关系

流域多是以大型河湖水系为骨架形成的面积较大的区域。区域是在流域内或根据行政管理、地理地形等特征划分出的各个片区。在片区内，根据行政管理、地理地形、经济发展、防洪规划设计等，又划分出大、中、小城市，乃至城市中的小型社区。城市是流域中重要的防护对象。

从最基本的洪水成因上分析流域、区域与城市三者的防洪关系。通常，暴雨是引发洪水的最主要原因之一，三个层级下暴雨洪灾的类型和特征不同(表 2.3)。流域性、区域性的大范围暴雨是造成天气灾害(如台风、梅雨等)的主要原因。若流域面积较大，降雨分布不均匀，则发生全流域性的极端雨洪事件的可能性较小，往往是在流域内部的局部地区出现暴雨洪水事件，导致其上、下游地区共同受灾。例如，以太湖流域为典型代表，由于其地处亚热带季风气候区，春末夏初，流域易发生影响范围广、雨量大、历时长的梅雨型暴雨；夏秋季节，又常发生影响范围较小、历时较短但降雨强度高的台风型暴雨，加之流域地势低洼，暴雨洪涝灾害发生频繁。1954 年自 5 月初至 7 月底，由于全流域普降连续性大雨，太湖流域发生了 20 世纪以来最大的流域性洪涝灾害。1993 年 8 月，太湖上游地区的降水较集中在浙西山区，下游地区的降水较集中在阳澄淀泖区和杭嘉湖地区。由于上游地区洪水来量大，当地的降雨强度大，以及下游河道排水不畅通等原因，最终导致以苏州、嘉兴两市为主的局部性洪涝灾害。

表 2.3　流域、区域和城市暴雨洪涝的空间尺度特征和时间特征

特征	流域性	区域性	城市性
空间尺度特征	分布不均，局部地区	分布不均	有集中性
时间特征	历时长	历时较长	历时短

城市性暴雨的成因较为复杂，除台风、梅雨外，雷暴、城市热岛效应等造成的局地性短时强降雨等也是造成城市暴雨内涝的重要原因。城市内的极端雨洪事件，一般会出现短历时强降雨，由于其非自然属性的下垫面条件，城市排水管网与河湖水系的相互作用，很可能会导致洪水出现的概率增加。太湖流域 1991 年发生的洪水是一个典型的例子，经济发展导致下垫面条件变化较大，区域积水无法及时排出，造成了严重的洪涝灾害。若对流域下垫面情况进行分析，可以发现：一方面，太湖流域圩区众多，闸泵等水工建筑物密布且调度复杂；另一方面，河网水系不同于一般的树状水系，河道纵横交错且水流流向往复不定。这些变化使得流域防洪排涝能力在有所提升的同时，随着圩区等

被保护区域内的积水被高强度外排，圩外河道也面临着越来越大的防洪压力。2015 年 6 月，太湖流域遭受了三次强降雨侵袭，阳澄淀泖区及城市大包围的涝水外排导致大运河水位迅速上升，大运河全线水位超警戒线，无锡段水位达到 5.18 m（1991 年历史高水位为 4.88 m），给流域防洪造成隐患。

同时，从防洪设计标准角度看，覆盖全流域的防洪设计标准一般低于流域内的重点区域和城市地区（图 2.1）。从重现期上看，全流域重现期相对较小；流域内各个区域制定的重现期各不相同，如防洪保护区、蓄滞洪区等，重现期差异较大。以太湖流域的防洪目标为例，近期流域防洪标准提高到不同降雨典型 50 年一遇，重点工程建设与防御流域 100 年一遇洪水的标准相衔接，区域防洪设计标准提高到 20～50 年一遇；城市防洪达到国家规定的防洪设计标准。

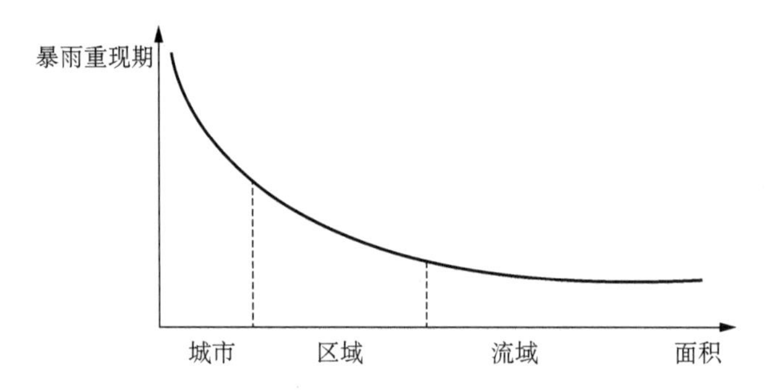

图 2.1 流域-区域-城市设计暴雨重现期的总体关系

城市内的设计暴雨重现期相对较高，但从实际情况来看，城市防洪设计标准受制于流域、区域的防洪设计标准。例如，对于开展海绵城市建设的各个城市来说，如果没有流域、区域防洪体系达标作为支撑，各类海绵城市措施所对应的防洪设计标准就会降低，从而无法达到海绵城市的建设要求。同时，区域和流域的防洪调度也会影响城市的实际防洪能力，导致其设计标准的变化。

为了城市综合性防洪安全保障，许多城市所在的流域已建成包括水库、堤防、滞蓄洪区、分洪道以及城市防洪堤在内的防洪体系，而城市所在流域的防洪体系防洪设计标准有时也与城市防洪设计标准并不相同。在这种情况下，城市防洪设计标准应当代表抵御威胁城市全局安全的主要江河的防洪能力。因此，应当用城市所在流域的防洪体系防洪设计标准与城市堤防设计标准中的较高者作为城市防洪设计标准。例如，上海市黄浦江上段防洪设计标准即太湖流域防洪标准，为 100 年一遇；而黄浦江干流及主要支流按国家批准的 1 000 年一遇高潮位设防。所以，上海市城市防洪标准应定为 1 000 年一遇。

由此可见，流域、区域和城市的防洪关系及其协调性，本质上就是三者设计暴雨的关系及协调性问题，需要整体、系统性地考虑三者之间的关系（图 2.2），从整体上研究三种层次下的设计暴雨，建立可统筹协调的防洪管理框架，使防洪设计能够真正体现新时期防洪设计的特点，形成人与自然相协调的、有创新、有突破的防洪设计，体现对经济社会发展的指导作用。

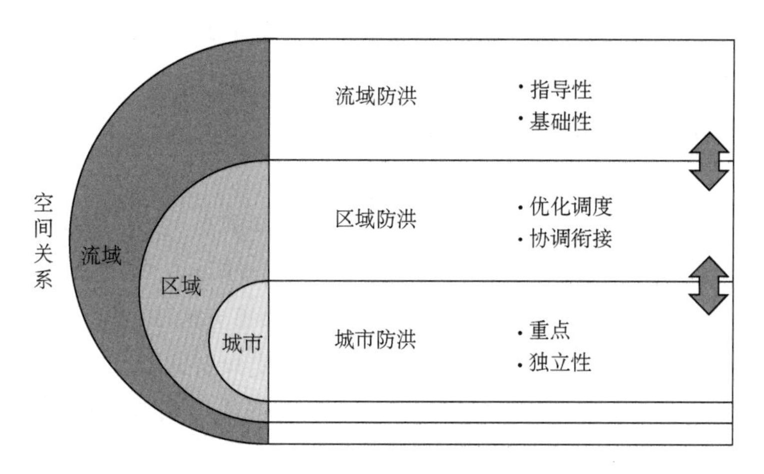

图 2.2　流域-区域-城市防洪关系

2.2.2　流域、区域与城市尺度下的设计暴雨计算方法

流域、区域、城市尺度下的设计暴雨标准不同，考虑的要素不同，防护对象也有所差异，因此需要考虑采用不同的设计暴雨计算方法。

流域尺度下，往往计算的流域面积较大，降雨分布不均匀，一般是在流域内部的局部地区出现暴雨事件。在流域降水分配不均的情况下，仍对同一流域采用同一线型进行频率分析计算暴雨存在不确定性，因此，流域尺度下推算设计暴雨需要综合考虑流域整体特征及地区独特性来进行设计暴雨频率分析。

区域尺度下，由于暴雨、流量、水位等水文特征之间一般存在较为显著的相关性，对设计暴雨的计算要求能够反映出水文事件真实、完整的特征，因此，基于更为齐全的水文资料，在区域研究中，需要对多特征要素进行综合考虑，推求更为合理的设计暴雨结果，从而有效地提高区域设计暴雨结果的可靠性。

城市尺度下，由于在传统的水文频率分析中，无法通过单个雨量站或若干个分布稀疏的雨量站来准确分析城市地区降雨时空结构，所以对设计暴雨的估算一般只考虑降雨的强度和历时，对降雨在空间上的分布情况、时间上的变化只能进行理想化的假设。雨量站受限于站点布设位置和布设数量，无法获取准确的降雨时空结构信息，无法观测到实际最大降雨。因此，在城市尺度下推求设计暴雨，需要获取并利用高精度的降雨资料，结合地区极端天气气候特征，充分运用降雨的时空分布信息来推估设计暴雨。

流域、区域、城市尺度下设计暴雨的推求为构建三个层级的防洪设计体系提供了设计基础。流域防洪设计是以流域为基础，为防治其范围内的洪灾而制订的方案；区域防洪设计是流域防洪设计的一部分，应服从流域整体防洪设计并与之相协调；城市防洪设计由于其本身的特殊性，是流域防洪设计中的重点之一。三个层级必须相互协调以发挥整体防洪效益，使之最大化。因此，提高流域、区域和城市尺度下设计暴雨结果的可靠性十分必要。

2.3 设计暴雨的频率分析计算

目前，我国防洪设计标准有两种表达方式：一种是以洪水/暴雨的重现期（频率）表示，即设计洪水/暴雨，采用水文频率分析法来计算；另一种是以可能最大暴雨（Probable Maximum Precipitation，PMP）表示。本节主要介绍频率分析法。

推求设计暴雨即通过频率分析法推求不同历时指定频率的设计雨量及暴雨。设计暴雨的计算首先需要收集整理计算区域不同历时的暴雨资料，主要包括收集水文、气象部门刊印的水文年鉴、月报、特大暴雨图集和特大暴雨的调查资料。在暴雨资料中选择若干组能够反映降雨过程的雨样组成样本，必须保证资料满足一致性、可靠性和代表性三性审查要求。目前，设计暴雨资料选样方法可以分为年最大值法和非年最大值法两类。其中，非年最大值法又包括年超大值法、超定量法和年多个样法等。流域及区域中计算设计暴雨按照《水利水电工程设计洪水计算规范》（SL 44—2006）要求选取研究区域 30 年以上实测和插补延长的暴雨资料，当有暴雨-洪水对应关系时，可采用频率分析法计算设计暴雨，并由设计暴雨计算设计洪水；城市中，按照《室外排水设计标准》（GB 50014—2021）的规定，城市地区至少选取 30 年以上的暴雨资料，采用年最大值法取样计算设计暴雨，以便确定排水系统的设计标准。

采用频率分析法推求设计暴雨，即由当地暴雨实测系列通过频率分析法求出设计暴雨量及其时程分配。根据暴雨资料推求设计洪水过程中，推求设计暴雨就是推求与设计洪水同频率的暴雨。首先，统计计算区域内各次暴雨的面雨量并绘制出面雨量的暴雨强度历时曲线，按照相同的暴雨历时，可将各次暴雨时段的面雨量或暴雨强度作为样本组成系列，从而对该系列进行频率分析，求出不同历时指定强度的设计雨量。其中，设计面雨量的计算方法可分为直接计算和间接计算两种。采用直接计算方法，如算术平均法、等雨深线法、泰森多边形法、网络法等，均能得到较为可靠的面平均雨量。在资料缺乏的地区，可采用间接方法计算，一般采用设计点暴雨配以适当的点面关系转换而得。其中，设计面雨量 H_A 可以用设计点雨量 H_0 和点面换算系数 α_A 求出：

$$H_A = \alpha_A H_0 \tag{2.1}$$

设计暴雨时程分配的计算首先要选择典型暴雨，一般选择暴雨强度高、降水总量大、降雨过程有足够代表性且主雨峰偏后的暴雨。然后对典型暴雨进行放缩，得到设计暴雨过程线。典型暴雨过程的放缩方法与设计洪水的典型过程放缩方法基本相同，一般采用同频率放大法。

在城市暴雨计算中，暴雨强度公式是城市设计暴雨计算的一个关键部分，暴雨强度是指单位时间内的降雨量，即某一时段内的平均降雨量。一般以一次暴雨的降雨量、最大瞬时降雨强度、小时降雨量等指标来表示降雨的集中程度和强度，采用暴雨强度公式进行计算。由于各地气候不同，降雨特征的差异较大，因此需要结合各地实际情况推求合适的暴雨强度公式。推求暴雨强度公式的工作程序通常分三步：首先，选取当地具有代表性且满足规范要求的雨样；其次，通过频率分析法得出重现期、降雨强度和降雨历时三者的关系；最后，利用三者关系求得式(2.2)中的各参数，即可得到当地的暴雨强度公式：

$$i=\frac{A_1(1+C\lg p)}{(t+b)^n} \tag{2.2}$$

式中　i—— 降雨强度 (mm/min)；

p—— 重现期 (年)；

t—— 降雨历时 (min)；

A_1，C，b，n—— 地方参数。

式(2.2)为我国目前采用的城市暴雨强度公式，包括 $i=A/t^n$，$i=A/(t+b)$ 和 $A=A_1P^m$ 等多种形式，能够较为全面地反映我国大多数地区的暴雨强度变化规律。城市暴雨强度公式中各参数的求解也至关重要，早期学者常采用图解法和最小二乘法进行计算。这些方法计算过程繁琐且精度不高，目前有很多学者不断探究关于公式参数的优化求解，如加速遗传算法、蚁群算法等。

本章参考文献

[1] 中华人民共和国水利部，中华人民共和国电力工业部.水利水电工程设计洪水计算规范：SDJ 22—79(试行)[S].北京：水利出版社，1980.

[2] 岑国平，沈晋，范荣生.城市设计暴雨雨型研究[J].水科学进展，1998，9(1)：41-46.

[3] 中华人民共和国水利部.防洪标准：GB 50201—94[S].北京：中国计划出版社，1994.

[4] 林泽新.太湖流域防洪工程建设及减灾对策[J].湖泊科学，2002，14(1)：12-18.

[5] 中华人民共和国住房和城乡建设部.室外排水设计规范：GB 50014—2006(2016 版)[S].北京：中国计划出版社，2016.

[6] 黄宣伟.太湖流域规划与综合治理[M].北京：中国水利水电出版社，2000.

[7] 王同生.1993 年太湖流域的洪涝灾害及水利工程的作用[J].湖泊科学，1994，6(3)：193-200.

[8] 叶建春，章杭惠.太湖流域洪水风险管理实践与思考[J].水利水电科技进展，2015，35(5)：136-141.

[9] 钟桂辉，刘曙光，胡子琛，等.阳澄淀泖区圩区排涝对区域防洪的影响分析[J].人民长江，2017，48(21)：9-14.

[10] 李原园，文康.防洪若干重大问题研究[M].北京：中国水利水电出版社，2010.

[11] 梅超，刘家宏，王浩，等.城市设计暴雨研究综述[J].科学通报，2017，62(33)：3873-3884.

[12] 中华人民共和国水利部.水利水电工程设计洪水计算规范：SL 44—2006[S].北京：中国水利水电出版社，2006.

[13] 王国安，张志红，李荣容.可能最大洪水的新定义[J].人民黄河，2010，32(7)：1-3.

[14] 胡明思，王家祁.中国设计暴雨的综合研究[J].水文，1990(3)：1-7.

[15] 王家祁.我国暴雨的最大时面深记录的介绍[J].水文，1985(1)：44-45.

[16] 王昆，王超，王洁，等.城市暴雨强度公式选样方法研究[J].人民长江，2014(19)：6-8.

[17] 王国安.可能最大暴雨和洪水计算原理与方法[M].郑州：黄河水利出版社，1999.

[18] 詹道江，邹进上.可能最大暴雨与洪水——概念和方法的新发展[J].水文，1987(6)：2-3.

[19] 郭生练，刘章君，熊立华.设计洪水计算方法研究进展与评价[J].水利学报，2016(3)：302-314.

[20] 水利部太湖流域管理局.太湖流域综合规划(2012—2030 年)[R]. 2014.

[21] 朱洪娟. 长江三角洲洪水管理探讨[EB/OL]. (2008 - 08 - 27). http://www. paper. edu. cn/releasepaper/content/200808-377.

[22] 吴艳红.可能最大暴雨及可能最大洪水计算方法的研究[D].南京：河海大学，2008.

[23] 熊明，涂荣玲.关于设计暴雨推求设计洪水方法的探讨[J].四川水力发电，1998，17(2)：16-17.

[24] 郭生练.设计洪水研究进展与评价[M].北京：中国水利水电出版社，2005.

[25] 华东水利学院.水文学的概率统计基础[M].北京：水利出版社，1981.

[26] 金光炎.水文频率计算成果的合理性分析[J].水文，2009，29(2)：10-14.

[27] 王国安.可能最大降水：途径和方法[J].人民黄河，2006，28(11)：18-20.

[28] 林炳章.分时段地形增强因子法在山区 PMP 估算中的应用[J].河海大学学报，1988，16(3)：40-52.

[29] 陈宏.水汽放大法在 PMP 估算中的改进与探讨[D].南京：南京信息工程大学，2014.

[30] 吴俊梅.不同抽样方法对暴雨频率设计值的影响研究[D].南京：南京信息工程大学，2014.

[31] 梁玉音.太湖流域降雨频率分析及不确定性研究[D].上海：同济大学，2017.

[32] 丛树铮，胡四一.洪水频率分析的现状与展望[J].水文，1987，6：52-58.

[33] 崔俊蕊，王政然，梁爽.城市设计暴雨频率曲线的拟合及参数优化[J].水电能源科学，2014(32)：48-51，128.

[34] 詹道江，邹进上.可能最大暴雨与洪水[M].北京：中国水利水电出版社，1983.

[35] 中华人民共和国住房和城乡建设部，中国气象局.城市暴雨强度公式编制和设计暴雨雨型确定技术导则[M].北京：气象出版社，2014.

[36] 李增永，史雯雨.暴雨强度公式对比分析及参数优化求解[J].长江科学院院报，2018，35(10)：64-69.

[37] 胡艳，林荷娟，刘敏.太湖流域设计暴雨修订[J].水文，2016，36(5)：50-53.

[38] 刘俊，周宏，鲁春辉，等.城市暴雨强度公式研究进展与述评[J]. 2018，29(6)：898-910.

[39] 邵丹娜，邵尧明.《中国城市新一代暴雨强度公式》成果介绍[J].中国给水排水，2013(29)：37-39，43.

第3章

流域设计暴雨研究

本章主要介绍流域尺度下的设计暴雨计算方法。在流域尺度下，往往计算的流域面积较大，降雨分布不均匀，一般是在流域内局部地区出现暴雨洪水事件，发生覆盖全流域的极端暴雨事件的可能性较低。在流域暴雨空间分布不均匀的情况下，仍对所有站点都采用同一线型进行暴雨频率分析会存在较大的不确定性，因此，本章主要讨论基于地区分析方法的设计暴雨计算，其主要思路是将流域内的降雨信息分为"区域信息"和"本地信息"两部分，即同时考虑了地区个性化信息和流域整体化信息，从而使得各个站点在计算设计暴雨时所包含的信息更为丰富和全面，提高了设计暴雨的可靠性。

3.1 地区分析法

地区分析法是结合区域内站点的水文资料，通过对区域内所有站点的水文信息进行综合评估和重新分配，得到每个站点的频率估计值。这种方法可以得到更加可靠的估计值，特别是对小频率的设计洪水或设计暴雨的估计值更加有效。同时，该方法为无资料地区的设计洪水或设计暴雨的估算也提供了重要途径。

3.1.1 地区分量与本地分量

地区分析法通常将每个站点的降雨量系列分为两部分：一部分为反映该区域所有站点共有的降雨特征的地区分量（或共性分量）；另一部分为反映各站点本地特有的雨量特征的本地分量（或个性分量）。也就是说，一个地区内某一站点的频率估计值，应是所在区域的综合频率估计值与反映该站点本地特有的降雨特征相互叠加所得到的产物。若区域内有 N 个站点，站点 i 的暴雨频率估计值可由式(3.1)计算得到。

$$Q_i(F)=\mu_i q(F),\ i=1,\ 2,\ \cdots,\ N \tag{3.1}$$

式中，μ_i 为该站点具有本地特有的降雨特征的分量，也称为指标洪水，$q(F)$ 为反映所在区域共有的降雨特征的综合频率估计值，通常为无量纲的频率估计值，也称为区域增长因子。

一般来说，站点的多年平均降雨量 $\bar{Q}_i$ 是该站点气候、地理位置、地形地貌及水汽输送特征等综合因素的反映，通常用来表示反映该站点本地特有的降雨特征的分量，即 $\hat{\mu}_i = \bar{Q}_i$。如何判定区域内各站点是否属于“同一” 区域，即划定“水文气象一致区”，是进行地区分析法的关键之一。

在水文气象一致区内，各站点经气候背景及资料的统计检验指标检验后，可被认定属于水文气象一致区，即一致区内各站点资料系列服从同一分布。当去掉区域内各站点的本地特征分量后，所得到的无量纲序列则服从同一分布。此时，可对该无量纲序列进行一系列的统计分析，如参数估计、拟合优度检验、各站点频率估计值的确定、不确定性分析等。

3.1.2 水文气象一致区

在地区分析法中，一般只选用一种频率分布线型应用于区域中所有的站点。因此，首先需要确定一个水文气象一致区，从而保证区域内各个站点可采用同一频率分布线型。

水文气象一致区可基于水利分区进行划分。水利分区是从摸清自然状况、分析自然规律出发，结合社会建设发展要求，根据不同地区的水利开发条件、水利建设现状、农业生产及国民经济各部门对水资源开发的要求深入研究分析提出的分区。它是在对水文现象的相似性和差异性进行区域划分的基础上，以水资源的开发利用条件为主，考虑地形、地貌单元、水文气象及自然灾害规律的相似性，并在一定程度上考虑流域界限与行政界限而进行的区域划分。其目的是根据各地域差异及各分区的水利条件，因地制宜地制定水资源开发方向与战略重点，以便更好地指导水利建设。该分区充分利用当地土地资源和水利化方向、战略性布局和关键性措施，为更好地制定水利规划提供重要依据。

水利分区的原则一般考虑以下几点：

(1) 自然要素的一致性，即地形、水系、土壤、气候、植被、生物等具有一定的相似性。

(2) 开发整治的密切性，即防洪、抗旱、灌溉、排涝、水能、水运、水产、工农业供水和土地利用等各项发展目的之间具有较为密切的关系，或以行政分区为基础的协调依据。

(3) 适当兼顾现有的行政区域划分，便于社会经济资料的收集和统计，为设施方案的实施和计划的落实安排提供便利。简而言之，水利分区是在考虑现有行政区的基础上，基于相似的地形地貌条件和密切联系的社会经济活动而划分的区域。

通常在水利分区的基础上，需进一步考虑区域内各站点气候的相似性、水文的相似性，从而对水利分区进行调整和改进，进一步划分形成各雨量站气候特征相似、雨量数据统计特征相似的水文气象一致区。水文气象一致区不仅为认识水文规律提供了重要的手段，也为解决水资源资料的移用问题和水资源的合理开发提供了重要依据，同时又是解决水文站网规划、布设以及调整等问题的基础。通过划分水文气象区域，从空间上揭示流域内各站点水文特征的相似与差异，可使每个区域具有相对一致的水文特性。水文气象一致区在水文站网的规划、区域洪水频率分析、无资料地区水文资料移用等方面，都发挥着重要的作用。水文气象一致区的划分采用水文统计和气象因子相结合的地区分析法，有助于提高所推求的频率估计值的稳定性。

3.1.3　水文气象一致区的划分与判别

水文气象一致区的划分旨在将满足一致性条件且资料在一定范围内满足独立同分布条件的站点划分在一个区域内。它是区域频率分析的基本假设条件，也是区域分析中最难的一步。所有这些分类方法大致可归为3类：①自然地理水文分区法，如地理景观法；②从成因角度出发的成因分区法，如流域水文模型参数法；③以统计参数为指标进行水文分区的统计水文分区法。

第三种方法是当前较为常见的方法，水文气象一致区的划分通常分为研究区域的确定、气象条件相似性检验、站点资料不和谐性检验和水文条件相似性检验四个方面。

1. 研究区域的确定

确定研究区域是充分利用研究区域内的站点及周边站点的信息进行一致区的划分。其中，将所研究区域周边的地区视为缓冲区，其范围由实际研究区域确定，通常为实际研究区域一半（只包括陆地，不含海域）。例如，对于研究区域南北方向的缓冲区，其缓冲区距离为研究区域经度方向距离的一半；对于研究区域东西方向的缓冲区，其距离为研究区域纬度方向距离的一半。此方法有助于提高研究区域频率估计成果的可靠性。

2. 气象条件相似性检验

分析研究区域的气象条件，根据气象成因的条件将研究区域站点划分成不同的子区域，以保证一致区内各站点在气象条件上满足水汽入流和成因背景相一致的要求。

3. 站点资料不和谐性检验

站点资料的不和谐性检验，旨在检验一致区内站点资料系列是否存在某一站点与其他站点资料不一致的问题，或资料系列是否存在明显误差。若检验发现某一站点的资料不和谐（如存在明显的异常值或重复值等），通常由两种原因产生：①数据资料本身错误，需重新核查资料来源；②人类活动的影响，例如环境改变对测量仪器的影响，使得测量结果发生变化。此时，若资料系列充足，则需去掉这些数据；若资料有限，则需考虑对数据进行合理化修正。

4. 水文条件相似性检验

水文上的相似性是指一致区内各站点资料服从同一频率分布曲线，同时各站点的统计参数在一定程度上相一致。在实际应用中，通常需要根据研究区域内各站点的气象成因背景将站点划分为不同的子区域，再计算各站点资料的统计参数，根据参数的空间分布特征，对研究区域进行更加细致的划分，以确保具有相似特征的站点在一个区域内。

3.2 参数估计方法及频率估计曲线

19 世纪末和 20 世纪初，在土木和水利工程的设计中，多采用调查的历史洪水值或实测洪水系列中的最大值作为设计洪水。但是由于这些工程多以防洪为目的，仅采用不太长时期内出现过的洪水作为设计标准，不够安全。所以在此之后出现了一些改进，即在调查洪水或实测最大洪水上加一个安全系数(洪水加成)来确定设计洪水。为了解决洪水加成出现的问题，用数理统计方法进行频率分析计算，而后推求设计洪水。

频率计算方法主要用于分析某个洪水峰量的统计变化特征，探讨频率与洪水峰量之间的定量关系，推求洪水峰量的设计值。洪水频率计算所需解决的主要问题是线型选择和参数估计。水文系列总体的频率分布曲线线型是未知的，通常选用能较好拟合多数水文系列的曲线线型，这条分布曲线一般由限定的若干个参数来确定。频率分析的重点仍然是寻找最优的参数估计方法。通常来讲，极值降雨发生频率较小，在实际计算过程中，由于有效的观测资料样本有限，会影响分布函数参数估计的准确性。因而，选择合理的参数估计方法，可以在一定程度上提高估计的准确性，降低异常值所带来的影响，提高参数估计的无偏性和稳健性。为了确定分布曲线，国内外学者对参数估计方法进行了深入的研究，出现了如矩法、适线法、权函数法、极大似然法、概率权重矩法和线性矩法等多种方法。以下就常规矩法和线性矩法两种参数估计方法，皮尔逊Ⅲ型分布(P-Ⅲ)和广义极值分布(GEV)两种分布线型进行详细介绍。

3.2.1 常规矩法

常规矩法是概率统计中最常用也是最简单的一种参数估计方法。对大多数分布函数而言，各阶原点矩、中心矩都存在，而且矩和分布函数参数之间存在一定的关系，因此可以用矩来表示参数。矩法是用样本矩代替(或估计)总体矩，并通过矩和参数之间的关系，进而估计频率曲线统计参数的一种方法。它是其他参数估计方法的基础，也是目前国内水文统计以及水工建设中常用的参数估计方法。然而，众多学者通过检验分析认为，矩法所估计的参数存在着“求矩差”，这使得所估计的参数，尤其是偏态系数 C_s 会明显偏小，故其估计值一般只作为参考。

常规矩法是统计学中最传统、最简单、最常用的估计方法之一。对于随机变量 X，通常利用样本均值 $\hat{\mu}=\bar{X}$，样本方差 $\hat{\sigma}^2=S^2$ 等估计总体均值 μ 和总体方差 σ^2。其计算公式为

$$\bar{X}=\frac{1}{n}\sum_{i=1}^{n}X_i \tag{3.2}$$

$$\hat{\sigma}^2 = S^2 = \frac{1}{n}\sum_{i=1}^{n}(X_i - \bar{X})^2 \tag{3.3}$$

因此,可以得到总体变差系数 C_v 和偏态系数 C_s 的矩估计量,即

$$\hat{C}_v = \frac{\hat{\sigma}}{\hat{\mu}} = \frac{S}{\bar{X}} = \sqrt{\frac{1}{n}\sum_{i=1}^{n}\left(\frac{X_i}{\bar{X}} - 1\right)^2} \tag{3.4}$$

$$\hat{C}^s = \frac{\hat{\mu}^3}{\hat{\sigma}^3} = \frac{\sum_{i=1}^{n}\left(\frac{X_i}{\bar{X}} - 1\right)^3}{n\hat{C}_v^3} \tag{3.5}$$

3.2.2 线性矩法

线性矩(L-moment)法是 1990 年由 Hosking 在 Greenwood 的概率权重矩法的基础上重新定义而来。

线性矩法一经提出,便引起国内外众多学者的广泛关注和积极研究。Hosking 通过比较常规矩法、极大似然法和线性矩法估计的参数特征,认为线性矩法比常规矩法的估计结果更加稳健,比极大似然法估计值的有效性更好。除此之外,线性矩法被大量应用于工程、气象、质量控制、水文频率分析等方面。1999 年,英国水文研究所在重新编撰的《洪水估算手册》(*Flood Estimation Handbook*)中推荐采用线性矩法进行参数估计,而不再使用 1975 年版《洪水研究报告》(*Flood Studies Report*)中广泛应用的常规矩法和极大似然法。不仅如此,线性矩法也是美国工程水文界推荐使用的参数估计方法,被广泛应用于防洪设计标准的分析和计算当中。

1. 定义

假设 $X_{1:n} \leqslant X_{2:n} \leqslant X_{3:n} \leqslant \cdots \leqslant X_{n:n}$ 为服从某一分布函数且样本容量为 n 的随机序列的次序统计量。定义 r 阶线性矩为

$$\lambda_r = r^{-1}\sum_{k=0}^{r-1}(-1)^k \binom{r-1}{k} EX_{r-k:r},\ r = 1,\ 2,\ \cdots \tag{3.6}$$

式中,$EX_{r-k:r}$ 表示样本容量为 r,排在第 $r-k$ 位的次序统计量的期望值。样本容量为 n,排在第 r 位的次序统计量的期望值为

$$EX_{r:n} = \frac{n!}{(r-1)!(n-r)!}\int_0^1 x[F(x)]^{r-1}[1-F(x)]^{n-r}\mathrm{d}F(x) \tag{3.7}$$

式中,$F(x)$ 为总体 X 的分布函数。因此,根据定义,其前四阶线性矩可表示为

$$\begin{cases} \lambda_1 = EX \\ \lambda_2 = \dfrac{1}{2}E(X_{2:2} - X_{1:2}) \\ \lambda_3 = \dfrac{1}{3}E(X_{3:3} - 2X_{2:3} + X_{1:3}) \\ \lambda_4 = \dfrac{1}{4}E(X_{4:4} - 3X_{3:4} + 3X_{2:4} - X_{1:4}) \end{cases} \tag{3.8}$$

其样本的前四阶线性矩可表示为

$$\begin{cases} l_1 = n^{-1}\sum\limits_{i=1}^{n} x_i \\ l_2 = \dfrac{1}{2}\begin{pmatrix} n \\ 2 \end{pmatrix}^{-1} \sum\limits_{i=j+1}^{n}\sum\limits_{j=1}^{n-1}(x_{i:n} - x_{j:n}) \\ l_3 = \dfrac{1}{3}\begin{pmatrix} n \\ 3 \end{pmatrix}^{-1} \sum\limits_{i=j+1}^{n}\sum\limits_{j=k+1}^{n-1}\sum\limits_{k=1}^{n-2}(x_{i:n} - 2x_{j:n} + x_{k:n}) \\ l_4 = \dfrac{1}{4}\begin{pmatrix} n \\ 4 \end{pmatrix}^{-1} \sum\limits_{i=j+1}^{n}\sum\limits_{j=k+1}^{n-1}\sum\limits_{k=l+1}^{n-2}\sum\limits_{l=1}^{n-3}(x_{i:n} - 3x_{j:n} + 3x_{k:n} - x_{l:n}) \end{cases} \tag{3.9}$$

其 r 阶样本线性矩可表示为

$$l_r = r^{-1}\begin{pmatrix} n \\ r \end{pmatrix}^{-1} \sum_{n \geqslant i_r = i_{r-1}+1}^{n} \cdots \sum_{i_2 = i_1+1}^{n-r+2}\sum_{i_1=1}^{n-r+1}\left[\sum_{k=1}^{r-1}(-1)^k \begin{pmatrix} r-1 \\ k \end{pmatrix} x_{i_{r-k}:n}\right],\ r = 1,\ 2,\ \cdots \tag{3.10}$$

类似于常规矩法中的特征参数，可定义线性矩系数如下：

λ_1——线性均值(L-location or mean)，表示频率分布的位置参数。

λ_2——线性尺度(L-scale)，描述分布函数的离散程度。

$\tau = \dfrac{\lambda_2}{\lambda_1}$——线性离差系数(L-variance，$L\text{-}C_{\mathrm{v}}$)，描述随机变量的相对离散程度。

$\tau_3 = \dfrac{\lambda_3}{\lambda_2}$——线性偏态系数(L-skewness，$L\text{-}C_{\mathrm{s}}$)，描述分布函数的对称程度。

$\tau_4 = \dfrac{\lambda_4}{\lambda_2}$——线性峰度系数(L-kurtosis，$L\text{-}C_{\mathrm{k}}$)，描述频率分布曲线的陡缓程度。

由此，将样本线性离差系数（$L\text{-}C_{\mathrm{v}}$）记为 $t = \dfrac{l_2}{l_1}$，样本线性偏态系数（$L\text{-}C_{\mathrm{s}}$）记为 $t_3 = \dfrac{l_3}{l_2}$，样本线性峰度系数（$L\text{-}C_{\mathrm{k}}$）记为 $t_4 = \dfrac{l_4}{l_2}$。

2. 线性矩的性质

在实际应用中，通常用样本的一阶和二阶线性矩 l_1 和 l_2，以及线性矩系数 t、t_3 和 t_4 推求样本的分布函数。对随机变量 X，线性矩及线性矩系数具有以下性质。

(1) 存在性

如果分布的期望存在，则各阶线性矩均存在。

(2) 唯一性

如果分布的期望存在，则线性矩确定的分布唯一。

(3) 取值范围

对于随机变量 X 的期望值存在且唯一，则当 $r \geqslant 3$ 时，$|\tau_r| < 1$。如果 $X \geqslant 0$，则线性离差系数(L-C_v)，$0 < \tau < 1$；线性偏态系数(L-C_s)，$2\tau - 1 \leqslant \tau_3 < 1$；线性峰度系数($L$-$C_k$)，$\frac{1}{4}(5\tau_3^2 - 1) \leqslant \tau_4 < 1$；二阶矩 $\lambda_2 \geqslant 0$。

(4) 线性变换

若随机变量 X 和 Y 的 r 阶线性矩分别为 λ_r 和 λ_r^*，且 $Y = aX + b$，则

$$\begin{cases} \lambda_1^* = a\lambda_1 + b \\ \lambda_2^* = |a| \lambda_2 \\ \tau_r^* = (\operatorname{sign} a)^r \tau_r, \ r \geqslant 3 \end{cases} \tag{3.11}$$

(5) 对称性

若随机变量 X 关于均值 μ 对称，即对所有 X，有 $P(X \geqslant \mu + x) = P(X \leqslant \mu - x)$，则 X 的所有奇次阶线性矩系数为0，即 $\tau_r = 0$，$r = 3, 5, \cdots$。

3.2.3 皮尔逊Ⅲ型分布(P-Ⅲ)

P-Ⅲ型曲线的分布函数与密度函数分别为

$$f(x) = \frac{1}{\beta^\alpha \Gamma(\alpha)} (x - \xi)^{\alpha - 1} e^{-\frac{(x-\xi)}{\beta}} \tag{3.12}$$

$$F(x) = \frac{1}{\beta^\alpha \Gamma(\alpha)} \int_\xi^x (t - \xi)^{\alpha - 1} e^{-\frac{(t-\xi)}{\beta}} dt \tag{3.13}$$

记 $\alpha = \frac{4}{\gamma^2}$，$\beta = \frac{1}{2}\sigma|\gamma|$，$\xi = \mu - \frac{2\sigma}{\gamma}$，其中 μ，σ 和 γ 分别表示分布曲线的位置参数、尺度参数和形状参数。

1. 常规矩法估计

根据常规矩法的定义可知：

$$E(X)=\int_{\xi}^{\infty} x f(x) \mathrm{d}x=\alpha\beta+\xi \tag{3.14}$$

$$D(X)=E(X^2)-[E(X)]^2=\sigma^2=\alpha\beta^2 \tag{3.15}$$

因此，可以得到分布曲线的参数与均值，变差系数和偏态系数的关系为

$$\bar{x}=E(X) \tag{3.16}$$

$$C_{\mathrm{v}}=\frac{\sqrt{\alpha}}{\alpha+\dfrac{\xi}{\beta}} \tag{3.17}$$

$$C_{\mathrm{s}}=\frac{2}{\sqrt{\alpha}} \tag{3.18}$$

α，β 和 γ 可分别表示为

$$\alpha=\frac{4}{C_{\mathrm{s}}^2} \tag{3.19}$$

$$\beta=\frac{\bar{x}C_{\mathrm{v}}C_{\mathrm{s}}}{2} \tag{3.20}$$

$$\gamma=\bar{x}\left(1-\frac{2C_{\mathrm{v}}}{C_{\mathrm{s}}}\right) \tag{3.21}$$

其中，参数 C_{v} 和 C_{s} 满足关系：

$$2C_{\mathrm{v}} \leqslant C_{\mathrm{s}} \leqslant \frac{2C_{\mathrm{v}}}{1-\dfrac{x_{\min}}{\bar{x}}} \tag{3.22}$$

2. 线性矩法估计

根据线性矩的定义，可求得 P-Ⅲ型曲线的 1 阶、2 阶线性矩和线性矩比例系数为

$$\lambda_1=\xi+\alpha\beta \tag{3.23}$$

$$\lambda_2=\frac{\beta\Gamma\left(\alpha+\dfrac{1}{2}\right)}{\sqrt{\pi}\,\Gamma(\alpha)} \tag{3.24}$$

$$\tau_3=\frac{6\Gamma(3\alpha)}{\Gamma(\alpha)\Gamma(2\alpha)}\int_0^{\frac{1}{3}} t^{\alpha-1}(1-t)^{2\alpha-1}\mathrm{d}t-3 \tag{3.25}$$

通过求解，可得到 P-Ⅲ型曲线三个参数的近似值为

$$\gamma = \frac{2\mathrm{sign}(\tau_3)}{\sqrt{\alpha}} \tag{3.26}$$

$$\sigma = \frac{\lambda_2 \sqrt{\pi\alpha}\,\Gamma(\alpha)}{\Gamma\left(\alpha + \frac{1}{2}\right)} \tag{3.27}$$

$$\mu = \lambda_1 \tag{3.28}$$

其中，当 $0 < |\tau_3| < \frac{1}{3}$ 时，$z = 3\pi\tau_3^2$

$$\alpha \approx \frac{1 + 0.290\,6z}{z + 0.188\,2z^2 + 0.044\,2z^3} \tag{3.29}$$

当 $\frac{1}{3} \leqslant |\tau_3| < 1$ 时，$z = 1 - |\tau_3|$

$$\alpha \approx \frac{0.360\,67z - 0.595\,67z^2 + 0.253\,61z^3}{1 - 2.788\,61z + 2.560\,96z^2 - 0.770\,45z^3} \tag{3.30}$$

3.2.4 广义极值分布(GEV)

GEV 曲线的分布函数为

$$F(x) = \exp\left\{-\left[1 - \kappa\frac{(x-\xi)}{\alpha}^{\frac{1}{\kappa}}\right]\right\}, \kappa \neq 0 \tag{3.31}$$

$$F(x) = \exp\left\{-\exp\left[-\frac{(x-\xi)}{\alpha}\right]\right\}, \kappa = 0 \tag{3.32}$$

式中，ξ，α 和 κ 分别表示频率曲线的位置参数、尺度参数和形状参数。当 $\kappa < 0$ 时，$\xi + \frac{\alpha}{\kappa} \leqslant x < +\infty$；当 $\kappa = 0$ 时，$-\infty < x < +\infty$；当 $\kappa > 0$ 时，$-\infty < x \leqslant \xi + \frac{\alpha}{\kappa}$。

GEV 分布可根据 κ 值的不同进一步定义为：当 $\kappa = 0$ 时为第一类 GEV 分布(Gumbel 分布)；当 $\kappa < 0$ 时为第二类 GEV 分布(Frechet's 分布)；当 $\kappa > 0$ 时为第三类 GEV 分布(Weibull 分布)。

累计概率为 p 的 GEV 曲线的密度函数为

$$x(p) = \xi + \frac{\alpha}{\kappa}\left[1 - (-\ln p)^{\kappa}\right], \kappa \neq 0 \tag{3.33}$$

$$x(p) = \xi - \alpha\ln(-\ln p), \kappa = 0 \tag{3.34}$$

1. 常规矩法估计

Stedinger 利用常规矩法推导出了 GEV 曲线的参数为

$$\hat{\xi}=\hat{\mu}+\frac{\hat{\alpha}^{*}}{\hat{\kappa}[\Gamma(1+\hat{\kappa})-1]} \tag{3.35}$$

$$\hat{\alpha}^{*}=\frac{\hat{\sigma}\,|\hat{\kappa}|}{\{\Gamma(1+2\hat{\kappa})-[\Gamma(1+2\hat{\kappa})]^{2}\}^{\frac{1}{2}}} \tag{3.36}$$

$$\hat{\gamma}=\operatorname{sign}(\hat{\kappa})\frac{-\Gamma(1+3\hat{\kappa})+3\Gamma(1+\hat{\kappa})\Gamma(1+2\hat{\kappa})-2[\Gamma(1+\hat{\kappa})]^{3}}{\{\Gamma(1+2\hat{\kappa})-\Gamma[1+\hat{\kappa}]^{2}\}^{\frac{3}{2}}} \tag{3.37}$$

式中，$\operatorname{sign}(\hat{\kappa})$ 为 $\hat{\kappa}$ 的符号，当 $\hat{\kappa}>0$ 时取 1；当 $\hat{\kappa}<0$ 时取 -1；当 $\hat{\kappa}=0$ 时取 0。$\Gamma(\cdot)$ 为伽马函数。$\hat{\mu}$，$\hat{\sigma}$ 和 $\hat{\gamma}$ 分别表示样本的均值、方差和偏态系数(C_s)。

由于无法求出 $\hat{\kappa}$ 的准确值，因此，应用迭代法求解 $\hat{\kappa}$ 的近似值，具体步骤如下。

(1) 生成 κ 的随机数，并通过式(3.37)求出对应的 γ。

(2) 根据所生成的数对 (κ,γ)，估计其函数关系：

$$\kappa=\phi(\gamma,a_i) \tag{3.38}$$

式中，ϕ 为任意函数；a_i 为参数。

(3) 根据计算，可得到 γ 和 κ 的关系为

$$\kappa=\begin{cases}0.008\,7\gamma^{3}+0.058\,2\gamma^{2}-0.32\gamma+0.277\,8, & -0.7\leqslant\gamma\leqslant1.15\\ -0.311\,58[1-e^{-0.455\,6(\gamma-0.971\,34)}]+1.138\,28, & \gamma\geqslant1.15\end{cases} \tag{3.39}$$

(4) 根据式(3.36)，可估计得到 α 和 κ 的关系为

$$\frac{\alpha}{\sigma}=-0.142\,9\kappa^{3}-0.763\,1\kappa^{2}+1.014\,5\kappa+0.799\,5,\ -0.5\leqslant\kappa\leqslant0.5 \tag{3.40}$$

(5) 根据式(3.35)，可估计得到 ξ，μ，α 和 κ 的关系为

$$\frac{\xi-\mu}{\sigma}=\begin{cases}0.514\,075\kappa^{1.331\,99}-0.449\,01, & 0.01\leqslant\kappa\leqslant0.5\\ 19.357\kappa^{4}+13.749\kappa^{3}-4.484\kappa^{2}+0.521\,2\kappa-0.442\,7, & -0.5\leqslant\kappa\leqslant0.01\end{cases} \tag{3.41}$$

经验证，式(3.39)～式(3.41)中的误差均小于 1%。

2. 线性矩法估计

根据线性矩的定义，可求得 GEV 曲线的 1 阶、2 阶线性矩和线性矩比例系数为

$$\lambda_1=\xi+\alpha\frac{1-\Gamma(1+k)}{k} \tag{3.42}$$

$$\lambda_2 = \alpha(1-2^{-k})\frac{\Gamma(1+k)}{k} \tag{3.43}$$

$$\tau_3 = \frac{2(1-3^{-k})}{1-2^{-k}} - 3 \tag{3.44}$$

$$\tau_4 = \frac{5(1-4^{-k})-10(1-3^{-k})+6(1-2^{-k})}{1-2^{-k}} \tag{3.45}$$

通过定义求解,可得到 GEV 曲线三个参数的近似值为

$$\alpha = \frac{\lambda_2 k}{(1-2^{-k})\Gamma(1+k)} \tag{3.46}$$

$$\xi = \lambda_1 - \alpha\frac{1-\Gamma(1+k)}{k} \tag{3.47}$$

其中,当 $-0.5 \leqslant \tau_3 \leqslant 0.5$ 时,k 可近似估计为

$$k \approx 7.8590c + 2.9554c^2,\ c = \frac{2}{3+\tau_3} - \frac{\lg 2}{\lg 3} \tag{3.48}$$

3.3 基于线性矩法的地区分析法

由于线性矩法在参数估计方面较其他参数估计方法具有更高的准确性,并且其在无偏性和稳健性方面也较其他参数估计方法更有优势,因此,基于线性矩法的地区分析法可以有效提高频率估计结果的准确度,降低估计结果的不确定性。

3.3.1 水文气象一致区的检验

除满足气象条件的相似性检验外,还需用线性矩法计算的参数对水文气象一致区进行判别。

1. 不和谐性检验

一致区内站点资料不和谐性检验通过计算资料的样本线性矩系数,构造三维的样本参数空间,对样本资料可能存在的异常值、错误值、趋势变化等进行检验。其具体方法如下:

假设一致区内有 N 个站点,站点 i 的样本线性矩系数 L-C_v, L-C_s 和 L-C_k 分别为 $t^{(i)}$, $t_3^{(i)}$ 和 $t_4^{(i)}$,向量 $\boldsymbol{u}_i = [t^{(i)}, t_3^{(i)}, t_4^{(i)}]^{\mathrm{T}}$,区域均值和方差分别为

$$\bar{\boldsymbol{u}} = \frac{1}{N}\sum_{i=1}^{N}\boldsymbol{u}_i \tag{3.49}$$

$$\mathbf{A}=\sum_{i=1}^{N}(\boldsymbol{u}_i-\bar{\boldsymbol{u}})(\boldsymbol{u}_i-\bar{\boldsymbol{u}})^{\mathrm{T}} \tag{3.50}$$

定义站点 i 的不和谐性检验统计量 D_i 为

$$D_i=\frac{1}{3}N(\boldsymbol{u}_i-\bar{\boldsymbol{u}})^{\mathrm{T}}\mathbf{A}^{-1}(\boldsymbol{u}_i-\bar{\boldsymbol{u}}) \tag{3.51}$$

这里 D_i 的临界值与区域内站点总数 N 有关。如果 $\boldsymbol{u}_i$ 服从独立的多元正态分布，则在显著性水平 α 下，D_i 的临界值可由 Wilks's 统计量推导得到：

$$D_i\leqslant\frac{(N-1)Z}{N-1+3Z} \tag{3.52}$$

式中，Z 为 $(3,\ N-4)$ 的 F 分布的右侧 $\frac{\alpha}{N}$ 分位数。当 $\alpha=0.1$ 时，可得到当 $N\geqslant5$ 时，D_i 的临界值见表 3.1。当 $N<5$ 时，区域内站点数量过少，可用信息过少，无法判断资料的不和谐性；当 $N=15$ 时，计算得到 D_i 的临界值大于 3，通常认为当 $D_i>3$ 时，该站点资料不和谐。因此，当 $N\geqslant15$ 时，D_i 的临界值均取 3。

表 3.1　不和谐性检验统计量 D_i 临界值

N	临界值	N	临界值	N	临界值
5	1.333	9	2.329	13	2.869
6	1.648	10	2.491	14	2.971
7	1.917	11	2.632	≥15	3
8	2.140	12	2.757		

如果检验得到的 D_i 超过临界值，且资料数据准确无误，则说明该站点资料特征与区域内其他站点资料特征不和谐，需要考虑将该站点重新划分至其他相邻的区域。若该站点的不和谐因素（异常值）是由某次极端气象事件所引起的，如特大暴雨或特大洪水，则仍在该区域保留此站点。

2. 非一致性度量指标

研究表明，各站点的统计参数（如 $L\text{-}C_s$ 和 $L\text{-}C_k$）具有较强的相关性。对于大多数资料来说，如果样本系列的 $L\text{-}C_s$ 较大，则 $L\text{-}C_v$ 也较大。当两组资料的 $L\text{-}C_v$ 相同，而 $L\text{-}C_s$ 差异较大时，对不同重现期下的频率估计值却影响不大。因此，在气象相似性的基础上进行一致区判别时，一般只需要对 $L\text{-}C_v$ 进行判别。Hosking 和 Wallis 推荐了一种非一致性度量指标（H），具体方法如下。

假设区域内共有 N 个站点，站点 i 的样本系列长度为 n_i，该站样本线性变差系数 $L\text{-}C_v$ 为 $t^{(i)}$，则区域样本线性变差系数可由各站点样本线性矩系数的样本系列长度进行

加权平均求得

$$t^R = \frac{\sum_{i=1}^{N} n_i t^{(i)}}{\sum_{i=1}^{N} n_i} \tag{3.53}$$

区域样本线性变差系数的标准差为

$$V = \sqrt{\frac{\sum_{i=1}^{N} n_i \left[t^{(i)} - t^R\right]^2}{\sum_{i=1}^{N} n_i}} \tag{3.54}$$

则水文气象一致区检验统计量为

$$H = \frac{V - \mu_v}{\sigma_v} \tag{3.55}$$

式中，μ_v 和 σ_v 分别为区域线性矩变差系数的总体均值和方差，可通过蒙特卡洛模拟求得。利用蒙特卡洛模拟，生成 N_{sim} 组相互独立的样本，每组样本含有 N 个站点，每个站点的样本数量与实际样本序列相同。尽管在水文统计中，两参数或三参数的频率分布曲线更常用也更简单，但为避免预先选择的频率分布曲线对结果的影响，可选用四参数的Kappa分布作为频率分布曲线。由于广义逻辑分布(Generalized Logistic Distribution)、广义极值分布(Generalized Extreme-value Distribution)和广义帕累托分布(Generalized Pareto Distribution)均为Kappa分布的特殊形式。因此，选用Kappa分布更具有普遍性。通过模拟的 N_{sim} 组数据，可得到 N_{sim} 个区域线性矩变差系数。将其均值记为 μ_v，方差记为 σ_v，便可将其视为区域线性矩变差系数的总体参数。

一般而言，当 H 值很大时，该区域存在异质性，即该区域站点不属于同一水文气象一致区。通常建议当 $H<1$ 时，该区域为一致区；当 $1 \leqslant H < 2$ 时，该区域可能存在异质性；当 $H \geqslant 2$ 时，该区域存在异质性，不能通过一致性检验，不能将其视为水文气象一致区。

若 H 值为负，则说明区域内站点样本资料存在一定相关性，从而使得各站点资料的 L-C_v 不够分散，若 $H<-2$，则说明各站点样本资料存在很强的相关性，或样本资料过度统一。此时，需要对样本资料进一步核查，并进一步确定站点资料对计算结果的影响。区域内站点资料越多，该检验方法越准确。

3.3.2　最优频率估计曲线的选择

在选定合适的频率分布曲线，并利用单站分析法和地区分析法进行统计分析后，需对估计结果进行进一步分析，以确定每一个站点的最优分布，以及最合适的参数估计方法。

本节将着重介绍拟合优度检验(Kolmogorov-Smirnov 检验，K-S 检验)和实测数据的均方误差检验(RMSE)在地区分析法中的应用，并介绍一种针对区域线性矩法，通过比较线性矩系数，对估计结果进行评价的方法(样本线性矩均方误差检验，L-RMSE)。这两种检验方法是从频率分析的估计结果出发，来比较样本数据和估计结果在频率估计值或期望概率等方面的差异，不仅适用于线性矩法，也适用于常规矩法。

1. K-S 检验

K-S 检验是一种非参数检验，它基于样本的累计分布，用来检验两个经验分布是否不同，或检验一个经验分布是否与另一个理想分布不同，其基本原理如下：

假设 $X_1, X_2, \cdots, X_n$ 为来自连续分布 F 的独立随机样本，考虑零假设和备选假设分别为

$$H_0: F = F_0;\ H_1: F \neq F_0 \tag{3.56}$$

其中，F_0 为已知的连续分布函数。

F_n 为 $X_1, X_2, \cdots, X_n$ 的经验分布，可构造 Kolmogorov 检验统计量为

$$K_n = \sup_{-\infty < x < \infty} | F_n(x) - F_0(x) | \tag{3.57}$$

当 H_0 成立时，K_n 值应趋近于0。因此，当 K_n 过大时，应拒绝原假设 H_0，即样本 X 不服从分布 F。临界值由显著性水平和 K_n 的分布或渐近分布的极限分布决定。

Smirnov 检验主要用来检验两个样本是否来源于同一总体，假设 $X_1, X_2, \cdots, X_n$ 为来自 $F(x)$ 分布的独立随机样本，$Y_1, Y_2, \cdots, Y_n$ 为来自 $G(y)$ 的独立随机样本。Smirnov 检验的基本思想和 Kolmogorov 检验一样，因此通常统称这两个检验为 Kolmogorov-Smirnov 检验或拟合优度检验，简称 K-S 检验。

K-S 检验统计量为

$$Z = \sqrt{n} \max_i \{ | F_n(x_{i-1}) - F_0(x_i) |,\ | F_n(x_i) - F_0(x_i) | \} \tag{3.58}$$

当原假设 H_0 成立时，Z 依分布收敛于 Kolmogorov 分布，即当样本取自一维连续分布 F_0 时，K-S 检验统计量为

$$Z \xrightarrow{d} K = \sup_x | B[F(x)] | \tag{3.59}$$

对于随机变量 $K = \sup_{t \in [0,1]} | B(t) |$，其分布函数为

$$P(K \leqslant x) = 1 - 2 \sum_{i=1}^{+\infty} (-1)^{i-1} \mathrm{e}^{-2i^2 x^2} \tag{3.60}$$

式(3.60)称为 Kolmogorov 分布。其中，$B(t) = [W(t) \mid W(1) = 0]$，$t \in [0, 1]$ 为布朗桥；$W(t) \sim N(0, \sigma^2 t)$，$t \geqslant 0$ 为具有平稳独立增量的维纳过程，且 $W(0) = 0$。

在地区分析法中，需将区域整体分布函数视为研究对象，研究每个站点资料在去掉各自站点的个性分量以后，得到的无量纲系列是否与区域总体分布函数一致。

具体方法如下：假设站点 i 的年最大降雨系列为 Q_1，Q_2，…，Q_{n_i}，其中，n_i 为站点 i 的资料系列长度。该站点样本均值为 $\bar{Q}_i=\sum_{k=1}^{n_i}Q_k$，若将每年的最大降雨量数据除以该站点的样本均值 $x_k=\frac{Q_k}{\bar{Q}_i}$(其中，$k=1, 2, \cdots, n_i$)，则可得到该站点的无量纲样本系列 x_1，x_2，…，x_{n_i}。

假设 x_1，x_2，…，x_n 为来自连续分布 F 的独立随机样本。零假设和备选假设见式(3.56)。

在地区分析法中，F_0 为估计得到的区域总体分布函数。当原假设 H_0 成立时，K-S 检验统计量 Z [式(3.58)]依分布收敛于 Kolmogorov 分布。

2. 样本线性矩均方误差检验(L-RMSE)

L-RMSE 检验旨在利用站点内所有样本的经验频率，计算所估计的频率曲线对应的频率估计值，并比较估计值与实测数据的差异。

首先，对各站的年最大日降雨量序列计算实测数据对应的经验频率。常用的期望公式为

$$P(X \geqslant x_i)=\frac{i}{n+1} \tag{3.61}$$

式中，$P(X \geqslant x_i)$ 表示超过第 i 个最大观测值的概率。因此，相应的重现期为

$$T_i=\frac{1}{P(X \geqslant x_i)} \tag{3.62}$$

如果考虑站点的雨量数据服从 GEV 分布，则对于实测数据推荐采用 Gringorten 公式计算

$$P(X \geqslant x_i)=\frac{i-0.44}{n+0.12} \tag{3.63}$$

为了评价不同参数估计方法及不同频率分布曲线的估计结果，可通过计算不同经验频率下样本的实测数据与频率估计值的均方误差(RMSE)。RMSE 值越小，拟合程度越好。RMSE 计算式为

$$RMSE=\sqrt{\frac{\sum_{i=1}^{n}(x_i-\hat{x}_i)^2}{n}} \tag{3.64}$$

式中，$\hat{x}_i$ 为利用不同参数估计方法及不同频率分布曲线得到的经验频率估计值。

对于水文气象一致区内的站点，假设各站点年最大降雨资料服从同一分布。对于估计得到的区域频率曲线，可以通过估计的分布曲线参数，计算出频率估计曲线的线性矩系数（τ_3 和 τ_4）。

对于 GEV 分布曲线：

$$\tau_3 = \frac{2(1-3^{-\kappa})}{(1-2^{-k})} - 3 \tag{3.65}$$

$$\tau_4 = \frac{5[(1-4^{-\kappa}) - 10(1-3^{-\kappa}) + 6(1-2^{-\kappa})]}{(1-2^{-\kappa})} \tag{3.66}$$

对于 P-Ⅲ型分布曲线：

当 $\alpha \geqslant 1$ 时，

$$\tau_3 \approx \alpha^{-\frac{1}{2}} \frac{A_0 + A_1\alpha^{-1} + A_2\alpha^{-2} + A_3\alpha^{-3}}{1 + B_1\alpha^{-1} + B_2\alpha^{-2}} \tag{3.67}$$

$$\tau_4 \approx \frac{C_0 + C_1\alpha^{-1} + C_2\alpha^{-2} + C_3\alpha^{-3}}{1 + D_1\alpha^{-1} + D_2\alpha^{-2}} \tag{3.68}$$

当 $\alpha < 1$ 时，

$$\tau_3 \approx \frac{1 + E_1\alpha + E_2\alpha^2 + E_3\alpha^3}{1 + F_1\alpha + F_2\alpha^2 + F_3\alpha^3} \tag{3.69}$$

$$\tau_4 \approx \frac{1 + G_1\alpha + G_2\alpha^2 + G_3\alpha^3}{1 + H_1\alpha + H_2\alpha^2 + H_3\alpha^3} \tag{3.70}$$

式(3.67)～式(3.70)中系数的近似值见表 3.2。

若一致区内有 N 个站点，记站点 i 的样本线性偏态系数为 t_{3i}，样本线性峰度系数为 t_{4i}，区域总体分布的线性矩系数的估计值为 τ_3 和 τ_4，则每个分布对应的线性矩系数均方误差为

$$L\text{-}RMSE_{\tau_3} = \sqrt{\frac{\sum_{i=1}^{N} (t_{3i} - \tau_3)^2}{N}} \tag{3.71}$$

$$L\text{-}RMSE_{\tau_4} = \sqrt{\frac{\sum_{i=1}^{N} (t_{4i} - \tau_4)^2}{N}} \tag{3.72}$$

表 3.2　系数近似值

$A_0 = 3.257\,350\,1 \times 10^{-1}$ $A_1 = 1.686\,915\,0 \times 10^{-1}$ $A_2 = 7.932\,724\,3 \times 10^{-2}$ $A_3 = -2.912\,053\,9 \times 10^{-3}$	$C_0 = 1.226\,017\,2 \times 10^{-1}$ $C_1 = 5.373\,013\,0 \times 10^{-2}$ $C_2 = 4.338\,437\,8 \times 10^{-2}$ $C_3 = 1.110\,127\,7 \times 10^{-2}$
$B_1 = 4.669\,710\,2 \times 10^{-1}$ $B_2 = 2.425\,540\,6 \times 10^{-1}$	$D_1 = 1.832\,446\,6 \times 10^{-1}$ $D_2 = 2.016\,603\,6 \times 10^{-1}$
$E_1 = 2.380\,757\,6$ $E_2 = 1.593\,179\,2$ $E_3 = 1.161\,837\,1 \times 10^{-1}$	$G_1 = 2.123\,583\,3$ $G_2 = 4.167\,021\,3$ $G_3 = 3.192\,529\,9$
$F_1 = 5.153\,329\,9$ $F_2 = 7.142\,526\,0$ $F_3 = 1.974\,505\,6$	$H_1 = 9.055\,144\,3$ $H_2 = 2.664\,999\,5 \times 10$ $H_3 = 2.619\,366\,8 \times 10$

3. 实测数据均方误差检验(RMSE)

类似单站分析法,在地区分析法中同样需要考虑各个站点实测资料样本的经验频率估计值。本节中,频率估计值 $\hat{Q}_k$ 采用 Gringorten 公式计算:

$$P(X \geqslant x_i) = \frac{i - 0.44}{n + 0.12} \tag{3.73}$$

对于不同的区域频率分布曲线,可估计得到相应经验频率下的区域总体分布频率估计值,即 $\hat{x}_k$。结合各站点的年最大日降雨量资料的个性分量(如样本均值 $\bar{Q}_i$),可得到对应经验频率下的频率估计值:

$$\hat{Q}_k = \bar{Q}_i \cdot x_k,\ k = 1,\ 2,\ \cdots,\ n_i \tag{3.74}$$

通过计算不同经验频率下样本的实测数据与频率估计值的均方误差(RMSE),可以较好地对相应站点的估计结果进行评价。RMSE 值越小,拟合程度越好。RMSE 计算式为

$$RMSE = \sqrt{\frac{\sum_{k}^{n_i} (Q_k - \hat{Q}_k)^2}{n_i}} \tag{3.75}$$

3.3.3 频率估计分析结果

具体来说,在暴雨频率分析中,对于区域内的 N 个站点,站点 i 的样本容量为 n_i。Q_{ij} 表示该区域内第 i 个站点第 j 年的年最大降雨量,其中,j 的值域为 $\{j \mid 1 \leqslant j \leqslant n_i,\ j \in Z\}$。因此,第 i 个站点的样本均值为 $\bar{Q}_i = \frac{1}{n_i}\sum_{j=1}^{n_i} Q_{ij}$,通常将该站点视为本地的降雨特征分

量估计值，也就是第 i 个站点的指标洪水估计量 $\hat{\mu}_i = \bar{Q}_i$。因此，对于第 i 个站点的样本序列，可得到对应的无量纲序列为

$$q_{ij} = \frac{Q_{ij}}{\hat{\mu}_i} \quad i = 1,\ 2,\ \cdots,\ N;\ j = 1,\ 2,\ \cdots,\ n_i \tag{3.76}$$

根据每个站点样本的无量纲序列，可计算站点 i 的样本线性矩 $l_1^{(i)}$，$l_2^{(i)}$，$l_3^{(i)}$，$l_4^{(i)}$，…，以及样本线性矩系数 $t^{(i)}$，$t_3^{(i)}$，$t_4^{(i)}$，…。因此，该站点所在水文气象一致区的区域线性矩 $l_1^{(R)}$，$l_2^{(R)}$，$l_3^{(R)}$，$l_4^{(R)}$，… 以及线性矩系数 $t^{(R)}$，$t_3^{(R)}$，$t_4^{(R)}$，… 可由区域内 N 个站点的系列长度进行加权平均求得：

$$l^{(R)} = \frac{\sum_{i=1}^{N} n_i l^{(i)}}{\sum_{i=1}^{N} n_i} \tag{3.77}$$

$$t^{(R)} = \frac{\sum_{i=1}^{N} n_i t^{(i)}}{\sum_{i=1}^{N} n_i} \tag{3.78}$$

利用区域加权平均线性矩系数，可以确定区域适合的分布曲线。同时，也可以计算不同重现期对应的区域频率分布曲线的频率估计值 $\hat{q}(F)$。因此，站点 i 在不同重现期的频率估计曲线的频率估计值可以估计为

$$\hat{Q}_i(F) = \hat{\mu}_i \hat{q}(F) \tag{3.79}$$

在计算单个站点的洪水频率估计值时，每个站点的分布函数都需要单独估计；而在区域洪水频率分析中，目标是在一致区内根据所有站点资料确定稳健的分布，最终推求各个站点洪水的频率估计值。总体而言，该方法扩充了信息量，克服了单站样本系列资料短缺的情况，得到的设计洪水比单纯的"站年法"分析得到的结果更为合理可靠。

此处需要指出，进行分区频率计算时，除了需要作为核心的研究区内雨量站点外，还应增加研究区外围缓冲区内的适当站点，二者合并后分析，才能得到准确可靠的核心区站点的频率估计值。

3.4 研究地区概况

1. 地形地貌特征

太湖流域地处长江三角洲南翼，北滨长江，南濒钱塘江，东临东海，西以天目山、茅山等山区分水岭为界。行政区划分属江苏、浙江、安徽和上海三省一市。其中，江苏省占

53%，浙江省占33.4%，上海市占13.5%，安徽省占0.1%。流域自然条件优越，水陆交通便利，农业生产条件好，工业发达，是我国大中城市最密集、经济最具活力的地区之一。

太湖流域地形特点为周边高、中间低，呈碟状，中部以平原及洼地为主，约占总流域面积的80%，包括太湖及湖东中小湖群、湖西洮滆湖及南部杭嘉湖平原，其中，水面面积约占整个流域面积的1/6；流域西部为天目山、茅山和山麓丘陵，丘陵区约占流域总面积的20%。流域北、东、南周边受长江口和杭州湾泥沙堆积影响，地势相对较高，形成碟边。

太湖及主要湖泊湖底平均高程为1.0 m，地面高程一般为3～4.5 m，最低处仅为2.5～3 m，其他平原地区高程为5～8 m，西部山丘地区丘陵高程为10～30 m，山丘高程一般为200～500 m，最高峰天目山主峰高程约为1 500 m。

2. 水系特征

太湖流域河网如织，湖泊棋布，是我国著名的江南水乡。流域水面面积达5 551 km^2，水面率为15%，河道和湖泊各占一半。太湖流域湖泊面积约为3 160 km^2，占流域平原面积的11%，湖泊总调蓄容量为57.68亿 m^3，是长江中下游7个湖泊集中区之一。据《太湖流域水环境综合治理总体方案(2013年修编)》统计，流域内面积为0.5 km^2 以上的湖泊达189个；面积大于40 km^2 的大中型湖泊有6个，分别为太湖、滆湖、阳澄湖、淀山湖、洮湖、澄湖，如表3.3所示。其中，太湖作为我国第三大淡水湖，位于太湖流域的中心，其正常水位下容积为44.3亿 m^3，供水范围超过2 000万人。

表3.3 太湖流域大中型湖泊形态特征

湖泊名称	湖泊面积/km^2	湖泊水面/km^2	湖泊长度/km	平均宽度/km	平均水深/m	总容蓄水量/亿 m^3
太湖	2 425.00	2 338.11	68.55	34.11	1.89	44.30
滆湖	146.50	146.50	24.00	6.12	1.07	1.74
阳澄湖	119.04	118.93	—	—	1.43	1.67
淀山湖	62.00	60.00	12.90	5.00	2.1	1.60
洮湖	88.97	88.97	16.17	5.5	0.97	0.98
澄湖	40.64	40.64	9.88	4.11	1.48	0.74

太湖流域河道总长约12万km，河道密度达3.3 km/km^2，为典型的“江南水网”。流域水系以太湖为中心，分上游水系和下游水系。其中，上游包括苕溪水系、南河水系及洮滆水系；下游包括东部黄浦江水系、北部沿长江水系和东南部沿长江口、杭州湾水系。流域河道水面比降小，水流流速缓慢，且河网尾闾受潮汐顶托影响，水流表现为往复流。

3. 气候及雨洪特征

太湖流域属于亚热带季风气候区，呈现出四季分明、冬季干冷、夏季湿热、降雨丰沛和台风频繁等气候特点。流域年平均气温为15～17 ℃，气温分布特点为南高北低，极端最高气温为41.2 ℃，极端最低气温为－17.0 ℃。1月平均气温最低，为1.7～3.9 ℃，沿海及滨湖地区1月平均气温比周围地区高0.2～0.4 ℃；7月平均气温最高，为27.4～28.6 ℃。

太湖流域多年平均降雨量为1 177 mm，水面蒸发量为822 mm，天然年径流量为160.1亿 m^3，主要由年内降水补给，呈现汛期集中、四季分配不均、最大与最小月径流量相差悬殊等特点。受地形影响，太湖流域降雨空间分布呈现出自西南向东北逐渐递减的特点。其中，西南部天目山区年降水量最大，临安达1 408 mm，杭州、德清、安吉等地均超过1 350 mm；宜溧山区、嘉兴、湖州等范围内年降水量为1 150～1 240 mm；东部沿海及北部平原区年降水量少于1 100 mm，宝山地区最少，为1 010 mm。

太湖流域的洪水主要由暴雨引起，根据天气系统不同，暴雨可分为梅雨型和台风雨型。春夏之交，暖湿气流北上，冷暖气流相遇形成持续阴雨，称为梅雨；盛夏时节，受副热带高压控制，天气炎热，此时常受热带气旋及热带风暴影响，形成狂风暴雨的台风天气。从时间上看，太湖流域全年有3个明显的雨季：3—5月为春雨，平均降水量为260～424 mm，占降水量的26%～30%，降雨日数占全年雨日的30%左右；5—7月为梅雨期，梅雨雨量较大，占全年总降水量的20%～30%；8—10月为台风雨，降水强度较大，历时较短，易造成严重的地区性洪涝灾害。太湖流域的汛期为5—9月，总降雨量约为全年的60%，其中，超过80%的面雨量达20～40 mm。

太湖流域梅雨期的暴雨具有历时长、雨量大、范围广的特点，极易造成流域性洪涝灾害。重梅极易造成持续性降雨，这是导致洪涝灾害的主要原因之一。据统计，1954—2009年间，太湖流域多年平均梅期为23天左右，其中梅期超过25天的重梅出现较多，占所有年份的38%，极易引发重梅的早梅占所有年份的23%。同时，梅雨天数和雨量年际变化也较大，如1958年的梅雨期仅为3天，降雨量仅为48 mm，而1954年梅雨期长达59天，降雨量为400 mm，是1958年的9.6倍。

太湖流域位于长江三角洲的核心区域，也是我国受台风影响的主要地区之一。台风发生时往往伴随着高强度、高集中性的降水过程。据统计，1954—2009年的56年间，影响太湖流域的台风频次为230场，平均每年有3～4场台风影响太湖流域，确定与梅雨遭遇的有29场，其中17年间台风与梅雨正面遭遇。

虽然形成降雨天气的成因不同，梅雨和台风雨的降雨呈现出不同的特征，但两种降雨都会对太湖流域产生较为严重的洪涝灾害。史料中关于太湖洪水灾害较为详细的记载始于公元371年。《宋书》载："（晋）太和六年六月，京都（今南京）大水，平地数尺，浸及太庙。朱雀大航缆断，三艘流入大江。丹阳、晋陵、吴、吴兴、临海五郡大水，稻稼荡没，黎庶饥馑。"据历史资料统计，自南宋绍兴年间（公元1177年）至中华人民共和国成立前的772年间，发生水灾123次，平均每6年增加1次。1931年7月太湖流域普降大雨，降雨量超过500 mm的有吴兴、安吉梅溪、百渎口、余杭黄湖、孝丰、长兴、金坛、丹阳、镇江、武进、江阴、洞庭西山、崇明堡镇、青浦、吴淞等15站；太湖最高水位，望亭为4.34 m，木渎为4.21 m，宜兴大浦口为4.73 m；主要河港入湖流量达1 381 m^3/s，出湖水量为440.5 m^3/s，太湖调蓄洪水28亿m^3；环湖的吴县、吴江、无锡、上海、嘉定、吴兴、青浦等地受灾最严重，被淹面积约2 592万亩（1亩≈0.067 hm^2），歉收大米约680万石，棉花77万石。

1954年的大洪水（相当于50年一遇）是当时20世纪以来长江水系发生的最大的洪水。自5月初至7月底，全流域普降连续性大雨，90天平均降雨量达890.5 mm，为常年同期的1.64倍，相当于常年全年降雨量的85%，流域大范围受灾，受灾农田达785万亩，成灾373万亩。常州、无锡、苏州、嘉兴、湖州等城市进水，沪宁、沪杭铁路中断近百天，直接经济损失约6亿元，占该年工农生产总值的9%。

1991年的降雨较1954年更为集中，自6月11日至7月20日，40天内流域平均降雨量达550 mm。暴雨中心为江苏金坛，40天累计降雨量高达899 mm，其中，仅7月1日1天降雨达200 mm。太湖流域最大30天、60天降雨量分别为502 mm和669 mm，均超过1954年。本次暴雨共造成直接经济损失109亿元，其中江苏省损失86亿元，占78.9%，约占当年江苏省工农生产总值的4.9%。

1999年的洪水属时空分布降雨造成的梅雨型洪水。当年6月7日入梅，7月20日出梅，期间大雨和暴雨不断，共有3次暴雨过程，雨量达668.5 mm，为常年的5倍，致使流域发生了20世纪以来的特大洪水。流域面平均连续7天、15天、30天、45天、60天和90天的雨量均超过历史暴雨实测最大值，接近或超过百年一遇的标准。全流域直接经济损失达141.25亿元。

2015年太湖流域年最高水位为4.19 m，超过太湖警戒水位（3.80 m）0.39 m；2016年7月太湖持续多日水位超过4.5 m，年最高水位为4.87 m，流域发生特大洪水。

除此之外，台风雨也是引发太湖流域洪涝灾害的重要原因之一。2009年受贯穿太湖流域中部的第8号台风“莫拉克”的影响，无锡、常州、苏州等地接连出现大风、短时降雨、暴雨及特大暴雨。其中，阳澄淀泖区内昆山站降雨标准超百年一遇；太仓浏河闸和七浦闸的降雨标准超200年一遇；太仓刘家港站最大24小时降雨量达336.8 mm，最大1小时降雨量达117.2 mm。据统计，受台风“莫拉克”的影响，流域内868.2万人受灾，各省市直接经济总损失达96.65亿元。

太湖流域20世纪大水灾年灾害特征如表3.4所示。

4. 经济社会概况

太湖流域位于长江三角洲的核心地区，是我国经济最发达、大中型城市最密集的区域之一，地理和战略优势突出。流域内分布有特大型城市上海，大中型城市杭州、苏州、无锡、常州、镇江、嘉兴、湖州，以及迅速发展的众多城镇。

表 3.4　太湖流域 20 世纪大水灾年灾害特征

年份		1931	1954	1962	1991	1999
雨型		梅雨加台风雨	梅雨	台风雨	梅雨	梅雨
降雨时段/d		30	90	2	35	45
主雨区分布		浙西—湖西	全流域 南大北小	杭嘉湖— 武澄锡	湖西— 阳澄淀泖	浙西—浦西
太湖水位/m		4.40	4.65	4.30	4.79	5.08
暴雨中心雨量/mm		浙西 600	浙西 1 300	苏州 437	湖西 800	浙西 1 000
受灾农田/万亩		590	785	746	512	508
歉收粮食/亿 kg		5.1	11	5.9	9.4	9.8
死亡人数/人		未统计	241	89	83	6
当年估价损失/亿元		未统计	约 6	未统计	109.0	131.1
两省一市损失	江苏		2.4		86.0	20.5
	浙江		2.6		13.0	102.9
	上海		1.0		10.0	7.7

截至 2013 年末，流域总人口为 5 971 万人，人口密度为 1 618 人/km^2，城市化率为 78.4%；流域内生产总值为 57 957 亿元，约占全国 GDP 总量的 10.2%；人均生产总值达 9.7 万元，约为全国平均水平的 2.3 倍。

流域内工业技术基础雄厚，产业门类配套齐全，资源加工能力强，技术水平、管理水平和综合实力均处于全国领先水平；汽车、冶金钢铁、石油化工、机械电子、轻纺、医药、食品等在全国占有重要地位；高新技术产业发展迅猛，金融、保险、房地产、通信、信息服务、运输、现代物流等第三产业发展迅速，占流域生产总值的比重稳步提高。

太湖流域素以“鱼米之乡”和“丝绸之府”蜚声中外，是我国稻、麦、油菜种植区，也是桑、茶、竹等经济作物产区，还是淡水渔业基地。太湖流域交通发达，沪宁、沪杭铁路贯穿全流域，沪宁、沪杭、沿江、沪苏浙皖、京沪等高速公路构筑了快速交通网络。流域紧靠长江“黄金水道”，京杭大运河贯穿南北，沟通长江和钱塘江航运。

5. 降雨资料

水文频率分析是我国防洪设计标准估算的重要依据，其以重现期为基础，通常表述为“×年一遇”，对于越重要的工程或失事后果越严重的工程，通常需要越高的防洪设计标准，即采用较高重现期对应的设计值。在水文频率分析中，考虑到流量资料只在出口断面处有资料，一些区域拥有流量资料的站点较少，同时流量受到人类活动的影响较大，资料很难保持一致性等原因，通常使用受人类活动影响较小、资料较为完整、一致性较好的降雨资料进行分析。

本节应用了太湖流域管理局水利发展研究中心提供的数据。经过对各水利分区内雨量站特征值资料(如年降雨量、多年平均降雨量、年最大和最小降雨量、典型洪水年和枯水年全流域及各分区逐日降雨过程等)进行统计分析,参考《太湖流域防洪规划》和《太湖流域水资源综合规划》中的雨量代表站及典型特征值,根据雨量站的布设情况、雨量特征及降雨量估算精度要求等,确定各水利分区内代表雨量站 155 个,分布在 8 个水利分区内(太湖区、杭嘉湖区、武澄锡虞区、阳澄淀泖区、湖西区、浙西区、浦东区和浦西区),如表 3.5 所示。

表 3.5 太湖流域 8 个分区代表雨量站分布

分区	雨量站个数	雨量站名称
太湖区	10	白芍山、大浦口、胥口、洞庭西山(三)、吴娄、小梅口、夹浦、望亭(立交上游)、枫桥、瓜泾口
杭嘉湖区	25	余杭、德清大闸(上)、震泽、塘栖、崇德、嘉兴(杭)、王江泾、菱湖、新市、双林、双林实验站、乌镇(双溪桥)、南浔、临平(上)、桐乡、硖石(洛)、长川坝(上)、海盐(塘)、欤城、平湖、嘉善、平湖塘、乍浦、三河、芦墟
武澄锡虞区	12	常州(二)、洛社、无锡、青阳、定波闸、北国、张家港闸、陈墅、十一圩港闸、甘露(望)、望虞闸(闸下游)、长寿
阳澄淀泖区	17	苏州、常熟、白茆闸、湘城、直塘、七浦闸、巴城、浏河闸、唯亭、昆山(二)、平望、太仓、甪直、陈墓、金家坝、商榻、周巷
湖西区	33	茅东闸(闸下游)、河口、南渡(南二)、溧阳、宜兴(南)、大溪水库(东涵)、金坛、王母观、沙河水库(主涵)、横山水库(东涵)、坊前、漕桥(三)、上沛、前宋水库、东岳庙、后周、东昌街、薛埠、平桥、大涧、善卷、成章、儒林、官林、湖父、谏壁闸(闸下游)、丹阳、九里铺、旧县、小河新闸(闸下游)、西麓、白兔、访仙
浙西区	44	桥东村、临安、临安青山水库、瓶窑、湖州杭长桥、对河口水库(坝上)、埭溪、赋石水库(坝上)、横塘村、梅溪、范家村、老石坎水库(坝上)、市岭、临安溪口、南庄、徐家头、龙上坞、横畈、百丈、横湖、莫干山、上朗、上皋坞、红旗水库、妙西、天锦堂、坟岱、杭垓、马峰庵、章里、冰坑、董岭、银坑、递铺、西亩、天子岗水库、钱坑桥、天平桥、诸道岗、长兴(二)、大界牌、访贤、尚儒、槐花坎
浦东区	4	大团(闸外)、大治河西闸(闸内)、青村、祝桥
浦西区	10	泖港、夏字圩、淀峰、青浦、泗泾(二)、黄渡、望新、蕰藻浜东闸(闸内)、江湾、罗店
合计	155	

各站雨量资料系列均不相同,且资料存在缺失。部分站点雨量资料系列可追溯至 1922 年,相对比较全的资料为 1972—1985 年及 1989—2000 年,最长达 85 年。综合考虑雨量站的地理位置、气候、密集程度及雨量资料系列长度等因素,最终将浦东区、浦西区合并为浦东浦西区,划分为 7 个区域,并甄选出 96 个站点。其中,太湖区 7 个,杭嘉湖区 21 个,武澄锡虞区 7 个,阳澄淀泖区 9 个,湖西区 12 个,浙西区 34 个,浦东浦西区 6 个。太湖区站网密度为 456 km^2/个,武澄锡虞区站网密度为 502 km^2/个,湖西区站网密度为 601 km^2/个,浙西区站网

密度为 174 km²/个，浦东浦西区站点密度为 744 km²/个，杭嘉湖区站网密度为 488 km²/个。

根据太湖流域水利分区的情况，对各雨量站进行编号(表 3.6)，将太湖区内各站点编号记为 1069～1075，杭嘉湖区各站点编号记为 2076～2096，武澄锡虞区各站点编号记为 3047～3053，阳澄淀泖区各站点编号记为 4054～4062，湖西区各站点编号记为 5035～5046，浙西区各站点编号记为 6001～6034，浦东浦西区各站点编号记为 7063～7068。

表 3.6　太湖流域雨量站点筛选结果及分区

分区编号	站点数量	站点名称及编号											
Ⅰ	7	白芍山	大浦口	胥口	洞庭西山(三)	吴娄	小梅口	瓜泾口					
		1069	1070	1071	1072	1073	1074	1075					
Ⅱ	21	余杭	德清大闸(上)	震泽	塘栖	崇德	嘉兴(杭)	王江泾	菱湖	新市	双林	乌镇(双溪桥)	南浔
		2076	2077	2078	2079	2080	2081	2082	2083	2084	2085	2086	2087
		临平(上)	桐乡	硖石(洛)	长川坝(上)	欤城	平湖	嘉善	平湖塘	芦墟			
		2088	2089	2090	2091	2092	2093	2094	2095	2096			
Ⅲ	7	洛社	青阳	定波闸	张家港闸	陈墅	十一圩港闸	长寿					
		3047	3048	3049	3050	3051	3052	3053					
Ⅳ	9	常熟	白茆闸	湘城	浏河闸	昆山(二)	平望	太仓	商榻	周巷			
		4054	4055	4056	4057	4058	4059	4060	4061	4062			
Ⅴ	12	南渡(南二)	溧阳	宜兴(南)	金坛	王母观	横山水库(东涵)	漕桥(三)	东岳庙	平桥	成章	儒林	丹阳
		5035	5036	5037	5038	5039	5040	5041	5042	5043	5044	5045	5046
Ⅵ	34	桥东村	临安	临安青山水库	瓶窑	对河口水库(坝上)	横塘村	范家村	老石坎水库(坝上)	市岭	临安溪口	南庄	徐家头
		6001	6002	6003	6004	6005	6006	6007	6008	6009	6010	6011	6012
		横畈	莫干山	上朗	上皋坞	妙西	天锦堂	坟岱	杭垓	马峰庵	章里	冰坑	董岭
		6013	6014	6015	6016	6017	6018	6019	6020	6021	6022	6023	6024
		银坑	递铺	西亩	天子岗水库	钱坑桥	诸道岗	长兴(二)	大界牌	访贤	尚儒		
		6025	6026	6027	6028	6029	6030	6031	6032	6033	6034		

(续表)

分区编号	站点数量	站点名称及编号											
Ⅶ	6	夏字圩	淀峰	青浦	黄渡	望新	大团(闸外)						
		7063	7064	7065	7066	7067	7068						
总计	96												

3.5 基于地区线性矩法的太湖流域暴雨频率分析

3.5.1 参数估计方法比较

线性矩来源于概率权重矩，若随机变量 X 的分布函数为 $F(x)$，则其概率权重矩为

$$M_{p,r,s}=E\{x^p[F(x)]^r[1-F(x)]^s\}=\int_0^1 x^p[F(x)]^r[1-F(x)]^s \mathrm{d}F(x) \tag{3.80}$$

式中，p，r，s 均为常数。

在式(3.80)中，若 $r=0$，$s=0$，则可以得到

$$M_{p,0,0}=E(X^p)=\int_0^1 x^p \mathrm{d}F(x),p=1,2,\cdots \tag{3.81}$$

这便是常规矩法中随机变量 X 的 p 阶原点矩。当 $p=1$ 时，得到随机变量 X 的一阶原点矩，即数学期望：

$$\lambda_1=M_{1,0,0}=E(X)=\int_0^1 x\mathrm{d}F(x) \tag{3.82}$$

如果将式(3.81)中的 X 用 $X-\mu$ 替换，则可以得到：

$$\begin{aligned}M_{p,0,0}&=E(X-\mu)^p\\&=E[X-E(X)]^p\\&=\int_0^1(x-\mu)^p\mathrm{d}F(x)\end{aligned} \tag{3.83}$$

进而可得到随机变量 X 的 p 阶中心矩。当 $p=2$ 时，可得随机变量 X 的二阶中心矩，即方差。

由此可知，常规矩是概率权重矩的一种特殊形式。

常规矩法中，通常用变差系数 (C_v)、偏态系数(C_s) 和峰度系数(C_k) 描述样本的特

征。常规矩与线性矩的定义及其比例系数如表 3.7 所示。

表 3.7 常规矩与线性矩及其比例系数

常规矩		线性矩	
含义	表达式	含义	表达式
一阶原点矩 均值	$E(X)=\mu$	一阶矩 均值	$\lambda_1=EX=\mu$
二阶中心矩 离差系数	$E(X-\mu)^2$ $C_v=\dfrac{\sigma}{\mu}$	二阶矩 线性离差系数	$\lambda_2=\dfrac{1}{2}E(X_{2:2}-X_{1:2})$ $L\text{-}C_v=\dfrac{\lambda_2}{\lambda_1}$
三阶中心矩 偏态系数	$E(X-\mu)^3$ $C_s=\dfrac{E(X-\mu)^3}{\sigma^3}$	三阶矩 线性偏态系数	$\lambda_3=\dfrac{1}{3}E(X_{3:3}-2X_{2:3}+X_{1:3})$ $L\text{-}C_s=\dfrac{\lambda_3}{\lambda_2}$
四阶中心矩 峰度系数	$E(X-\mu)^4$ $C_k=\dfrac{E(X-\mu)^4}{\sigma^4}$	四阶矩 线性峰度系数	$\lambda_4=\dfrac{1}{4}E(X_{4:4}-3X_{3:4}+3X_{2:4}-X_{1:4})$ $L\text{-}C_k=\dfrac{\lambda_4}{\lambda_2}$

在常规矩法中，对于随机变量 X 的 p 阶原点矩，当 $p=1$ 时，

$$E(\bar{X})=E\left(\frac{1}{n}\sum_{i=1}^{n}X_i\right)=\frac{1}{n}\sum_{i=1}^{n}E(X_i)=\mu \tag{3.84}$$

即样本均值 $\bar{X}$ 是总体均值 μ 的一个无偏估计。然而，当 $p=2$ 时，

$$E(\bar{X}^2)=D(\bar{X})+[E(\bar{X})]^2=\frac{\sigma^2}{n}+\mu^2\neq\mu^2 \tag{3.85}$$

说明 $\bar{X}^2$ 不是 μ^2 的无偏估计。易证明，当 $p>1$ 时，$(\bar{X})^p$ 不是 μ^p 的无偏估计。对于随机变量 X 的 p 阶中心矩，当 $p=2$ 时，

$$\begin{aligned}\hat{\sigma}^2&=E(S^2)=E\left[\frac{1}{n}\sum_{i=1}^{n}(X_i-\bar{X})^2\right]\\&=\frac{1}{n}E\left\{\sum_{i=1}^{n}[(X_i-\mu)-(\bar{X}-\mu)]^2\right\}\\&=\frac{1}{n}\left[\sum_{i=1}^{n}E(X_i-\mu)^2-nE(\bar{X}-\mu)^2\right]\\&=\frac{n-1}{n}\sigma^2<\sigma^2\end{aligned} \tag{3.86}$$

这说明样本的二阶中心矩 S^2 不是总体方差 σ^2 的无偏估计，并且估计量 $\hat{\sigma}^2<\sigma^2$。可

以证明，当 $p > 2$ 时，样本的 p 阶中心矩不是总体的 p 阶中心矩的无偏估计，并且 p 越大，估计量 $\hat{\sigma}^p$ 的偏小程度也随之增大。

在水文频率分析中，常常需要利用样本变差系数（C_v）和偏态系数（C_s）对总体参数进行估计，从而进行水文频率计算与预测。然而，当利用常规矩法估计变差系数（C_v）和偏态系数（C_s）时需要用到二阶、三阶甚至更高阶的中心矩。

P-Ⅲ型曲线估计的分布函数为

$$F(x)=\frac{\left(\dfrac{2}{\bar{x}C_v C_s}\right)^{\frac{4}{C_s^2}}}{\Gamma\left(\dfrac{4}{C_s^2}\right)}\int_x^{\infty}\left(x-\bar{x}+\frac{2C_v}{C_s}\bar{x}\right)^{\frac{4}{C_s^2}-1}\cdot\exp\left[-\frac{2}{\bar{x}C_v C_s}\left(x-\bar{x}+\frac{2C_v}{C_s}\bar{x}\right)\right]\mathrm{d}x \tag{3.87}$$

注意到式(3.87)中由于偏态系数（C_s）的估计值偏大，变差系数（C_v）的估计值偏小，乘积 $C_v C_s=\dfrac{\sum_{i=1}^{n}(x_i-\bar{x})^3}{n\bar{x}\sigma^2}$ 偏大。同时，由于幂函数的变化程度远大于指数函数，因而式中的 $\left(\dfrac{2}{\bar{x}C_v C_s}\right)^{\frac{4}{C_s^2}}$ 和 $\left(x-\bar{x}+\dfrac{2C_v}{C_s}\bar{x}\right)^{\frac{4}{C_s^2}-1}$ 对式子的影响更大，由于这两项的估计值均偏小，进而使得式(3.87)的估计值偏小，从而使得设计暴雨的估计值偏小，产生一定误差。

相比于常规矩法，线性矩法在参数估计方面要稳健得多。线性矩法的各阶矩是样本次序统计量的线性组合的期望值。根据定义，线性矩比例系数，如 $L\text{-}C_v$，$L\text{-}C_s$，$L\text{-}C_k$ 为所对应线性矩的商，相较于常规矩法，降低了其在计算偏态系数（C_s）时利用样本三阶中心矩所产生的误差。因此，可以判断线性矩法在理论上较常规矩法更加准确。

3.5.2 水文气象一致区验证

1. 分区验证

太湖流域的降雨主要集中在汛期（5—9 月），该季节暴雨主要受夏季海洋气团、热带风暴及台风的影响，进而形成台风雨。通过分析，可以判断整个流域内暴雨的水汽入流、成因背景一致，气象条件具有相似性，因而，主要对站点资料数据的不和谐性和水文条件的相似性进行检验。

通过对太湖流域内所有站点及周围缓冲区域内部分站点水文气象资料的综合考量，求解太湖流域内各站点的年最大日降雨量资料的线性矩比例系数，参考该比例系数的分布特点及周围缓冲站点的资料，在太湖流域原有的水利分区的基础上，根据雨量资料特点，对区域边界站点进行微调，将太湖流域进一步划分为 8 个子区域。其中，Ⅰ区 7 个站、

Ⅱ区 19 个站、Ⅲ区 7 个站、Ⅳ区 8 个站、Ⅴ区 10 个站、Ⅵ区 25 个站、Ⅶ区 14 个站、Ⅷ区 6 个站。水文气象一致区内站点信息详见表 3.8。

计算得到各一致区内站点的线性矩比例系数、不和谐性检验统计量及一致性检验统计量的结果(表 3.9)。经验证,除Ⅵ区内市岭和访贤两个站点的不和谐性检验统计量 D_i 值大于临界值,其他各站点的 D_i 值均小于临界值。这说明,除了这两个站点以外,其他各站点均通过了不和谐性检验,站点资料数据也较为一致。

表 3.8　太湖流域水文气象一致区内站点信息

分区编号	站点数量	站点名称及编号										
Ⅰ	7	白芍山	大浦口	胥口	洞庭西山(三)	吴娄	小梅口	瓜泾口				
		1069	1070	1071	1072	1073	1074	1075				
Ⅱ	19	震泽	崇德	嘉兴(杭)	王江泾	菱湖	新市	双林	乌镇(双溪桥)	南浔	临平(上)	桐乡
		2078	2080	2081	2082	2083	2084	2085	2086	2087	2088	2089
		硖石(洛)	长川坝(上)	欤城	平湖	嘉善	平湖塘	芦墟	平望			
		2090	2091	2092	2093	2094	2095	2096	4059			
Ⅲ	7	洛社	青阳	定波闸	张家港闸	陈墅	十一圩港闸	长寿				
		3047	3048	3049	3050	3051	3052	3053				
Ⅳ	8	常熟	白茆闸	湘城	浏河闸	昆山(二)	太仓	商榻	周巷			
		4054	4055	4056	4057	4058	4060	4061	4062			
Ⅴ	10	南渡(南二)	溧阳	宜兴(南)	金坛	王母观	漕桥(三)	东岳庙	成章	儒林	丹阳	
		5035	5036	5037	5038	5039	5041	5042	5044	5045	5046	
Ⅵ	25	横山水库(东涵)	平桥	横塘村	范家村	老石坎水库(坝上)	市岭	莫干山	妙西	天锦堂	坟岱	杭垓
		5040	5043	6006	6007	6008	6009	6014	6017	6018	6019	6020
		马峰庵	章里	冰坑	董岭	银坑	递铺	西亩	天子岗水库	钱坑桥	诸道岗	长兴(二)
		6021	6022	6023	6024	6025	6026	6027	6028	6029	6030	6031
		大界牌	访贤	尚儒								
		6032	6033	6034								

（续表）

分区编号	站点数量	站点名称及编号										
Ⅶ	14	余杭	德清大闸(上)	塘栖	桥东村	临安	临安青山水库	瓶窑	对河口水库(坝上)	临安溪口	南庄	徐家头
		2076	2077	2079	6001	6002	6003	6004	6005	6010	6011	6012
		横畈	上朗	上皋坞								
		6013	6015	6016								
Ⅷ	6	夏字圩	淀峰	青浦	黄渡	望新	大团(闸外)					
		7063	7064	7065	7066	7067	7068					
总计	96											

表3.9　太湖流域水文气象一致区站点划分及一致区检验结果

区域	站点数量	站点名称	站点编号	$L\text{-}C_v$	$L\text{-}C_s$	$L\text{-}C_k$	D_i	检验结果
Ⅰ	7	白芍山	1069	0.234	0.305	0.270	0.391	通过
		大浦口	1070	0.239	0.365	0.183	1.272	通过
		胥口	1071	0.232	0.373	0.248	0.673	通过
		洞庭西山(三)	1072	0.240	0.202	0.120	1.831	通过
		吴娄	1073	0.246	0.308	0.294	1.208	通过
		小梅口	1074	0.209	0.251	0.210	0.611	通过
		瓜泾口	1075	0.203	0.241	0.182	1.014	通过
				$H=-1.69$			$D_i \leqslant 1.917$	
Ⅱ	19	震泽	2078	0.270	0.221	0.174	2.525	通过
		崇德	2080	0.258	0.317	0.275	0.488	通过
		嘉兴(杭)	2081	0.243	0.326	0.233	0.040	通过
		王江泾	2082	0.268	0.332	0.135	2.140	通过
		菱湖	2083	0.211	0.372	0.279	1.070	通过
		新市	2084	0.213	0.264	0.154	1.672	通过
		双林	2085	0.266	0.395	0.292	0.603	通过
		乌镇(双溪桥)	2086	0.236	0.315	0.204	0.327	通过
		南浔	2087	0.232	0.326	0.242	0.101	通过
		临平(上)	2088	0.274	0.399	0.251	0.959	通过

（续表）

区域	站点数量	站点名称	站点编号	$L\text{-}C_v$	$L\text{-}C_s$	$L\text{-}C_k$	D_i	检验结果
Ⅱ	19	桐乡	2089	0.257	0.292	0.293	1.487	通过
		硖石(洛)	2090	0.258	0.424	0.364	1.647	通过
		长川坝(上)	2091	0.208	0.248	0.235	1.409	通过
		欤城	2092	0.227	0.318	0.315	0.915	通过
		平湖	2093	0.270	0.373	0.290	0.530	通过
		嘉善	2094	0.267	0.358	0.238	0.320	通过
		平湖塘	2095	0.249	0.343	0.231	0.117	通过
		芦墟	2096	0.266	0.352	0.244	0.247	通过
		平望	4059	0.181	0.351	0.309	2.404	通过
				$H=-1.20$			$D_i \leqslant 3$	
Ⅲ	7	洛社	3047	0.256	0.415	0.363	1.434	通过
		青阳	3048	0.225	0.244	0.264	0.214	通过
		定波闸	3049	0.222	0.222	0.030	1.847	通过
		张家港闸	3050	0.218	0.086	0.114	1.070	通过
		陈墅	3051	0.206	0.238	0.306	1.302	通过
		十一圩港闸	3052	0.241	0.205	0.117	0.370	通过
		长寿	3053	0.252	0.229	0.186	0.764	通过
				$H=-0.38$			$D_i \leqslant 1.917$	
Ⅳ	8	常熟	4054	0.200	0.067	0.161	1.523	通过
		白茆闸	4055	0.219	0.374	0.223	1.130	通过
		湘城	4056	0.177	0.184	0.142	0.575	通过
		浏河闸	4057	0.237	0.311	0.247	0.532	通过
		昆山(二)	4058	0.226	0.248	0.121	0.739	通过
		太仓	4060	0.206	0.168	0.056	1.307	通过
		商榻	4061	0.161	0.128	0.145	1.244	通过
		周巷	4062	0.241	0.294	0.271	0.949	通过
				$H=0.98$			$D_i \leqslant 2.140$	
Ⅴ	10	南渡(南二)	5035	0.199	0.103	0.064	0.514	通过
		溧阳	5036	0.189	0.053	0.064	1.046	通过
		宜兴(南)	5037	0.265	0.243	0.111	0.940	通过

（续表）

区域	站点数量	站点名称	站点编号	$L\text{-}C_v$	$L\text{-}C_s$	$L\text{-}C_k$	D_i	检验结果
V	10	金坛	5038	0.263	0.315	0.209	0.964	通过
		王母观	5039	0.225	0.175	0.018	0.687	通过
		漕桥(三)	5041	0.187	0.299	0.272	2.158	通过
		东岳庙	5042	0.219	0.281	0.093	1.118	通过
		成章	5044	0.246	0.293	0.236	0.825	通过
		儒林	5045	0.193	0.107	0.169	1.056	通过
		丹阳	5046	0.241	0.263	0.064	0.693	通过
				$H=0.49$			$D_i \leqslant 2.491$	
Ⅵ	25	横山水库（东涵）	5040	0.225	0.173	−0.006	1.648	通过
		平桥	5043	0.222	0.236	0.112	0.344	通过
		横塘村	6006	0.233	0.334	0.308	1.314	通过
		范家村	6007	0.225	0.280	0.182	0.125	通过
		老石坎水库（坝上）	6008	0.215	0.239	0.102	0.525	通过
		市岭	6009	0.356	0.438	0.234	5.104	不通过
		莫干山	6014	0.235	0.324	0.220	0.063	通过
		妙西	6017	0.271	0.261	0.128	0.714	通过
		天锦堂	6018	0.223	0.251	0.121	0.275	通过
		坟岱	6019	0.258	0.382	0.189	0.853	通过
		杭垓	6020	0.182	0.261	0.200	1.353	通过
		马峰庵	6021	0.225	0.471	0.375	1.973	通过
		章里	6022	0.224	0.296	0.171	0.129	通过
		冰坑	6023	0.246	0.379	0.215	0.495	通过
		董岭	6024	0.249	0.293	0.134	0.218	通过
		银坑	6025	0.254	0.459	0.327	1.208	通过
		递铺	6026	0.249	0.273	0.144	0.146	通过
		西亩	6027	0.227	0.385	0.270	0.542	通过
		天子岗水库	6028	0.230	0.363	0.347	1.740	通过
		钱坑桥	6029	0.226	0.311	0.192	0.095	通过
		诸道岗	6030	0.233	0.347	0.146	1.194	通过

（续表）

区域	站点数量	站点名称	站点编号	L-C_v	L-C_s	L-C_k	D_i	检验结果
Ⅵ	25	长兴(二)	6031	0.259	0.270	0.137	0.320	通过
		大界牌	6032	0.252	0.313	0.236	0.471	通过
		访贤	6033	0.254	0.168	0.148	3.315	不通过
		尚儒	6034	0.229	0.207	0.049	0.834	通过
				$H=0.67$			$D_i \leqslant 3$	
Ⅶ	14	余杭	2076	0.223	0.306	0.206	0.482	通过
		德清大闸(上)	2077	0.256	0.375	0.274	0.247	通过
		塘栖	2079	0.286	0.512	0.350	1.634	通过
		桥东村	6001	0.232	0.366	0.248	0.102	通过
		临安	6002	0.204	0.327	0.258	0.297	通过
		临安青山水库	6003	0.231	0.402	0.320	0.366	通过
		瓶窑	6004	0.234	0.322	0.259	0.592	通过
		对河口水库(坝上)	6005	0.224	0.339	0.276	0.319	通过
		临安溪口	6010	0.217	0.361	0.189	2.346	通过
		南庄	6011	0.166	0.391	0.334	2.623	通过
		徐家头	6012	0.240	0.299	0.180	0.956	通过
		横畈	6013	0.212	0.315	0.295	1.276	通过
		上朗	6015	0.291	0.394	0.214	1.195	通过
		上皋坞	6016	0.303	0.499	0.328	1.564	通过
				$H=-0.35$			$D_i \leqslant 2.971$	
Ⅷ	6	夏字圩	7063	0.260	0.321	0.093	0.756	通过
		淀峰	7064	0.232	0.367	0.233	1.132	通过
		青浦	7065	0.200	0.229	0.187	1.469	通过
		黄渡	7066	0.226	0.307	0.229	0.172	通过
		望新	7067	0.255	0.316	0.289	1.466	通过
		大团(闸外)	7068	0.270	0.276	0.087	1.005	通过
				$H=-0.42$			$D_i \leqslant 1.648$	
总计	96							

其中，市岭站的 D_i 值为 5.104，大于临界值 3.0。通过对市岭站降雨序列的研究发现，该站点在 1956 年、1961 年、1963 年、1990 年和 1997 年，日降雨量分别为 564.9 mm，424.9 mm，339.0 mm，437.5 mm 和 357.5 mm。市岭站有效数据共计 47 年，除这 5 年以外，其余年份的年最大日降雨量均小于 250.0 mm，这些极端暴雨是导致 D_i 值较大的主要原因。经过对资料的审查，确认这些资料无误。因此，尽管此站点资料存在一定的不和谐性，但考虑到资料的真实性及区域的完整性，仍将市岭站保留在该区域。

Ⅵ区中，另一个 D_i 值大于临界值的站点为访贤站，其 D_i 值为 3.315。通过对该站点降雨序列的分析，发现该站点资料系列为 1962—2006 年，共计 45 年，其中 1986—2001 年的 16 年间存在数据缺失的情况，实际有效资料仅为 29 年。同时，考虑到该站点 29 年降雨资料并不存在过大或过小的异常值，所以对于 D_i 值的过大，有以下两种假设：①由于数据缺失，导致前 24 年与后 5 年的资料不具有一致性，因此导致该站点数据不和谐。②该站点位于原太湖流域水利区划Ⅴ区与Ⅵ区交界处，因此，可能将该站点归为Ⅴ区更为合适。

对于第一种假设，由于该站点有效降雨数据为 29 年，若去掉最后的 5 年，仍可保证有效降雨资料大于 20 年，因此，将最后 5 年的数据去掉后，重新计算。重新计算得到该站点的 D_i 值为 4.48，并未有效改善该站点的不和谐性，因此，考虑对该站点所属区域进行重新划分，考虑站点位置，将访贤站及原属水利区划中Ⅵ区的平桥和横山水库(东涵)两站一并划归至Ⅴ区，再对两个区域的站点进行不和谐性验证(表 3.10)。

表 3.10 调整后Ⅴ区及Ⅵ区一致区检验结果

区域	站点数量	站点名称	站点编号	$L\text{-}C_v$	$L\text{-}C_s$	$L\text{-}C_k$	D_i	检验结果
Ⅴ	13	南渡(南二)	5035	0.199	0.103	0.064	0.609	通过
		溧阳	5036	0.189	0.053	0.064	1.296	通过
		宜兴(南)	5037	0.265	0.243	0.111	0.824	通过
		金坛	5038	0.263	0.315	0.209	1.027	通过
		王母观	5039	0.225	0.175	0.018	0.557	通过
		横山水库(东涵)	5040	0.225	0.173	−0.006	0.886	通过
		漕桥(三)	5041	0.187	0.299	0.272	2.545	通过
		东岳庙	5042	0.219	0.281	0.093	0.972	通过
		平桥	5043	0.222	0.236	0.112	0.145	通过
		成章	5044	0.246	0.293	0.236	0.864	通过

（续表）

区域	站点数量	站点名称	站点编号	$L\text{-}C_v$	$L\text{-}C_s$	$L\text{-}C_k$	D_i	检验结果
Ⅴ	13	儒林	5045	0.193	0.107	0.169	1.257	通过
		丹阳	5046	0.241	0.263	0.064	0.632	通过
		访贤	6033	0.254	0.168	0.148	1.386	通过
				$H=0.14$			$D_i \leqslant 2.869$	
Ⅵ	22	横塘村	6006	0.233	0.334	0.308	1.606	通过
		范家村	6007	0.225	0.280	0.182	0.210	通过
		老石坎水库（坝上）	6008	0.215	0.239	0.102	0.706	通过
		市岭	6009	0.356	0.438	0.234	4.567	不通过
		莫干山	6014	0.235	0.324	0.220	0.054	通过
		妙西	6017	0.271	0.261	0.128	1.031	通过
		天锦堂	6018	0.223	0.251	0.121	0.422	通过
		坟岱	6019	0.258	0.382	0.189	0.950	通过
		杭垓	6020	0.182	0.261	0.200	1.268	通过
		马峰庵	6021	0.225	0.471	0.375	2.116	通过
		章里	6022	0.224	0.296	0.171	0.152	通过
		冰坑	6023	0.246	0.379	0.215	0.546	通过
		董岭	6024	0.249	0.293	0.134	0.273	通过
		银坑	6025	0.254	0.459	0.327	1.281	通过
		递铺	6026	0.249	0.273	0.144	0.297	通过
		西亩	6027	0.227	0.385	0.270	0.514	通过
		天子岗水库	6028	0.230	0.363	0.347	1.949	通过
		钱坑桥	6029	0.226	0.311	0.192	0.087	通过
		诸道岗	6030	0.233	0.347	0.146	1.543	通过
		长兴（二）	6031	0.259	0.270	0.137	0.518	通过
		大界牌	6032	0.252	0.313	0.236	0.719	通过
		尚儒	6034	0.229	0.207	0.049	1.191	通过
				$H=0.56$			$D_i \leqslant 3$	

从表3.10可以看出，对于第二种假设，当将3个站点重新划归至Ⅴ区中，则Ⅴ区内所有站点都通过了不和谐性检验，Ⅵ区中除了市岭站以外，其他站点也都通过了不和谐性检验。在表3.9和表3.10中，各站点的一致性检验指标 H_i 均小于1，因此可以说明本章研究中所划分的水文气象一致区是合理的。

2. 资料相关性检验

在水文计算中，通常需要研究不同变量之间相关性的密切程度，考虑资料之间的相关关系，以便减小计算误差。本节制订了以下三种资料筛选原则，对96个站点的年降雨资料进行进一步筛查。

原则一：区域内站点分组。根据太湖流域的实际情况和暴雨特性，将8个区域内所有距离在30 km以内的站点进行两两配对。

原则二：资料对比与选择。对比每组两个站点的雨量资料，对于其中发生最大降雨量时间前后相差大于1天的数据予以舍弃，以保证配对的降雨资料具有物理意义上的相关性。

原则三：站点选择。统计每组两个站点共同剩余的降雨资料，舍弃资料序列少于20年的站点组以减小抽样误差，提高分析结果在统计意义上的可信度。

基于以上原则，对太湖流域8区96个站点进行考量，共筛选出符合要求的站点33组，详见表3.11和图3.1。

表3.11　太湖流域8个水文气象一致区内96个站点筛选结果

分区	初筛站点组	总数
Ⅰ	无	0
Ⅱ	2080～2088；2080～2089；2080～2090；2081～2086；2081～2089；2081～2090；2081～2093；2081～2094；2082～2094；2082～4059；2089～2090；2090～2092；2092～2093	13
Ⅲ	3047～3048；3048～3051；3048～3053；3051～3053	4
Ⅳ	无	0
Ⅴ	无	0
Ⅵ	6007～6031；6008～6020；6008～6025；6008～6026；6009～6025；6018～6020；6020～6027	7
Ⅶ	2076～6001；2076～6002；2076～6004；2077～6004；6001～6002；6001～6013；6002～6003；6004～6013	8
Ⅷ	7065～7066	1
合计		33

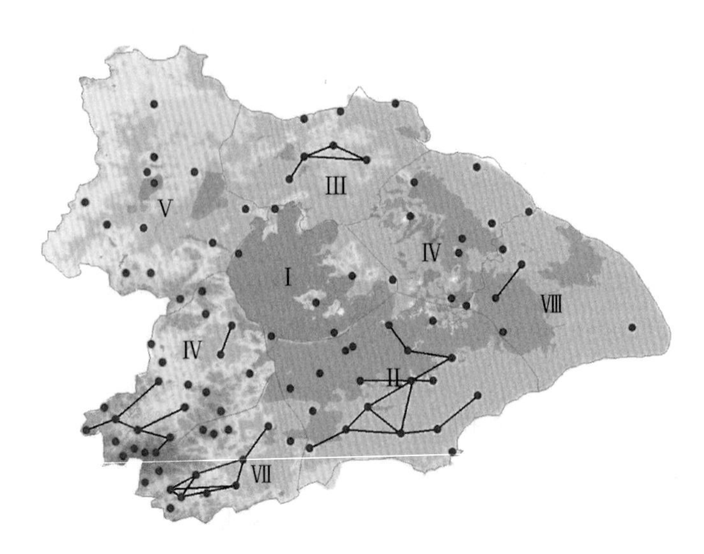

图 3.1　筛选站点组位置图

为了更加准确、全面地考虑各站点之间的相关性，本节计算以下三种相关系数。

(1) Pearson 相关系数 r 为

$$r=\frac{\sum_{i=1}^{n}(x_i-\bar{x})(y_i-\bar{y})}{\sqrt{\sum_{i=1}^{n}(x_i-\bar{x})^2\sum_{i=1}^{n}(y_i-\bar{y})^2}} \tag{3.88}$$

式中，x_i 和 y_i 为降雨资料序列，$\bar{x}$ 和 $\bar{y}$ 为某站点降雨资料的平均值。

(2) Spearman 相关系数 γ_s 为

$$\gamma_s=1-\frac{6}{n(n^2-1)}\sum_{i=1}^{n}(R_i-Q_i)^2 \tag{3.89}$$

式中，R_i 和 Q_i 表示降雨资料序列(x_1, x_2, …, x_n) 和(y_1, y_2, …, y_n) 的秩(或序号)。

(3) Kendall 相关系数 τ 为

$$\tau=\frac{N_c-N_d}{n(n-1)/2} \tag{3.90}$$

式中，N_c 为满足$(x_j-x_i)(y_j-y_i)>0$, $j>i$ 的同向数对的数目；N_d 为满足$(x_j-x_i)(y_j-y_i)<0$, $j>i$, i, $j=1, 2, \cdots, n$ 的逆向数对的数目。

分别利用式(3.88)、式(3.89)和式(3.90)计算筛选出的 33 组站点组合的相关系数，以及对应的概率值，如表 3.12 所示。从表中可以看出，仅 2082 站和 4059 站的相关系数发生的概率 $P>0.05$，这表示降雨资料序列之间存在较低的相关性；其余各站点之间相

关系数发生的概率 $P<0.05$，这说明其余各站点之间均存在一定程度的相关性。

表 3.12　8 个一致区各区内站点相关系数

分区	站点	N	Pearson	P	Spearman	P	Kendall	P
Ⅱ	2080～2088	23	0.874	5.16×10^{-8}	0.850	2.70×10^{-7}	0.700	2.94×10^{-6}
	2080～2089	25	0.906	4.92×10^{-10}	0.727	3.84×10^{-5}	0.611	1.91×10^{-5}
	2080～2090	20	0.945	3.55×10^{-10}	0.805	1.88×10^{-5}	0.649	6.53×10^{-5}
	2081～2086	26	0.929	7.33×10^{-12}	0.895	7.25×10^{-10}	0.740	1.21×10^{-7}
	2081～2089	24	0.843	2.36×10^{-7}	0.663	4.18×10^{-4}	0.524	3.52×10^{-4}
	2081～2090	22	0.724	1.38×10^{-4}	0.502	0.02	0.385	0.01
	2081～2093	24	0.845	2.04×10^{-7}	0.818	1.03×10^{-6}	0.681	3.11×10^{-6}
	2081～2094	28	0.901	6.28×10^{-11}	0.847	1.31×10^{-8}	0.681	3.81×10^{-7}
	2082～2094	20	0.901	6.26×10^{-8}	0.842	3.22×10^{-6}	0.674	3.28×10^{-5}
	2082～4059	20	0.346	0.13	0.515	0.02	0.322	0.05
	2089～2090	21	0.894	4.61×10^{-8}	0.822	4.93×10^{-6}	0.683	1.56×10^{-5}
	2090～2092	20	0.983	8.50×10^{-15}	0.904	4.72×10^{-8}	0.747	4.08×10^{-6}
	2092～2093	21	0.446	0.043	0.550	9.76×10^{-3}	0.368	0.02
Ⅲ	3047～3048	20	0.868	7.24×10^{-7}	0.522	0.02	0.358	0.03
	3048～3051	29	0.559	1.60×10^{-3}	0.659	1.03×10^{-4}	0.514	9.50×10^{-5}
	3048～3053	22	0.678	5.27×10^{-4}	0.764	3.50×10^{-5}	0.593	1.12×10^{-4}
	3051～3053	20	0.653	1.80×10^{-3}	0.684	8.77×10^{-4}	0.516	1.48×10^{-3}
Ⅵ	6007～6031	22	0.751	5.63×10^{-5}	0.855	4.13×10^{-7}	0.720	2.83×10^{-6}
	6008～6020	21	0.859	6.37×10^{-7}	0.821	5.16×10^{-6}	0.686	1.37×10^{-5}
	6008～6025	23	0.799	4.87×10^{-6}	0.772	1.61×10^{-5}	0.636	2.12×10^{-5}
	6008～6026	22	0.613	2.44×10^{-3}	0.745	7.01×10^{-5}	0.558	2.75×10^{-4}
	6009～6025	21	0.724	2.23×10^{-4}	0.708	3.33×10^{-4}	0.464	3.37×10^{-3}
	6018～6020	21	0.668	9.45×10^{-4}	0.858	6.48×10^{-7}	0.673	2.28×10^{-5}
	6020～6027	21	0.703	3.77×10^{-4}	0.765	5.41×10^{-5}	0.601	1.72×10^{-4}
Ⅶ	2076～6001	21	0.719	2.41×10^{-4}	0.525	0.01	0.362	0.02
	2076～6002	21	0.801	1.20×10^{-5}	0.516	0.02	0.438	5.47×10^{-3}
	2076～6004	21	0.901	2.52×10^{-8}	0.942	2.00×10^{-10}	0.800	3.91×10^{-7}

（续表）

分区	站点	N	Pearson	P	Spearman	P	Kendall	P
Ⅶ	2077～6004	23	0.794	6.07×10^{-6}	0.555	5.94×10^{-3}	0.423	4.71×10^{-3}
	6001～6002	25	0.870	1.63×10^{-8}	0.540	5.37×10^{-3}	0.396	5.80×10^{-3}
	6001～6013	21	0.831	3.06×10^{-6}	0.628	2.29×10^{-3}	0.477	2.73×10^{-3}
	6002～6003	25	0.937	5.75×10^{-12}	0.801	1.55×10^{-6}	0.623	1.51×10^{-5}
	6004～6013	20	0.846	2.59×10^{-6}	0.714	4.09×10^{-4}	0.533	1.04×10^{-3}
Ⅷ	7065～7066	24	0.702	1.34×10^{-4}	0.675	2.96×10^{-4}	0.525	3.52×10^{-4}

2. *灵敏度检验*

对于资料间具有较强相关性的站点需进一步进行灵敏度检验，考察资料相关性对区域频率分析结果的影响。在站点选择方面，需着重考虑站点位置及站点资料系列长度。若某一站点与多个站点均存在较强相关性，则选取与其他站点均存在相关性的公共站点；若仅某两个站点间具有较强相关性，则选取资料系列长度较短的站点。

通过计算不同重现期下的灵敏度，分别考察去掉站点资料与保留站点资料的情况下，区域频率分析结果的变化程度。灵敏度计算公式为

$$P=\frac{|Q_1-Q_0|}{Q_0} \tag{3.91}$$

式中，Q_0 表示未加入某一站点时，区域频率分布曲线的频率估计值；Q_1 表示加入某一站点时，区域频率分布曲线的频率估计值。

为保证站点资料的完整性，在不轻易去掉站点的原则下，若计算得到 $P<5\%$，则认为该站对整个一致区的频率估计结果影响不大，可以考虑加入该站点资料；若 $P>5\%$，则认为该站对整个一致区的频率估计结果影响较大，则考虑去掉该站点资料。

根据上述原则，选取表 3.13 所示站点，分别计算重现期为 25 年、50 年、100 年和 200 年的频率估计值，进行灵敏度分析。可以看出，大部分待考察站点对于所在区域的影响程度都不高，除 7065 站以外，其余各站点百年一遇的灵敏度均小于 5%。因此认为，这些站点与其他站点之间虽然存在一定的相关性，但资料间的相关性对区域频率分析结果的影响程度不大，因此可以考虑保留这些站点。在Ⅷ区中，7065 站和 7066 站之间存在较强的相关性，当去掉 7066 站时，重现期为 25 年、50 年、100 年和 200 年的灵敏度分别为 0.4%，0.34%，0.26%和 0.22%。这表明 7066 站对区域频率分析结果影响不大，因此保留 7066 站。当去掉 7065 站时，重现期为 100 年的灵敏度为 5.76%，重现期为 200 年的灵敏度为 6.91%，这表明 7065 站的存在对区域频率分析结果存在一定的影响，因此需考虑舍弃 7065 站。

表 3.13 灵敏度分析

重现期	25 年	50 年	100 年	200 年
Ⅱ	**2.02**	**2.492**	**3.08**	**3.818**
2080	2.051	2.493	3.013	3.625
灵敏度	1.53%	0.04%	2.18%	5.06%
2081	2.022	2.494	3.084	3.824
灵敏度	0.10%	0.08%	0.13%	0.16%
2090	2.015	2.48	3.057	3.778
灵敏度	0.25%	0.48%	0.75%	1.05%
2082	2.015	2.485	3.07	3.804
灵敏度	0.25%	0.28%	0.32%	0.37%
2094	2.014	2.481	3.064	3.793
灵敏度	0.30%	0.44%	0.52%	0.65%
Ⅲ	**1.922**	**2.22**	**2.537**	**2.874**
3048	1.925	2.221	2.536	2.87
灵敏度	0.16%	0.05%	0.04%	0.14%
3051	1.945	2.249	2.572	2.916
灵敏度	1.20%	1.31%	1.38%	1.46%
3053	1.908	2.203	2.516	2.849
灵敏度	0.73%	0.77%	0.83%	0.87%
Ⅵ	**2.041**	**2.458**	**2.938**	**3.494**
6007	2.044	2.463	2.946	3.505
灵敏度	0.15%	0.20%	0.27%	0.31%
6031	2.038	2.458	2.943	3.506
灵敏度	0.15%	0.00%	0.17%	0.34%
6008	2.05	2.475	2.967	3.538
灵敏度	0.44%	0.69%	0.99%	1.26%
6009	2.048	2.483	2.990	3.584
灵敏度	0.34%	1.02%	1.77%	2.58%
6020	2.055	2.481	2.973	3.543
灵敏度	0.69%	0.94%	1.19%	1.40%

（续表）

重现期	25年	50年	100年	200年
6025	2.035	2.442	2.909	3.444
灵敏度	0.29%	0.65%	0.99%	1.43%
Ⅶ	**1.986**	**2.468**	**3.082**	**3.868**
2076	1.996	2.490	3.123	3.937
灵敏度	0.50%	0.89%	1.33%	1.78%
6001	1.987	2.469	3.083	3.868
灵敏度	0.05%	0.04%	0.03%	0.00%
6002	2.000	2.491	3.119	3.924
灵敏度	0.70%	0.93%	1.20%	1.45%
6004	1.988	2.475	3.098	3.897
灵敏度	0.10%	0.28%	0.52%	0.75%
6013	1.994	2.483	3.106	3.906
灵敏度	0.40%	0.61%	0.78%	0.98%
Ⅷ	**1.999**	**2.348**	**2.724**	**3.127**
7065	2.066	2.456	2.881	3.343
灵敏度	3.35%	4.60%	5.76%	6.91%
7066	2.007	2.356	2.731	3.134
灵敏度	0.40%	0.34%	0.26%	0.22%

3. 相邻区域站点的处理

本节对太湖流域各一致区边界处的站点进行分析。根据筛选原则，对分属两个区域但距离较近的两个站点资料进行分析，最终得到位于Ⅵ区的6014站和位于Ⅶ区的6005站两站之间距离仅为6.80 km，年最大日降雨量发生时间相近的系列为20年。通过计算两个站点的相关系数和灵敏度可知，6005和6014两站距离很近，且站点资料具有很强的相关性。考虑到两个站点的位置，可以将6014站划归至6005站，进而使区域内站点资料更加一致。同时，在灵敏度检验中，6014站的加入以及6005站与6014站之间的相关性，都没有对Ⅶ区的区域频率分析结果产生很大的影响，因此可以将6005站和6014站一同归为Ⅶ区。

通过对水文气象一致区部分站点的分析与调整，将Ⅷ区内与其他站点相关性较强，且对区域频率分析结果有较大影响的7065站移除；并将Ⅵ区的6014站移至站点资料一致性更强的Ⅶ区。

3.5.3　频率估计分析结果

基于水文气象一致区的判别准则得到的8个水文气象一致区，对Ⅵ区的站点进行重点分析。选取GEV曲线和P-Ⅲ型分布曲线对该区域内站点的年最大降雨量进行频率分析。

区域线性矩法通过计算区域内各站点的个性分量（平均年最大日降雨量 $\hat{\mu}_i=\bar{Q}_i$）及整个区域内所有站点的共性分量[区域成长因子 $\hat{q}(F)$]，可以得到整个水文气象一致区内所有站点在各重现期 T 下的年极值降雨量的频率估计值 Q_{T_i}。分别选取GEV曲线和P-Ⅲ型分布曲线计算Ⅵ区内各站点不同重现期下的暴雨频率估计值，如表3.14、表3.15所示。图3.2为应用区域线性矩法对所选取的4个代表性站点，分别应用GEV曲线和P-Ⅲ型分布曲线估计得到的频率曲线。由图可见，两种分布曲线所得到的暴雨频率的估计值随重现期的增加而增加。总体而言，两种分布曲线拟合的结果差异不大，对实测数据的拟合效果都很好。当重现期大于100年时，GEV曲线的估计值较P-Ⅲ型曲线的估计值更加保守，这与GEV分布曲线尾部较厚有关。

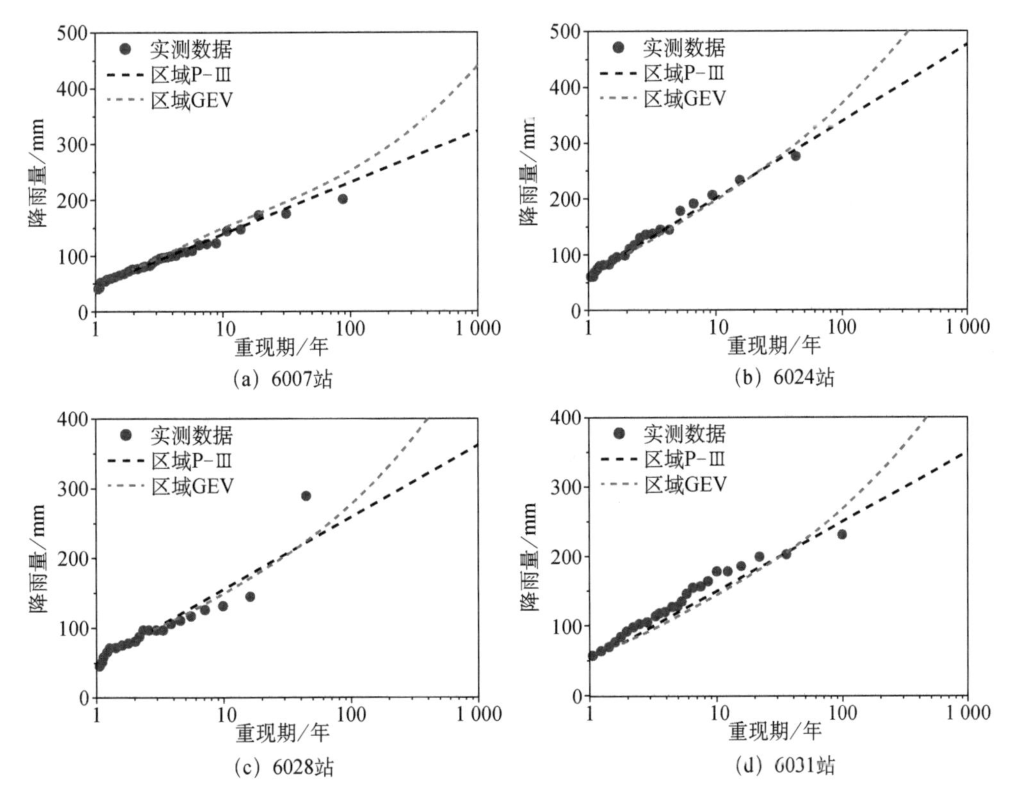

图3.2　Ⅵ区代表站点降雨量估计值(地区分析法)

表 3.14 Ⅵ区站点不同重现期下的年最大日降雨量频率估计值(GEV)

(单位:mm)

重现期	1.58	2	5	10	25	50	100	200	500	1 000
区域成长因子	0.77	0.87	1.25	1.56	2.03	2.46	2.94	3.51	4.40	5.21
6006	69.57	79.00	113.53	141.63	184.50	222.65	266.85	318.22	399.27	472.42
6007	65.43	74.29	106.76	133.19	173.51	209.38	250.95	299.25	375.48	444.27
6008	74.01	84.04	120.77	150.67	196.27	236.85	283.87	338.51	424.74	502.55
6009	117.00	132.86	190.92	238.19	310.29	374.43	448.77	535.16	671.48	794.49
6017	82.65	93.85	134.86	168.25	219.18	264.49	317.00	378.03	474.32	561.21
6018	71.08	80.71	115.98	144.70	188.50	227.47	272.62	325.11	407.92	482.65
6019	75.47	85.70	123.16	153.65	200.16	241.54	289.49	345.22	433.15	512.50
6020	64.29	73.00	104.90	130.88	170.49	205.74	246.58	294.05	368.95	436.55
6021	72.08	81.85	117.62	146.74	191.15	230.67	276.46	329.68	413.66	489.45
6022	71.61	81.32	116.86	145.79	189.92	229.18	274.68	327.56	411.00	486.29
6023	88.00	99.93	143.60	179.15	233.38	281.63	337.54	402.51	505.05	597.57
6024	95.59	108.55	155.98	194.60	253.51	305.92	366.65	437.23	548.60	649.11
6025	90.24	102.47	147.26	183.72	239.33	288.81	346.14	412.78	517.92	612.80
6026	70.96	80.57	115.78	144.45	188.18	227.08	272.16	324.55	407.22	481.82
6027	76.12	86.44	124.21	154.97	201.88	243.61	291.97	348.18	436.87	516.90
6028	72.44	82.26	118.21	147.48	192.12	231.84	277.86	331.35	415.75	491.92
6029	81.79	92.87	133.46	166.50	216.90	261.74	313.70	374.09	469.38	555.37
6030	71.23	80.88	116.23	145.01	188.90	227.96	273.21	325.80	408.80	483.69
6031	70.27	79.80	114.67	143.06	186.37	224.89	269.54	321.43	403.31	477.19
6032	64.98	73.79	106.04	132.29	172.34	207.96	249.25	297.23	372.94	441.26
6034	88.47	100.46	144.37	180.11	234.63	283.13	339.34	404.66	507.74	600.76

表 3.15 Ⅵ区站点不同重现期下的暴雨频率估计值(P-Ⅲ) (单位:mm)

重现期	1.58	2	5	10	25	50	100	200	500	1 000
区域成长因子	0.74	0.86	1.30	1.63	2.06	2.39	2.72	3.04	3.48	3.81
6006	67.22	77.74	117.88	147.78	187.05	216.64	246.21	275.83	315.27	345.67
6007	63.22	73.10	110.85	138.98	175.90	203.73	231.54	259.39	296.48	325.08
6008	71.51	82.70	125.40	157.21	198.98	230.46	261.91	293.42	335.38	367.72
6009	113.05	130.73	198.24	248.54	314.56	364.33	414.06	463.87	530.20	581.34
6017	79.86	92.35	140.03	175.56	222.20	257.36	292.49	327.67	374.52	410.64
6018	68.68	79.42	120.43	150.98	191.10	221.33	251.54	281.80	322.09	353.16

（续表）

重现期	1.58	2	5	10	25	50	100	200	500	1 000
6019	72.93	84.33	127.88	160.32	202.92	235.02	267.10	299.23	342.02	375.00
6020	62.12	71.83	108.93	136.56	172.84	200.19	227.51	254.88	291.33	319.43
6021	69.64	80.54	122.13	153.11	193.79	224.45	255.08	285.77	326.63	358.13
6022	69.20	80.02	121.34	152.12	192.54	223.00	253.44	283.93	324.53	355.82
6023	85.03	98.33	149.11	186.93	236.60	274.03	311.43	348.89	398.79	437.25
6024	92.36	106.81	161.97	203.06	257.00	297.67	338.29	378.99	433.18	474.96
6025	87.20	100.84	152.91	191.70	242.63	281.02	319.37	357.79	408.95	448.39
6026	68.56	79.28	120.22	150.73	190.77	220.95	251.11	281.32	321.54	352.55
6027	73.55	85.06	128.98	161.70	204.66	237.04	269.39	301.80	344.95	378.22
6028	70.00	80.95	122.74	153.88	194.77	225.58	256.37	287.21	328.28	359.94
6029	79.03	91.39	138.58	173.73	219.89	254.68	289.44	324.26	370.63	406.37
6030	68.83	79.59	120.69	151.31	191.51	221.81	252.08	282.40	322.79	353.92
6031	67.90	78.52	119.07	149.28	188.94	218.83	248.70	278.61	318.45	349.17
6032	62.79	72.61	110.10	138.04	174.71	202.35	229.97	257.63	294.48	322.88
6034	85.48	98.85	149.90	187.93	237.86	275.49	313.09	350.76	400.91	439.58

3.5.4 频率估计值的稳健性

线性矩法在参数估计方面较其他参数估计方法具有更好的无偏性和稳健性。地区分析法与单站分析法相比，充分考虑了区域内所有站点的资料情况。其通过计算区域样本线性矩及线性矩系数，再对区域频率估计曲线进行估计，最终与各站点的指标洪水相乘，得到各站点在不同重现期的估计值。该过程可以将频率估计时产生的误差分配到各个站点中，与单站分析法相比，大大减小了参数估计的误差，提高了参数估计的精度及参数估计的稳健性。

在本节研究中，首先利用区域线性矩法求得水文气象一致区的区域线性矩及区域线性矩系数，进而确定区域的最适频率估计曲线。其次，利用蒙特卡洛模拟方法，根据所选取的最适频率估计曲线，对水文气象一致区内的所有站点进行 1 000 次模拟，得到 1 000 组样本，并估计该随机样本所对应的频率估计曲线在不同重现期下的频率估计值 $\hat{q}_T(F)$，并得到 1 000 组频率估计值。这里 $T=1.58, 2, 5, 10, 35, 50, 100, 200, 500, 1\,000, 5\,000$ 及 10 000。最后，对于相同重现期(T)的频率估计值，计算其偏态系数(C_v)，$C_v=\sigma/\mu$，σ 和 μ 为各重现期对应频率估计值的标准差及均值。

类似地，可以利用蒙特卡洛模拟方法，计算单站分析下对应频率估计值的偏态系数(C_v)。首先，利用线性矩法推求某一站点的线性矩及线性矩系数，从而确定该站点的频率估计曲线。然后应用蒙特卡洛模拟方法，生成与该站点服从同一分布的 1 000 组随机样本，并估计每组样本对应的频率估计曲线在不同重现期所对应的频率估计值。最后计算不同重现期所对应的频率估计值的偏态系数(C_v)。

对比分别通过地区分析法和单站分析法求得的频率估计值的偏态系数(C_v)，可以明显地分辨出地区分析法及单站分析法在估计结果上的差异。

3.5.5 估计结果评价

对Ⅵ区的各个站点的年最大日降雨序列，分别应用基于分区线性矩法和单站分析法的频率分析计算结果进行比较。

应用单站分析法针对Ⅵ区的4个代表性站点，分别选取GEV曲线和P-Ⅲ型分布曲线，应用线性矩法对4个站点进行频率估计，计算不同重现期下的暴雨频率估计值。图3.3给出了4个代表站点不同重现期下的降雨量估计值的变化情况。可以看出，类似于地区分析法的结果，单站分析法所得到的降雨量估计值同样随重现期的增加而增加。两种频率分布曲线对实际数据的拟合效果都较好。同样，当重现期大于100年时，GEV曲线的估计值比P-Ⅲ型曲线的估计值更大，估计结果更偏安全，这与GEV曲线本身尾部较厚是分不开的。

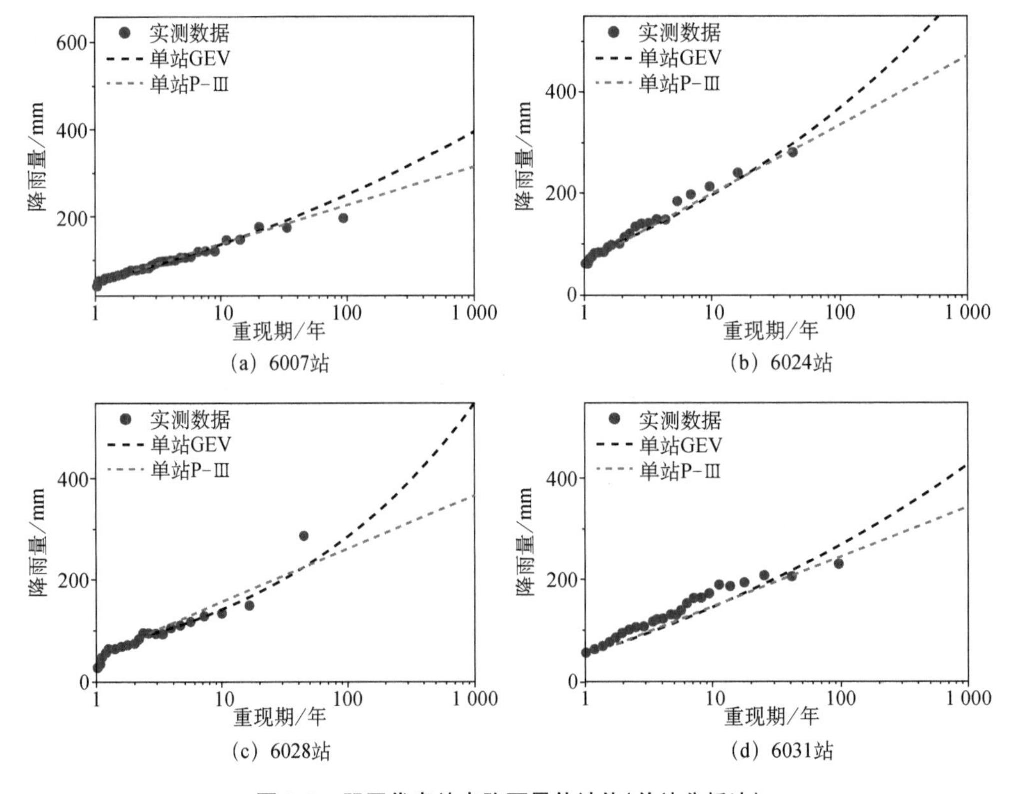

图3.3 Ⅵ区代表站点降雨量估计值(单站分析法)

为了比较单站分析法和地区分析法对不同重现期暴雨频率估计值的影响。本节应用三种检验方法，对估计结果进行比较分析。

1. K-S检验

为了检验地区分析法和单站分析法，对GEV曲线和P-Ⅲ型曲线频率估计结果的合理性进行了比较。这里应用拟合优度检验(K-S检验)方法对每个站点估计得到的4条频率曲线进行检验。

不同于单站分析法，在地区分析法中，对每个站点资料去掉其各自的个性分量，再对每个站点所得到的无量纲序列与区域总体频率分布曲线应用K-S检验进行比较分析。Ⅵ区所选取的4个代表性站点的拟合优度检验结果如表3.16所示。从表中可知，总体来讲，基于地区分析法拟合GEV曲线得到的结果最好。在K-S检验中，根据所选的4个站点的降雨资料计算得到的检验统计量中，大部分对应的P值大于0.05；当应用地区分析法选取P-Ⅲ型分布曲线时，6024站和6028站计算得到的检验统计量对应的P值小于0.05且大于0.01。这表明，在5%的显著性水平下，除6024站和6028站应用地区分析法拟合P-Ⅲ型分布曲线以外，其他结果均通过检验，即样本数据服从的分布可以认为与估计得到的分布相一致。若选取显著性水平为1%，则所有站点的估计结果均通过检验，即在显著性水平为1%的条件下，可以认为样本数据服从的分布与估计得到的分布相一致。

因此，在K-S检验中，GEV曲线比P-Ⅲ型曲线更加适合描述Ⅵ区及代表性站点年最大日降雨量的频率分布情况。

表3.16 拟合优度检验(K-S检验)

站点编号	检验统计量	P	检验统计量	P
	区域分析GEV		区域分析P-Ⅲ	
6007	0.082	0.995	0.184	0.346
6024	0.083	1.000	0.338	0.039
6028	0.120	0.990	0.336	0.037
6031	0.086	0.950	0.129	0.580
	单站分析GEV		单站分析P-Ⅲ	
6007	0.108	0.576	0.122	0.832
6024	0.157	0.546	0.083	1.000
6028	0.171	0.415	0.240	0.414
6031	0.107	0.375	0.057	1.000

2. 样本线性矩均方误差检验

样本线性矩均方误差检验的目的在于检验各站点样本资料的样本线性矩系数(L-C_s

和 L-C_k）是否与估计得到的频率分布曲线对应的线性矩系数（τ_3 和 τ_4）相一致。通过计算基于区域线性矩法估计得到的 GEV 曲线和 P-Ⅲ型分布曲线的参数，得到对应的区域线性矩系数的估计值。

对于应用单站分析法，GEV 曲线和 P-Ⅲ型分布曲线对应的线性矩系数的估计值与样本线性矩系数的差异由式(3.92)和式(3.93)计算得到。单站分析法和地区分析法的计算结果汇总于表 3.17。

$$d_{\tau 3} = | t_{3i} - \tau_{3i} | \tag{3.92}$$

$$d_{\tau 4} = | t_{4i} - \tau_{4i} | \tag{3.93}$$

表 3.17　Ⅵ区样本线性矩均方误差

线性矩系数		L-C_s		L-C_k	
		GEV	P-Ⅲ	GEV	P-Ⅲ
单站分析法	6007	0.000 5	0.004 8	0.035 3	0.015 2
	6024	0.000 6	0.002 9	0.077 2	0.020 7
	6028	0.000 6	0.001 8	0.090 5	0.169 6
	6031	0.000 5	0.005 3	0.061 2	0.012 1
地区分析法		0.072 1	0.0722	0.088 0	0.092 0

从表 3.17 中可以看出，总体而言，地区分析法得到的样本线性矩均方误差大于单站分析法的结果，其原因在于地区分析法是将一致区内站点视为整体，统一计算线性矩系数，无法像单站分析法那样就单一站点的特点估计线性矩系数，该结果具有一定的合理性。因此，应重点比较应用同一分析方法的不同频率估计曲线的样本线性矩均方误差，以确定所选区域或所选站点最适频率估计曲线。在基于区域线性矩法估计得到的 GEV 曲线的样本线性矩均方误差均小于 P-Ⅲ型曲线的样本线性矩均方误差，但二者相差不大。同时，在单站分析法中，GEV 曲线的 L-C_s 的样本线性矩均方误差远小于对应的 P-Ⅲ 型分布曲线的均方误差。而对于 L-C_k，除 6028 站以外，其他 3 个站点的 P-Ⅲ型分布曲线的样本线性矩均方误差略小于 GEV 曲线的均方误差。

因此，通过对单站分析法和地区分析法的结果进行综合考虑，认为 GEV 曲线更加适合应用在Ⅵ区站点的暴雨频率分析中。

3. 实测数据均方误差检验

分别对所选的 4 个代表站点应用地区分析法和单站分析法，利用 GEV 曲线和 P-Ⅲ型分布曲线推求样本数据经验频率对应的频率估计值，比较频率估计值的结果与实测数据的均方误差(表 3.18)。从表中可以看出，地区分析法的均方误差普遍略高于单站分析法的结果，同时，由于 GEV 曲线的厚尾性质，其对重现期较大的数据估计更加保守。因此，在同一种分析方法中，地区分析法的实测数据均方误差普遍比单站分析法的大，误差主要来源于对降雨量较大的数据的估计。同时，对于短系列且存在异常值的6028站，GEV曲线的估计误差明显小于P-Ⅲ型分布曲线的估计误差。因此，在保证安全的前提下，更推荐使用GEV曲线作为Ⅵ区各站点的频率分布曲线。

综合以上三种检验方法，应选取GEV曲线作为区域频率分析的最适分布曲线。

表3.18　Ⅵ区实测数据均方误差

站点编号	地区分析法		单站分析法	
	GEV	P-Ⅲ	GEV	P-Ⅲ
6007	6.789	5.324	5.821	3.694
6024	8.876	6.133	7.940	5.605
6028	14.493	16.645	13.995	19.561
6031	9.656	6.168	7.693	5.029

3.6　本章小结

本章首先介绍了地区分析法，将区域站点的降雨量系列分为地区分量和本地分量两部分，可有效利用水文气象一致区内所有站点的信息，从空间上考虑水文特征相似性的同时，充分利用邻近站点的信息，达到在一定程度上减少单站分析时的估计误差的目的。其次，从理论和实践两方面展示了线性矩法在参数估计上的优越性。在此基础上将线性矩法与区域频率分析法中较为常用的指标洪水法相结合，以太湖流域为实例，在太湖流域原有的7个水利分区的基础上，将太湖流域划分为8个水文气象一致区，并对研究区域进行频率分析。通过比较传统的单站分析法与区域线性矩法的计算结果可以发现，区域线性矩法的计算结果比传统方法更准确、更稳健，得到的设计暴雨结果更为可靠。

本章建立了基于线性矩法的地区设计暴雨分析方法，可为我国其他类似地区的防洪设计提供重要的技术支持和理论依据。

本章参考文献

[1] 宋珊.区域防洪规划理论与方法研究[D].河北：河北农业大学，2014.
[2] 黄宣伟.太湖流域规划与综合治理[M].北京：中国水利水电出版社，2000.
[3] 王同生.1993年太湖流域的洪涝灾害及水利工程的作用[J].湖泊科学，1994，6(3)：193-200
[4] 叶建春，章杭惠.太湖流域洪水风险管理实践与思考[J].水利水电科技进展，2015，35(5)：136-141.
[5] 钟桂辉，刘曙光，胡子琛，等.阳澄淀泖区圩区排涝对区域防洪的影响分析[J].人民长江，2017，48

(21):9-14.
[6] 李原园,文康.防洪若干重大问题研究[M].北京:中国水利水电出版社,2010.
[7] 水利部太湖流域管理局.太湖流域综合规划(2012—2030年)[R].2014.
[8] 郭生练,刘章君,熊立华.设计洪水计算方法研究进展与评价[J].水利学报,2016(3):302-314.
[9] 邱大洪.工程水文学[M].4版.北京:人民交通出版社,2011.
[10] 中华人民共和国水利部.水利水电工程设计洪水计算规范:SL 44—2006[S].北京:中国水利水电出版社,2006.
[11] 王国安,张志红,李荣容.可能最大洪水的新定义[J].人民黄河,2010,32(7):1-3.
[12] 水利部水利水电规划设计总院.水利水电枢纽工程等级划分及设计标准(山区、丘陵区部分)(试行):SDJ 12—78[S].北京:水利电力出版社,1979.
[13] 中华人民共和国水利部.防洪标准(试行):GB 50201—94[S].北京:中国计划出版社,1994.
[14] 长江水利委员会长江勘测规划设计研究院.水利水电工程等级划分及洪水标准:SL 252—2000[S].北京:中国水利水电出版社,2000.
[15] 水电水利规划设计标准化技术委员会.水电枢纽工程等级划分及设计安全标准:DL 5180—2003[S].北京:中国电力出版社,2003.
[16] 詹道江,邹进上.可能最大暴雨与洪水——概念和方法的新发展[J].水文,1987(6):2-3.
[17] 詹道江,邹进上.可能最大暴雨与洪水[M].北京:中国水利水电出版社,1983.
[18] 胡宇丰,安波,陆玉忠,等.新安江模型在嫩江流域洪水预报中应用[J].东北水利水电,2011(8):41-45.
[19] 李致家,孔祥光,张初旺.对新安江模型的改进[J].水文,1998(4):19-23.
[20] 徐莎,杨小柳.GR3模型和新安江模型在我国的对比研究[J].水文,2015,35(1):7-13.
[21] 刘甜,梁忠民,华家鹏,等.基于SWAT模型的高寒区可能最大洪水计算方法研究[J].水力发电,2016,42(11):24-28.
[22] 邓鹏,李致家,谢帆.TOPMODEL在珠江流域布柳河流域的应用及其与新安江模型的比较[J].湖泊科学,2009,21(3):441-444.
[23] 刘宁.大江大河防洪关键技术问题与挑战[J].水利学报,2017,49(1):19-25.
[24] 曾祥,何淑芳,刘铭环.从日本综合治水对策看武汉市海绵城市建设[C]//第八届全国河湖治理与水生态文明发展论坛,2016.
[25] 陈兴茹.国内外城市河流治理现状[J].水利水电科技进展,2012,32(2):83-88.
[26] 王军,王淑燕,李海燕,等.韩国清溪川的生态化整治对中国河道治理的启示[J].中国发展,2009,9(3):15-18.
[27] 韩国杰.渭河陕西段多目标治理的思考[J].陕西水利,2012(1):17-19.
[28] 孙征,许静,李强.浅谈“洪水管理”的现代治水方略[J].城市道桥与防洪,2006(1):67-68.
[29] 程晓陶,吴玉成,王艳艳.洪水管理新理念与防洪安全保障体系理论研究[M].北京:中国水利水电出版社,2004.
[30] 程晓陶,向立云.中国洪水管理战略研究[M].郑州:黄河水利出版社,2007.
[31] 程晓陶.防洪探索:从控制走向管理[N].中国水利报,2003.

[32] 仇宝兴.海绵城市(LID)的内涵、途径与展望[J].建设科技,2015(7):11-18.

[33] 章林伟,牛璋彬,张全,等.浅析海绵城市建设的顶层设计[J].给水排水,2017,43(9):1-5.

[34] 杨霄.基于海绵城市理念下城市水体顶层设计的路径探讨——以西安护城河为例[J].价值工程,2018,37(33):196-199.

[35] 车伍.海绵城市的顶层设计与系统实施[J].建设科技,2017(2):30.

[36] 国务院办公厅.国务院办公厅关于推进海绵城市建设的指导意见[EB/OL].(2015-10-16). http://www.gov.cn/zhengce/content/2015=-10/16/content_10228.htm.

[37] Lin B, Bonnin G M, Martin D L, et al. Regional frequency studies of annual extreme precipitation in the United Statesbased on regional L-moments analysis[C]//World Environmental and Water Resource Congress 2006: Examining the Confluence of Environmental and Water Concerns. 2006: 1-11.

[38] 中国水利区划编写组.中国水利区划[M].北京:水利电力出版社,1989.

[39] 张静怡,陆桂华,徐小明.自组织特征映射神经网络方法在水文分区中的应用[J].水利学报,2005,36(2):163-166,173.

[40] 余新晓.水文与水资源学[M].北京:中国林业出版社,2010.

[41] 胡笑妍,王宝玉.设计洪水计算中洪水系列的选用[J].水电能源科学,2013,31(6):95-98.

[42] 郭生练.设计洪水研究进展与评价[M].北京:中国水利水电出版社,2005.

[43] 金光炎.水文水资源分析研究[M].南京:东南大学出版社,2003.

[44] 华东水利学院.水文学的概率统计基础[M].北京:水利出版社,1981.

[45] 丛树铮,胡四一.洪水频率分析的现状与展望[J].水文,1987,6:52-58.

[46] 金光炎.水文频率计算成果的合理性分析[J].水文,2009,29(2):10-14.

[47] 水利部长江水利委员会水文局.水利水电工程设计洪水计算手册[M].北京:水利电力出版社,1995.

[48] L-moments J R M H. Analysis and estimation of distributions using linear combinations of order statistics[J]. Journal of the Royal Statistical Society,1990:105-124.

[49] Greenwood J A, Landwehr J M, Matalas N C, et al. Probability weighted moments: definition and relation to parameters of several distributions expressable in inverse form[J]. Water resources research, 1979, 15(5): 1049-1054.

[50] Wallis J R, Hosking J R M. Regional frequency analysis: an approach based on L-moments[M]. Cambridge: Cambridge University Press, 1997.

[51] 熊立华,郭生练,王才君.国外区域洪水频率分析方法研究进展[J].水科学进展,2004,15(2):261-267.

[52] 黄宣伟. 太湖流域规划与综合治理[M].北京:中国水利水电出版社,2000.

[53] 李健生.太湖洪水的启示[J].中国水利,1991,9:6-8.

第 4 章

区域设计暴雨研究

区域设计暴雨不同于流域尺度下的设计暴雨计算，其水文资料更为丰富和翔实，因此可考虑采用多变量的设计暴雨计算方法。在区域设计暴雨研究中，传统的水文频率分析大多是对水文极值事件的部分特征或单一特征进行统计分析，但这种方法在极值取样过程中，往往不会考虑水文极值事件的完整性。然而，越来越多的研究表明，水文事件是一个具有多个方面特征属性的复合事件(如降雨的峰值、雨量、历时等)，且这些特征属性之间往往存在一定程度的相关性。采用基于事件的极值水文分析方法在进行极值样本取样时，能保证水文极值事件的完整性，更加注重事件完整的物理性质。本章主要探讨以 Copula 理论为基础的多变量水文频率分析的计算和应用问题。

4.1 Copula 理论介绍

4.1.1 Copula 定义与性质

“Copula”源于拉丁语，是指“连接”的意思。Copula 函数是将多个一维边缘分布连接在一起形成多变量联合分布的函数。1959 年，Sklar 提出了著名的 Sklar's 定理。随后，在 Sklar's 定理的基础上逐渐形成了 Copula 理论。考虑到本书仅应用到两变量 Copula 函数，故下文仅以两变量情况为例进行介绍。

Sklar's 定理：若 $H(x, y)$ 为两变量联合分布函数，$F(x)$ 和 $G(y)$ 为其边缘分布，那么存在唯一的 Copula 函数 C，使得对于任意的 $x, y \in R$，有

$$H(x, y) = C(F(x), G(y)) \tag{4.1}$$

若 F 和 G 是连续的，那么 C 是唯一的。反过来，若 C 是一个两变量 Copula 函数，F 和 G 为分布函数，那么式(4.1)中的函数 H 是一个边缘分布为 F 和 G 的两变量联合分布函数。

Copula 函数本质上是边缘分布为 $F(x)$ 和 $G(y)$ 的二维随机变量 (X, Y) 的联合分布函数，它可以完整地描述变量间的相关关系。Nelsen 将两变量 Copula 函数 $C(u, v)$ 定义为矩形区域 $[0, 1] \times [0, 1] \to [0, 1]$ 区间的一个映射，其中，$u = F(x)$，$v = G(y)$。

$C(u, v)$ 满足以下四点：

(1) 对于区间[0, 1]内的任意 u 和 v，有

$$C(u, 0)=C(0, v)=0 \tag{4.2}$$

$C(u, 1)=u$, $C(1, v)=v$。即,若一个边缘分布等于0,则联合分布也等于0;若一个边缘分布等于1,则联合分布等于另一个边缘分布。

(2) 对于区间 [0, 1] 内的任意 u_1, u_2, v_1, v_2,若满足 $u_1 \leqslant u_2$ 且 $v_1 \leqslant v_2$，则

$$C(u_2, v_2)-C(u_2, v_1)-C(u_1, v_2)+C(u_1, v_1) \geqslant 0 \tag{4.3}$$

(3) 对于区间 [0, 1] 内的任意 u 和 v，$C(u, v)$ 满足 Fréchet-Hoeffding 边界。设 $M(u, v)=\min(u, v)$，$W(u, v)=\max(u+v-1, 0)$，则

$$M(u, v) \leqslant C(u, v) \leqslant W(u, v) \tag{4.4}$$

即,Copula 是有边界的，$M(u, v)$ 和 $W(u, v)$ 分别为上、下边界。

(4) 当 u 和 v 相互独立时,两变量乘积 Copula 为

$$C(u, v)=\prod(u, v)=uv \tag{4.5}$$

Copula 函数为构建多变量联合分布函数提供了一种较为简便的方法,它的优势在于能够灵活地构建边缘分布为任意分布的多变量联合分布,变量的边缘分布和变量间的相关关系可以分开考虑,并且在变量正、负相关情况下都适用。

4.1.2 常用 Copula 函数

水文领域常用的 Copula 函数有阿基米德(Archimedean)Copula 函数、椭圆(Meta-elliptical)Copula 函数、极值(Extreme Value)Copula 函数和经验 Copula 函数等。

1. 阿基米德 Copula 函数

阿基米德 Copula 函数由于函数形式简单,并且求解比较简单,被广泛应用于多变量水文频率分析领域。设函数 φ 为[0, 1]→[0, ∞]的映射,同时,φ 在定义域上连续、严格单调递减、下凸,且满足 $\varphi(1)=0$，$\varphi^{(-1)}$ 为 φ 的伪逆函数：

$$\varphi^{(-1)}(t)=\begin{cases}\varphi^{(-1)}(t), & 0 \leqslant t \leqslant \varphi(0) \\ 0, & \varphi(0) \leqslant t \leqslant \infty\end{cases} \tag{4.6}$$

由 φ 构造的函数 $C(u, v)=\varphi^{(-1)}(\varphi(u)+\varphi(v))$ 即为两变量阿基米德 Copula 函数,函数 φ 被称为该 Copula 函数的生成元。

以 φ 为生成元的阿基米德 Copula 函数 C 具有以下三个性质：

(1) C 具有对称交换性。对任意 $u, v \in [0, 1]$，有

$$C(u, v)=\varphi^{(-1)}(\varphi(u)+\varphi(v))=\varphi^{(-1)}(\varphi(v)+\varphi(u))=C(v, u) \tag{4.7}$$

(2) C 满足结合律。对任意 $u, v, z \in [0, 1]$，有

$$C(C(u, v), z)=C(C(u, C(v, z))) \tag{4.8}$$

(3) 若 α 为大于 0 的常数，则 $\alpha\varphi$ 也是 C 的生成元。φ 唯一确定了阿基米德 Copula 函数的形式。

最常用的两变量阿基米德 Copula 主要有 Clayton Copula，Ali-Mikhail-Haq (AMH) Copula，Gumbel-Hougaard(GH) Copula 和 Frank Copula 四种，其分布函数表达式及参数 θ 的取值范围见表 4.1。

表 4.1 常用阿基米德 Copula 函数

Copula	分布函数	参数 θ 取值范围
Clayton	$(u^{-\theta}+v^{-\theta}-1)^{-\frac{1}{\theta}}$	$[-1, \infty]\backslash\{0\}$
AMH	$\dfrac{uv}{1-\theta(1-u)(1-v)}$	$[-1,1)$
GH*	$\exp\left\{-[(-\ln u)^{\theta}+(-\ln v)^{\theta}]^{\frac{1}{\theta}}\right\}$	$[-1, \infty)$
Frank	$-\dfrac{1}{\theta}\ln\left\{1+\dfrac{[\exp(-\theta u)-1][\exp(-\theta v)-1]}{\exp(-\theta)-1}\right\}$	$(-\infty,\infty)\backslash\{0\}$

* Gumbel-Hougaard Copula 同时也是极值 Copula 函数。

2. 椭圆 Copula 函数

椭圆 Copula 函数由椭圆分布函数推导而来，是多元正态分布的一种扩展。常用的椭圆 Copula 函数主要有正态 Copula 函数和 Student-t Copula 函数，其中，后者是前者的一个变形。由于其分布性质简单，并且容易模拟实现，椭圆 Copula 函数应用较为广泛。正态 Copula 函数和 ν 个自由度的 Student (t) Copula 函数的分布函数表达式及参数 θ 的取值范围见表 4.2，表中 Φ 表示标准正态分布。

表 4.2 常用椭圆 Copula 函数

Copula	分布函数	参数 θ 取值范围
正态	$\int_{-\infty}^{\Phi^{-1}(u)}\int_{-\infty}^{\Phi^{-1}(v)}\dfrac{1}{2\pi\sqrt{(1-\theta^2)}}\exp\left[-\dfrac{s^2-2\theta st+t^2}{2(1-\theta^2)}\right]\mathrm{d}s\mathrm{d}t$	$[-1, 1]$
Student-t	$\int_{-\infty}^{t_\nu^{-1}(u)}\int_{-\infty}^{t_\nu^{-1}(v)}\dfrac{1}{2\pi\sqrt{(1-\theta^2)}}\exp\left[-\dfrac{s^2-2\theta st+t^2}{\nu(1-\theta^2)}\right]^{-\frac{\nu+2}{2}}\mathrm{d}s\mathrm{d}t$	$[-1, 1]$

3. 极值 Copula 函数

极值 Copula 函数是与极值分布函数相对应的一类 Copula 函数。常用的极值 Copula 函数有 GH Copula 函数(已在阿基米德 Copula 函数中介绍过)、Galambos Copula 函数、Hüsler-Reiss(HR) Copula 函数和 Tawn Copula 函数。两变量极值 Copula 函数均可以表示为以下形式:

$$C(u, v) = \exp\left[\ln(uv)A\frac{\ln(u)}{\ln(uv)}\right] \tag{4.9}$$

式中,$A(\cdot)$ 称为极值 Copula 函数 $C(u, v)$ 的相依函数。

常用极值 Copula 函数的分布函数表达式及参数 θ 的取值范围见表 4.3。

表 4.3 常用极值 Copula 函数

Copula	分布函数	参数 θ 取值范围
Galambos	$uv\exp\left\{[(-\ln u)^{-\theta}+(-\ln v)^{-\theta}]^{-\frac{1}{\theta}}\right\}$	$[0, \infty)$
HR	$\exp\left\{-\tilde{u}\Phi\left[\frac{1}{\theta}+\frac{\theta}{2}\ln\left(\frac{\tilde{u}}{\tilde{v}}\right)\right]-\tilde{v}\Phi\left[\frac{1}{\theta}+\frac{\theta}{2}\ln\left(\frac{\tilde{v}}{\tilde{u}}\right)\right]\right\}$ 其中,$\tilde{u}=-\ln u$, $\tilde{v}=-\ln v$	$[0, \infty)$
Tawn	$uv\exp\left[-\frac{\theta\ln u\ln v}{\ln(uv)}\right]$	$[0, 1]$

4. 经验 Copula 函数

在样本分布函数未知的情况下,可以将边缘经验分布转换为经验 Copula 函数。设 (x_k, y_k), $k=1, 2, \cdots, n$,是长度为 n 的样本序列,则样本的经验 Copula 函数 C_n 可表示为

$$C_n\left(\frac{i}{n}, \frac{j}{n}\right) = \frac{\#(x \leqslant x_{(i)}, y \leqslant y_{(j)})}{n} \tag{4.10}$$

式中,$x_{(i)}(1 \leqslant i \leqslant n)$ 和 $y_{(j)}(1 \leqslant j \leqslant n)$ 分别表示 x 的第i 个序次统计量和y 的第j 个序次统计量。$\#(\cdot)$ 表示统计满足条件的样本个数。

经验 Copula 函数的优势是不用假设样本服从特定的参数型 Copula 函数,缺点是除非有足够多的实测样本,否则,在函数外延时会导致非常大的误差。鉴于此,本章中并未单独采用经验 Copula 函数进行计算,而是在进行参数型 Copula 模型的选取时,参考了经验值与计算值的对比情况。

4.1.3 参数估计方法

Copula 函数的参数估计方法有很多,常见的有精确极大似然估计法(Exact

Maximum Likelihood Method, EML)、边缘函数推断法(Inference Function for Marginal Method, IFM)、正则极大似然估计法(Canonical Maximum Likelihood, CML)以及反 τ 法和反 ρ 法等。

前三种方法均是利用了极大似然法进行参数估计,不同点仅在于对边缘分布的处理。EML 法是直接采用极大似然法将边缘分布的参数与 Copula 函数的参数同时进行估计,因此也称全极大似然法(full Maximum Likelihood, full ML)或一阶段法(one stage method);IFM 法是先用极大似然法分别求解边缘分布的参数,再用极大似然法求解 Copula 函数的参数,也被称为两阶段法(two stage method);CML 法与前两种方法不同,它不需要指定边缘分布,而是先求出边缘经验概率,再利用极大似然法求解 Copula 函数的参数,因此又被称为半参数法(semiparametric approach)。反 τ 法和反 ρ 法是直接利用秩相关系数与 Copula 函数的参数之间的函数关系进行求解。与后两种方法对比,前三种方法存在两方面的不足:一是数值计算过程比较复杂,二是都要求 Copula 函数的密度函数必须存在。相对来说,反 τ 法和反 ρ 法计算简单,且不受密度函数存在与否的限制,直接根据 Copula 函数的参数与 τ 或 ρ 的对应函数关系即可求得,因此,这两种方法也更为常用。

4.2 基于事件的多变量暴雨频率分析方法

水文事件(包括水文极值事件)往往都包含了频域、时域和空间域的复杂过程,并往往具有多方面的特征属性。如降雨事件包括降雨量、降雨历时、降雨强度等;洪水事件包括洪峰、洪量和历时等;干旱事件包括干旱历时、干旱强度等。各国现行的单变量水文频率分析方法往往只能挑选水文事件的某一个特征变量来进行分析,如单变量暴雨频率分析仅考虑指定时段的降雨量,单变量洪水频率分析仅考虑洪峰流量等。只有当几个变量之间相关性很低且设计目的只关注单变量的特征属性时,单变量频率分析方法才更为有效。对于大多数情况来说,现行的单变量水文频率分析方法并不能全面反映水文事件真实、完整的特征,难以准确地评估水文事件发生的概率,甚至会造成对水文极值事件风险的不准确估计。因此,考虑水文事件多元特征的多变量水文频率分析逐渐成为水文统计领域的研究热点。

4.2.1 多变量水文频率分析

1. 假设变量间相互独立的多变量水文频率分析

早期,受统计学理论的限制,水文统计学家们在处理多变量水文频率分析问题时,往往需要假设变量之间是相互独立的(即忽略变量间可能存在的相关性),将多变量联合概率问题简单化。例如：1984 年，Rodriguez-Iturbe 等提出了泊松矩形脉冲降雨模型(Poisson rectangular pulse-point rainfall model)，该模型通过假设降雨历时与平均降雨强度之间相互独立，将联合分布问题简化成两个变量边缘概率分布的乘积。由于其原理简单，操作简便，该模型广泛应用于降雨时间序列分析中。Guo 等提出的分析概率模型(analytical probabilistic model)也是假设降雨事件各个特征变量之间相互独立且服从指数分布，忽略了降雨量、降雨历时等降雨事件特征变量之间的相关性。

越来越多的研究发现，在大多数情况下，水文事件各特征变量之间的相关性是不可忽略的。Córdova 等发现，如果忽略降雨变量之间的相关性，会对模型计算的降雨径流结果产生不可忽略的影响；Stephanie 等的研究也表明，在进行多变量洪水频率分析时，如果忽略变量之间的相关性，可能会造成洪水风险的低估。

2. 基于多元概率分布函数的多变量水文频率分析

与前面提到的假设变量间相互独立的多变量水文频率分析方法相比，基于多元概率分布函数的多变量水文频率分析方法不仅可以考虑各个水文变量的边缘概率分布，还可以同时考虑水文事件各特征变量之间的相关性。目前，多变量水文频率分析领域最常用的多元概率分布函数是多元正态分布。此外，二元指数分布、二元 Gamma 分布、二元极值分布、二元混合 Gumbel 分布、二元 Gumbel 逻辑分布等也有较多应用实例。

这种基于多元概率分布函数的多变量水文频率分析方法的主要局限性有以下几个方面。

(1) 多元概率分布函数大多要求变量服从相同的边缘分布函数，对于大多数水文事件来说，这个条件很难满足，其各个特征变量往往服从不同的分布类型。例如，对于降雨事件，降雨量常常服从 GEV 分布、P-Ⅲ分布、GP 分布等，而降雨历时常常服从 Gamma 分布、对数正态(Log-Normal，LN)分布等。虽然可以采用边缘概率转换方式(如 Cox-Box 变换、多项式变换、指数变换、当量正态变换等)将不同的边缘分布转换成相同的边缘分布，但是，这会改变变量的分布特性，在数据转换过程中难免会导致一些信息失真，其适用范围有限，且合理性一直存在争议。

(2) 多元概率分布函数种类有限，且大部分仅能表示二元情况，当面对更多元水文事件时，其灵活性和拓展性不够。例如，当水文事件特征变量的边缘分布函数为混合分布时，往往很难找到合适的多元概率分布函数去描述。

(3) 在多元概率分布函数中，用来描述变量间相关关系的通常是线性相关系数(Pearson's correlation coefficient，r)矩阵。然而，在水文领域，很多情况下，水文事件各特征变量之间并不是简单的线性相关关系。研究人员还发现，r 只适合在采用多元椭圆分布(elliptical distribution，包括多元正态分布和多元 t 分布等)描述多变量事件时使用。当变量不服从正态分布或 t 分布时，用 r 表示变量间的相关关系可能会得出错误的结果。

甚至还有学者指出，在某些多元椭圆分布情况下，r 也不适用，如在变量的边缘分布为厚尾型分布(heavy-tailed distribution)的情况下，r 是没有意义的。因此，在多变量水文频率分析领域，仍须探索出结构形式更加灵活、可拓展性更强且能准确描述水文事件各特征变量间相关关系的方法。

3. 基于非参数方法的多变量水文频率分析

20 世纪 90 年代以来，基于非参数方法的多变量水文频率分析方法因其构造简单、计算简便而逐渐成为研究热点。在实际应用中，水文变量往往具有多变的特性，如尖峰、双峰、右偏、厚尾等。现行的基于特定分布曲线线型的水文分析方法常常需要假定变量的分布形式，难以准确描述水文事件的特征。由于非参数方法是数据驱动的，不需要假定变量的分布形式，从而避开了现行的频率分析方法中复杂的分布曲线线型选择难题，可以较客观真实地反映水文事件的特征。典型的非参数方法包括核密度估计法和 K-最邻近(K-Nearest Neighbor, KNN)密度估计法等。其中，最常用的是核密度估计法，其核心思想是直接由观测数据估计总体的概率密度函数，进而进行相应的分析计算。设 $(x_1, x_2, \cdots, x_i)$ 为随机样本，则 d 维的核密度估计为

$$f(X)=\frac{1}{nh^d}\sum_{i=1}^{n}K\left(\frac{X-x_i}{h}\right) \tag{4.11}$$

式中，n 为样本数量；h 为经验频率分布平滑的窗宽；$K(\cdot)$ 为核函数。

虽然常用的核函数有很多种(如二次核函数、多项式核函数、高斯核函数等)，但是，大部分研究人员认为，不同的核函数估计结果的差异并不大，最常见的核函数为高斯核函数。对核密度估计法估计精度影响最大的参数为窗宽 h。h 的选择方法有很多，其中，基于积分平方误差最小准则(Mean Integrated Square Error, MISE)的最小二乘交叉法是常用的一种方法。核密度估计法的主要缺点是会出现超边界现象(如径流量小于 0 等)。在多元核密度估计中，这种超边界现象会导致核密度函数估计和模拟不准。与之相比，KNN 密度估计法更加灵活、稳健，能在一定程度上克服核密度估计法的缺点。

然而，这种基于非参数方法的多变量水文频率分析方法在实际应用时也存在以下局限性：①非参数方法是数据驱动的，需要很长的样本序列才能得到较为准确的估计结果，而在实际应用中，长序列的水文资料往往较难获取，尤其是发展中国家；②非参数方法所构造的联合分布、边缘分布类型未知，并且预测(外延)能力不足，不利于对一些水文事件的尾部(极端情况)进行频率分析。

综上可知，无论是现行的单变量水文频率分析方法，还是基于多元概率分布函数或非参数方法的多变量水文频率分析方法，在实际应用过程中都存在着一定的局限性。在水文频率分析领域，仍需要一种能同时考虑变量边缘分布以及变量间相关关系的多变量水文频率分析方法。

4. 基于 Copula 的多变量水文频率分析

近年来,为解决上述单变量和多变量水文频率分析方法中存在的各种各样的问题,国内外水文统计学家们开始将 Copula 函数理论与方法应用于多变量水文频率分析中。基于 Copula 的多变量水文频率分析方法的最大优势在于,它可以通过变量的边缘概率分布和变量之间相关关系两部分来构造多元联合概率分布,形式灵活多样,拓展性强,求解也比较简单。应用这种方法,变量的边缘概率分布和变量间的相关性可以分开考虑,并且各个变量可以服从不同的边缘概率分布,变量间无论是正相关还是负相关都可以考虑。

Copula 理论的核心是美国数学家 Sklar 于 1959 年提出的 Sklar's 定理。1997 年和 1999 年,Joe 和 Nelsen 分别对 Copula 及其相关的理论和方法进行了较为系统的介绍。之后,Copula 函数的应用进入了一个新的阶段。在应用于水文领域之前,Copula 函数首先应用于保险和金融领域。2003 年,De Michele 和 Salvadori 第一次将 Copula 函数应用于水文领域,应用 Copula 函数建立了降雨事件特征变量降雨强度和降雨历时的联合概率分布函数,研究了降雨强度和降雨历时的相关关系。从此之后,基于 Copula 的多变量水文频率分析方法广泛应用于水文频率分析的各个领域,如多变量暴雨频率分析、多变量干旱频率分析、多变量洪水频率分析等。此外,水文学家还将 Copula 应用于解决复合水文极值事件的风险及发生概率问题,如河流干支流洪水的遭遇问题、暴雨与高潮位共同作用下的复合洪水(compound flood)风险分析问题、感潮河段洪潮遭遇概率问题、台风与梅雨遭遇概率问题等。这类问题本质上仍是多变量水文分析问题。

近年来,随着 Copula 函数在水文领域应用范围的不断拓展,Copula 理论和方法仍在不断地完善和发展。

1) Copula 函数参数估计方法

4.1.3 节中对常用的 Copula 参数估计方法进行了对比分析。在五种参数估计方法(EML、IFM、CML、反 τ 法和反 ρ 法)中,除 EML 法以外的其他四种方法均是将边缘分布的参数估计与 Copula 函数的参数估计作为独立的两步工作来处理,各边缘分布的参数之间以及它们与 Copula 函数的参数之间互不影响。若用这四种方法进行参数估计,就会导致边缘分布的参数估计仍未考虑变量间的相关关系,实际上仍是对各变量单独进行估计。因此,采用这四种方法推求暴雨频率曲线,仍不能避免曲线交叉现象的出现。EML 法与这四种参数估计方法不同,它可以同时估计各变量边缘分布的参数,并且各参数之间是互相影响的。可以认为,当采用 EML 法进行参数估计时,考虑了各变量之间的相关关系。

以两变量情况为例,采用 EML 方法进行参数估计的具体过程如下。

设两个变量 x_1 和 x_2 的边缘分布均为三参数分布,其分布函数分别为 $F_1(\alpha_1, \alpha_2, \alpha_3, x_1)$ 和 $F_2(\beta_1, \beta_2, \beta_3, x_2)$,其中,$\alpha_1$, α_2, α_3 和 β_1, β_2, β_3 分别为两个分布函数的参数。样本长度为 n,θ 为 Copula 函数的参数,则 x_1 和 x_2 的联合分布密度函数 $f(x_1, x_2)$ 可表

示为

$$f(x_1, x_2)=c(F_1, F_2)\prod_{i=1}^{2}f_i(x_i) \tag{4.12}$$

式中，c 和 f_i 分别表示联合分布 Copula 和边缘分布 F_i 的密度函数。根据对数似然函数的定义，由式(4.2)可得

$$\begin{aligned} L(\Theta) &= \sum_{t=1}^{n}\ln[f(x_1, x_2)] \\ &= \sum_{t=1}^{n}\ln c[F_1(\alpha_1, \alpha_2, \alpha_3, x_1), F_2(\beta_1, \beta_2, \beta_3, x_2); \theta]+ \\ &\quad \sum_{t=1}^{n}\ln f_1(x_{1t}, \alpha_1, \alpha_2, \alpha_3)+\sum_{t=1}^{n}\ln f_2(x_{2t}, \beta_1, \beta_2, \beta_3) \end{aligned} \tag{4.13}$$

式中，$\Theta=(\alpha_1, \alpha_2, \alpha_3, \beta_1, \beta_2, \beta_3, \theta)$ 为 Copula 函数的待估计参数向量。分别对各参数求偏导，并令其等于 0，可得

$$\begin{cases} \dfrac{\partial L(\Theta)}{\partial \alpha_1}=0, \dfrac{\partial L(\Theta)}{\partial \alpha_2}=0, \dfrac{\partial L(\Theta)}{\partial \alpha_3}=0 \\ \dfrac{\partial L(\Theta)}{\partial \beta_1}=0 \dfrac{\partial L(\Theta)}{\partial \beta_2}=0, \dfrac{\partial L(\Theta)}{\partial \beta_3}=0 \\ \dfrac{\partial L(\Theta)}{\partial \theta}=0 \end{cases} \tag{4.14}$$

将样本序列代入式(4.14)，求解偏微分方程组，即可同时求得各边缘分布和 Copula 函数的参数。

2) 拟合优度检验

最优 Copula 函数的选取是基于 Copula 的多变量水文频率分析过程中最关键的步骤之一。与在单变量水文频率分析时进行分布曲线线型选取的原则类似，Copula 函数的选取也主要依据计算值与实测值的拟合程度。常用的评价 Copula 函数计算值与实测值拟合程度的指标有均方根误差(RMSE)、AIC(Akaike Information Criteria)、BIC(Bayesian Information Criteria)等，指标数值越小，表示拟合越优。此外，Genest 等还提出可以通过绘制理论估计值 $K_c(t)$ 和经验估计值 $K_e(t)$ 的关系图来评价 Copula 函数的拟合程度，图上散点越集中于 45°对角线，则拟合越优。由于以上评价方法只能对拟合程度进行定性的评价，并不能定量判断出 Copula 函数是否适用，这些方法均被称为“非正式”方法。

近年来，与单变量频率分析领域类似的拟合优度检验(goodness-of-fit test)也被引入多变量领域。这类方法可以通过“拔靴法”(bootstrapping)得到检验统计量及相应的 P

值，进而定量评价 Copula 函数的拟合程度，因此被称为“正式”方法。与“非正式”方法相比，“正式”方法具有很大的优越性，根据其结果可以直接判断 Copula 函数是否适用。研究人员先后发展了多种“正式”方法，如基于经验 Copula 的检验方法、基于 Kendall 变换的检验方法以及基于 Rosenblatt 变换的检验方法等。Genest 等对常用的 Copula 拟合优度检验方法进行对比研究发现：①传统的基于 Rosenblatt 变换的检验方法假设检验统计量服从卡方分布，而这种假设往往是不成立的，因此，计算的 P 值是有错误的。②与 Cramér-von Mises(CvM)检验相结合的检验方法表现最好，对应的两种检验统计量分别为 S_n 和 $S_n^{(B)}$。

3）尾部相关性分析

在进行水文极值事件的研究时，极端情况下变量间的相关性也非常重要。在选取最优 Copula 函数时，除了关注总体的拟合优度外，还需特别关注 Copula 函数能否反映极值事件极端情况下变量间的相关性，即尾部相关性。Poulin 等的研究表明，不考虑极值事件各特征变量之间客观存在的尾部相关性，会导致低估极端事件发生的概率，进而错误估计相应的风险。考虑到各种 Copula 函数的尾部相关性特征差异很大，故尾部相关性也常常被用来评价 Copula 函数的适用性。

通过尾部相关性分析来选取 Copula 函数，主要是通过对比尾部相关系数的非参数估计值与理论估计值，选取令二者最接近的 Copula 函数为最优 Copula 函数。常用的上尾相关系数非参数估计方法有三种，分别为 LOG 法、SEC 法和 CFG 法，由这三种方法求得的上尾相关系数非参数估计值分别表示为 $\hat{\lambda}_U^{LOG}$，$\hat{\lambda}_U^{SEC}$ 和 $\hat{\lambda}_U^{CFG}$。其中，应用 LOG 法和 SEC 法估计尾部相关系数均需指定阈值。研究表明，阈值越大，则尾部相关系数估计值的偏差(bias)越小，方差(variance)越大；同时，组最大值的数目越小，则方差越小，偏差越大。根据这一特点，Frahm 和 Poulin 等提出了迭代法选取 k 的方法。CFG 法的优势在于不用选取阈值，根据样本直接就能估计出尾部相关系数。但是，CFG 法的应用是有前提的，即：只有当样本的经验 Copula 函数可以由极值 Copula 函数逼近时，才可以应用 CFG 法。但由于 CFG 法操作简单，结果容易获取，很多研究人员忽略了 CFG 法的应用前提，直接应用 CFG 法去估计样本的尾部相关系数。Serinaldi 等用蒙特卡洛模拟的方法证明，CFG 法的应用前提是严格的，在前提不成立时，不能随意使用 CFG 法估计尾部相关系数。

可见，Copula 函数在水文分析领域的研究与应用，解决了水文频率分析领域尤其是多变量水文频率分析领域存在的许多科学难题，拓展了人们对水文事件多元化的认知，为评估水文极值事件的发生概率及相应风险提供了新的理论基础和技术支撑。同时，在越来越广泛的应用实践中，基于 Copula 的多变量水文频率分析方法也仍在不断地完善和发展。

4.2.2 Copula 函数的选取

考虑到 Copula 函数的种类有很多，在采用 Copula 函数进行多变量水文频率分析时，一个非常关键的工作就是 Copula 函数的选取。一般来说，Copula 函数的选取可以概括为三个步骤：参数估计、拟合优度检验和尾部相关性分析。

1. 参数估计

在 Copula 函数的参数估计方法中，EML 法、IFM 法和 CML 法都是基于极大似然法，通过联立求解极大似然方程组得到 Copula 函数的参数。而反 τ 法和反 ρ 法是直接利用秩相关系数与 Copula 函数的参数之间的函数关系进行求解。前三种方法数值计算复杂，尤其是当边缘分布参数较多或变量较多时，计算量非常庞大；同时，这些方法都要求 Copula 函数的密度函数必须存在。考虑到这些因素，本节选用最为简单常用的反 τ 法进行 Copula 函数的参数估计。

2. 拟合优度检验

基于前文对常用拟合优度检验方法的比较，本节采用 Genest 等提出的基于 CvM 检验的拟合优度检验方法（检验统计量为 S_n）对 Copula 函数与实测值的拟合优度进行检验。与单变量频率曲线的拟合优度检验相同，检验统计量 S_n 越小，则拟合优度越好。相应的 P 值大于显著水平则代表检验通过，相应的 Copula 函数可以用于该相关关系的模拟。P 值可通过“拔靴法”计算得到。

3. 尾部相关性分析

1）尾部相关系数的定义

尾部相关性即变量在极端情况下的相关性。尾部相关系数包括上尾相关系数 λ_U 和下尾相关系数 λ_L，本节主要研究极大值降雨事件，因此仅关注上尾相关系数 λ_U。设 x 和 y 为随机变量，$F(x)$ 和 $G(y)$ 分别为 x 和 y 的边缘分布，u 为阈值，则上尾相关系数 λ_U 可定义为当 u 趋近于 1 时，$x > u$ 在 $y > u$ 的条件下条件概率的极限值，即

$$\lambda_U = \lim_{u \to 1^-} P\{F(x) > u \mid G(y) > u\} \tag{4.15}$$

推导变形可得

$$\lambda_U = \lim_{u \to 1^-} \frac{P\{F(x) > u, G(y) > u\}}{G(y) > u} = \lim_{u \to 1^-} \frac{1 - 2u + C(u, u)}{1 - u} \tag{4.16}$$

当上尾相关系数 $\lambda_U \in (0, 1]$ 时，随机变量 x 和 y 在上尾段是渐近相关的；当 $\lambda_U = 0$ 时，随机变量 x 和 y 在上尾段是渐近独立的。

2）上尾相关系数理论表达式

将各 Copula 函数的分布函数表达式代入式(4.16)可得常用 Copula 函数的上尾相关

系数理论表达式。式(4.17)是 GH Copula 函数上尾相关系数理论表达式的推导过程。同理可推得其他 Copula 函数的上尾相关系数理论表达式，易得 Frank Copula 函数、Clayton Copula 函数和正态 Copula 函数的上尾相关系数为零。

$$\begin{aligned}\lambda_U &= \lim_{u\to 1}\frac{1-2u+C(u,u)}{1-u} = \lim_{u\to 1}\frac{[1-2u+C(u,u)]'}{(1-u)'} \\ &= \lim_{u\to 1}\frac{-2+\left(\exp\left\{-[2(-\ln u)^{\theta}]^{\frac{1}{\theta}}\right\}\right)'}{-1} = \lim_{u\to 1}\left[2-(u^{2^{\frac{1}{\theta}}})'\right] \\ &= \lim_{u\to 1}(2-2^{\frac{1}{\theta}}u^{2^{\frac{1}{\theta}}-1}) = 2-2^{\frac{1}{\theta}}\end{aligned} \tag{4.17}$$

3）上尾相关系数非参数估计

根据 4.2.1 节中的介绍，常用的上尾相关系数非参数估计方法有 LOG 法、SEC 法和 CFG 法，其中前两者是由经验 Copula 函数直接推导而来。将 4.1.2 节中的经验 Copula 函数表达式(4.10)代入式(4.14)，即可得到 LOG 法和 SEC 法的表达式：

$$\hat{\lambda}_U^{LOG} = 2-\frac{\ln C_n((n-k)/n,\ (n-k)/n)}{\ln[(n-k)/n]},\ 0<k<n \tag{4.18}$$

$$\hat{\lambda}_U^{SEC} = 2-\frac{C_n((n-k)/n,(n-k)/n)}{1-(n-k)/n},\ 0<k\leqslant n \tag{4.19}$$

式中，k 为选取的阈值。根据这一特点，Frahm 和 Poulin 等提出了迭代法选取 k 的方法，具体如下。

(1) 通过式(4.18)或式(4.19)计算出 $\hat{\lambda}(k)$ 曲线，并将曲线用带宽为 $b\in N$ 进行滑动平均，即用 $2b+1$ 个 $\hat{\lambda}(1)$，K，$\hat{\lambda}(n)$ 的均值生成一条新的曲线 $\bar{\lambda}_1$，K，$\bar{\lambda}_{n-2b}$。

(2) 将长度为 $m=\lfloor\sqrt{n-2b}\rfloor$ 的曲线平稳段定义为向量 $\boldsymbol{p}_k=[\bar{\lambda}_k,\ K,\ \bar{\lambda}_{k+m-1}]$，其中，$k=1,\ K,\ n-2b+m-1$。当满足以下条件时，终止迭代。

$$\sum_{i=k+1}^{k+m-1}|\bar{\lambda}_i-\bar{\lambda}_k|\leqslant 2\delta \tag{4.20}$$

式中，δ 为 $\bar{\lambda}_1$，…，$\bar{\lambda}_{n-2b}$ 的标准差。如此可得尾部相关系数则为平稳段的算术平均值。

$$\hat{\lambda}_U(k)=\frac{1}{m}\sum_{i=1}^{m}\bar{\lambda}_{k+i-1} \tag{4.21}$$

(3) 若不满足上述条件，则尾部相关系数为 0。

此外，设 $\{(U_1,V_1),(U_2,V_2),K(U_n,V_n)\}$ 为由 Copula 函数生成的随机样本，且样本的经验 Copula 函数可以由极值 Copula 函数逼近，则由 CFG 法估计上尾相关性的公

式可表示为

$$\hat{\lambda}_{U}^{CFG}=2-2\exp\left\{\frac{1}{n}\sum_{i=1}^{n}\ln\left[\sqrt{\ln\frac{1}{U_i}\ln\frac{1}{V_i}}/\ln\frac{1}{\max(U_i,V_i)^2}\right]\right\} \tag{4.22}$$

4.2.3 两变量重现期计算

重现期是用来衡量水文事件量级的一个重要指标。现行单变量水文频率分析领域的重现期计算较为简单，只需先求得单个变量的累计频率，再通过简单数学变换即可获得。然而，水文事件往往包含多个维度的特征变量。以极值降雨事件为例，降雨量和降雨历时等往往存在一定的相关性，在计算某场极值降雨事件的重现期时，必须全面考虑降雨量与降雨历时之间的关系。在多变量水文频率分析中，水文事件的重现期根据特征变量组合关系的不同，可以分为联合重现期和条件重现期两类。

1. 联合重现期

多变量联合重现期根据计算方法的不同，也存在多个概念，如“或”联合重现期、“且”联合重现期和二次联合重现期(也称 Kendall 联合重现期)等。本章仅关注“或”联合重现期和“且”联合重现期。设 X 和 Y 为二元水文事件的两个特征变量，$F(x)$ 和 $G(y)$ 分别为其概率分布函数，$u=F(x)$ 和 $v=G(y)$，$H_{X,Y}$ 为其联合分布，C 为选取的 Copula 函数，则二元水文事件的“或”联合重现期 $T_{X,Y}^{OR}$ 和“且”联合重现期 $T_{X,Y}^{AND}$ 可表示为

$$T_{X,Y}^{OR}=\frac{\mu_T}{P(X>x \text{ or } Y>y)}=\frac{\mu_T}{1-H_{X,Y}(x,y)}=\frac{\mu_T}{1-C(F(x),G(y))}=\frac{\mu_T}{1-C(u,v)} \tag{4.23}$$

$$T_{X,Y}^{AND}=\frac{\mu_T}{P(X>x \text{ and } Y>y)}=\frac{\mu_T}{1-F(x)-G(y)+H_{X,Y}(x,y)}=\frac{\mu_T}{1-F(x)-G(y)+C(F(x),G(y))}=\frac{\mu_T}{1-u-v+C(u,v)} \tag{4.24}$$

式中，μ_T 为水文极值事件的平均间隔时间(年)，$\mu_T=N/n$，其中，n 为实测样本数量，N 为序列总长度(年)。当用年最大值取样法取样时，$\mu_T=1$。

2. 条件重现期

条件重现期是指在一个变量满足某种条件的前提下另一变量超过指定值的重现期。本节在采用两变量方法推求条件重现期时，用到的条件主要有两个，一个为小于或等于条件，另一个为等于条件。仍以式(4.23)所示水文事件为例，$T_{(X>x|Y\leqslant y)}$ 表示小于或等于条件下事件的重现期，$T_{(X>x|Y=y)}$ 表示等于条件下事件的重现期。二者的计算方法有所不同。

$$T_{(X>x|Y\leqslant y)}=\frac{\mu_T}{P(X>x\mid Y\leqslant y)}=\frac{\mu_T}{P(X>x,Y\leqslant y)/P(Y\leqslant y)}$$

$$=\frac{\mu_T}{[G(y)-H_{X,Y}(x,y)]/G(y)}=\frac{\mu_T}{1-C(F(x),G(y))/G(y)}$$

$$=\frac{\mu_T}{1-C(u,v)/v} \tag{4.25}$$

$$T_{(X>x|Y=y)}=\frac{\mu_T}{P(X>x\mid Y=y)}=\frac{\mu_T}{1-P(X\leqslant x\mid Y=y)}$$

$$=\frac{\mu_T}{1-C(X\leqslant x\mid Y=y)}$$

$$=\frac{\mu_T}{1-C(u\mid v=V)}=\frac{\mu_T}{1-\frac{\partial}{\partial v}C(u,v)\Big|_{v=V}} \tag{4.26}$$

式中，$V=G(Y)$。

4.2.4　降雨量-降雨历时函数关系推导

本节应用 Copula 函数建立降雨量与降雨历时的相关关系，进而推导出指定历时条件下降雨量与条件重现期的关系。显然，如果在重现期一定的情况下，降雨量与降雨历时存在严格单调递增（或严格单调递减）的关系，那么，不同历时的暴雨频率曲线就不会相交。本节将对两种条件重现期，即 $T_{(X>x|Y\leqslant y)}$（下文简写成 $T^{\leqslant}$）和 $T_{(X>x|Y=y)}$（下文简写成 $T^{=}$）情况下的降雨量与降雨历时的相关关系进行推导分析。

1. 小于或等于条件

将式(4.25)移项变形得

$$v\left(1-\frac{\mu_T}{T^{\leqslant}}\right)=C(u,v) \tag{4.27}$$

设式(4.27)为自变量 v 和因变量 u 之间的函数关系，$u^{-1}(v)$ 为 $u(v)$ 的反函数，根据隐函数求导法则，对等号两边逐项对 v 求导，则

$$\left(1-\frac{\mu_T}{T^{\leqslant}}\right)=\frac{\mathrm{d}C(u,u^{-1}(v))}{\mathrm{d}u}\cdot\frac{\mathrm{d}u}{\mathrm{d}v} \tag{4.28}$$

移项得

$$\frac{\mathrm{d}u}{\mathrm{d}v}=\left(1-\frac{\mu_T}{T^{\leqslant}}\right)\Big/\frac{\mathrm{d}C(u,u^{-1}(v))}{\mathrm{d}u} \tag{4.29}$$

根据 μ_T 和 $T^{\leqslant}$ 的定义，有 $\mu_T \leqslant 1$，$T^{\leqslant} > 1$，因此，可得 $1-\frac{\mu_T}{T^{\leqslant}} > 0$。此外，根据 Copula 函数的严格单调递增性质，可知

$$\frac{\mathrm{d}C(u, u^{-1}(v))}{\mathrm{d}u} > 0$$

据此可得

$$\frac{\mathrm{d}u}{\mathrm{d}v} > 0 \tag{4.30}$$

因此可知，在定义域内，$u(v)$ 为关于 v 的严格单调递增函数。

设 $u=F(x)$ 和 $v=G(y)$ 分别为随机变量 x 和 y 的概率分布函数，根据概率分布函数的性质可知，在定义域范围内，$F(x)$ 和 $G(y)$ 分别为关于 x 和 y 的单调递增函数。根据复合函数的性质可知，在定义域范围内，u 和 v 分别为关于 x 和 y 的单调递增函数。根据反函数的性质可知，$u(x)$ 的逆函数 $u^{-1}(x)$ 在相应定义域内也为单调递增。最后，根据复合函数的性质可知，函数 $x(y)$ 在定义域内为单调递增。同理可知，函数 $y(x)$ 在定义域内也为单调递增。

综上可知，通过小于或等于条件重现期表达式来推求指定历时条件下的降雨量-重现期关系时，随机变量“降雨量”可以表示为关于变量“降雨历时”的单调递增函数，即降雨量随降雨历时的增大而单调增大。换句话说，由此方法推求的不同历时的暴雨频率曲线不会出现交叉。

2. 等于条件

将式(4.26)移项变形得

$$\frac{\partial}{\partial v}C(u, v)=1-\frac{\mu_T}{T^{=}} \tag{4.31}$$

设式(4.31)为自变量 v 和因变量 u 之间的函数关系，$u^{-1}(v)$ 为 $u(v)$ 的反函数，根据复合函数求导法则，有

$$\frac{\mathrm{d}C(u, u^{-1}(v))}{\mathrm{d}u} \cdot \frac{\mathrm{d}u}{\mathrm{d}v}=1-\frac{\mu_T}{T^{=}} \tag{4.32}$$

移项得

$$\frac{\mathrm{d}u}{\mathrm{d}v}=\left(1-\frac{\mu_T}{T^{=}}\right)\Big/\frac{\mathrm{d}C(u, u^{-1}(v))}{\mathrm{d}u} \tag{4.33}$$

由小于或等于条件的推导可知，$\frac{du}{dv}>0$。易知，由此方法推求的不同历时的暴雨频率曲线也不会出现交叉。

由小于或等于条件和等于条件的推导可知，通过条件重现期的方式推导的不同历时的暴雨频率曲线可以从理论上避免交叉现象的发生。

4.3 研究地区概况

1. 自然概况

嘉兴地区位于太湖流域东南部，杭嘉湖平原东部河网地区，市域介于北纬 30°19′25″—31°01′56″与东经 120°17′20″—121°16′02″之间，东接上海，北连江苏，西南与杭州、湖州为邻(图 4.1)，面积约 3 915 km^2。区域内河道湖泊密布，河道总长达 1.38 万 km，0.1 km^2 以上的湖荡共 67 个，整体水面率达 8.9%。区域地势低平，平均海拔仅 3.7 m(吴淞高程)，河底坡缓，河网水流受下游杭州湾潮汐影响显著，属于典型的感潮平原河网地区。

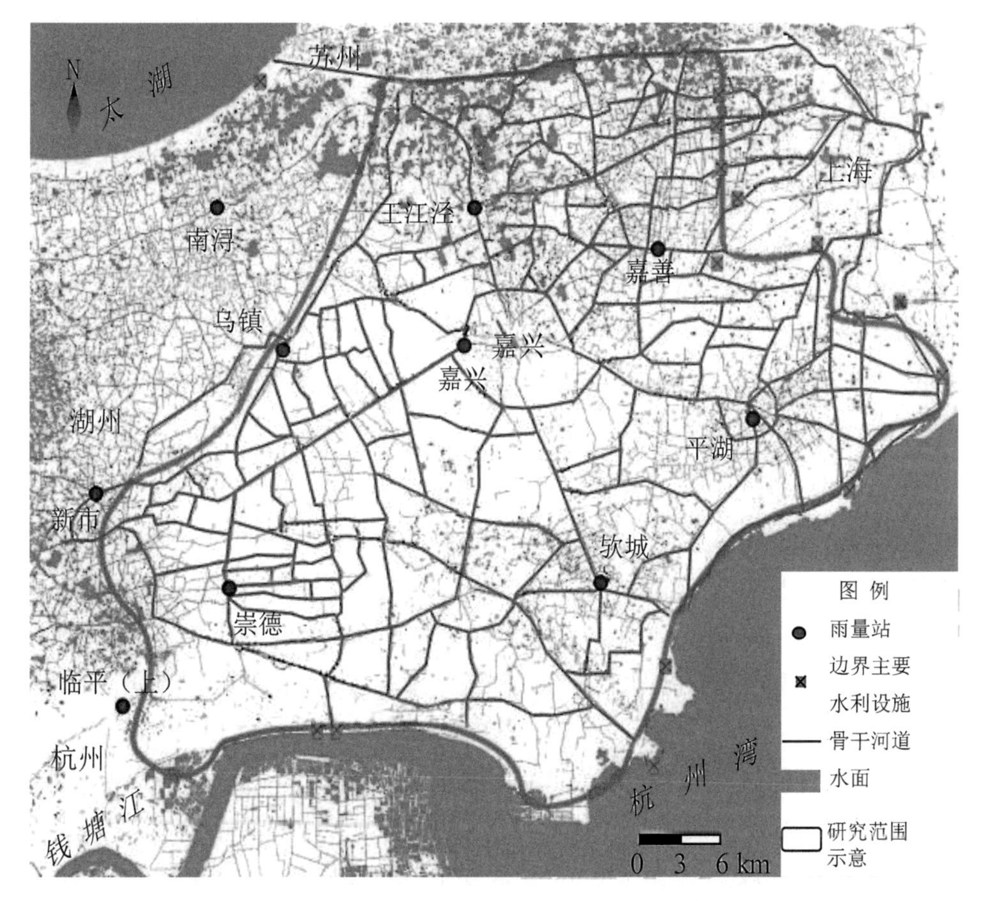

图 4.1　研究区域位置及雨量站分布示意图

嘉兴地区地处北亚热带南缘，属东亚季风区，气候温和湿润，日照充足，雨量充沛，四季分明，具有春湿、夏热、秋燥、冬冷的特点。夏季盛行东南风，常遭台风袭击，冬季盛行西北风，易受西伯利亚寒潮入侵，3—9 月多为东南风，其中 7—9 月为台风季节，此时，水域有明显增水和风浪增强现象。多年平均气温 15.9 ℃，区域内各地气温地域差异不明显，高低仅相差 1 ℃，呈从东北向西南递增的趋势。受所处地理位置和亚热带季风气候的影响，雨量充沛，多年平均降雨量 1 193.2 mm，80%的年份降雨量多于 1 000 mm。由于每年冬夏季风强弱、进退时间等不同，使各年的降水情况有所差异，年际雨量变化较大。全市多年最大面雨量为 1 729.8 mm(1954 年)，年最小降雨量仅 760.9 mm(1978 年)。多年最大站雨量为 2 026.3 mm(1954 年崇德站)，最小站雨量仅 658.6 mm(1978 年王江泾站)。嘉兴市全年降雨量季节分配不均匀，呈“双峰型”特点，即一年中有两个雨季。第一个雨季出现在 3 月中旬至 7 月上旬，约 120 天左右，平均降雨 462～478 mm，占全年降水量的 43.9%。其中 3—5 月为春雨，细雨绵绵，大雨、暴雨出现概率不大；6—7 月初为梅雨期，相对春雨，其强度大，大雨暴雨频繁。第二个雨季出现在 8 月中旬至 9 月中旬，约 40 天，平均降雨 205 mm，为台风雨型。

2. 社会经济概况

嘉兴地区地肥土沃、交通便捷、工业发达，素有“浙江粮仓”“鱼米之乡”之称。2017 年末，全市常住人口总量 465.60 万人。其中，城镇人口达 300.31 万人，人口城镇化率达 64.5%。2017 年，全市 GDP 达 4 355.24 亿元。其中，第一产业增加值 134.67 亿元，第二产业增加值 2 309.30 亿元，第三产业增加值 1 911.27 亿元。按常住人口计算，全市人均 GDP 达 93 964 元，约为全国平均水平的 1.7 倍。全市城镇居民人均可支配收入 53 057 元，农村居民人均可支配收入 31 436 元。城镇居民人均生活消费支出 29 875 元，农村居民人均生活消费支出 20 240 元。城乡居民家庭恩格尔系数分别为 28.25%和 28.91%，按联合国标准，均达到“富足”水平。

3. 历史暴雨灾害

近年来，嘉兴地区发生的典型暴雨主要有 1999 年“630”暴雨洪水、2007 年“罗莎”台风暴雨、2009 年“莫拉克”台风暴雨、2010 年“春汛”暴雨和 2013 年“菲特”台风暴雨。

1999 年梅雨季节期间，嘉兴地区发生了百年未遇的特大洪水。这次洪涝灾害，持续时间长，降雨量大，洪水的降雨、水位都超过历史纪录。自 6 月 23 日起至 7 月 1 日晚，9 天平均降雨量达 403.7 mm。期间，最大 7 日降雨量为 378.1 mm，为 1954 年的 2.1 倍。嘉兴站最高洪峰水位达 4.34 m，仅比 1954 年的最高水位低 0.03 m。全市受灾人口达 193.7 万人，直接经济损失达 39.56 亿元。

2007 年“罗莎”台风于 10 月 7 日 15 时 30 分在浙闽交界处登陆，受其影响，浙江省从 10 月 6 日 8 时开始降雨，至 10 月 8 日 15 时，全省面平均降雨量 159.1 mm。嘉兴市内实测最大降雨量达 188.5 mm(乌镇站),嘉兴站最高水位达 3.96 m。

2009 年,受"莫拉克"台风外围云系影响,浙江省自 8 月 6 日 8 时起开始降雨,至 8 月 12 日 8 时降雨基本结束。期间,全省平均降雨 196.5 mm,太湖流域平均降雨 87.2 mm。嘉兴地区各站点最高水位均超过保证水位,其中,王江泾站 8 月 11 日 11 时水位超过保证水位达 0.51 m。

2010 年农历正月,持续强降雨引发罕见早春汛。2 月 24 日到 3 月 9 日,浙江全省各地相继出现连阴雨天气,此次连阴雨过程降水持续时间较长,降水强度特大,2 月 24 日到 3 月 7 日,全省平均降雨量 183.6 mm,破历史同期最高纪录,达到百年一遇标准,嘉兴市达 90 年一遇标准,其中嘉兴、桐乡、海盐、平湖等站打破了历史 3 月单日降雨量最大纪录。

2013 年,受"菲特"台风影响,自 10 月 6 日至 10 月 8 日 15 时,嘉兴地区平均降雨量达 300.9 mm,其中,海宁市硖石站最大,达 443.1 mm。桐乡、硖石、欤城等站单日降雨量均打破历史纪录。台风期间,最大 1 日面降雨量达 211.9 mm,重现期达 40 年;最大 3 日面降雨量达 300.5 mm,重现期达 60 年。此次洪涝灾害,全市 111.6 万人受灾,直接经济损失达 66.13 亿元。

4. 数据与资料

本章共收集到嘉兴及附近周边地区共 10 个雨量站[南浔、王江泾、嘉善、嘉兴、乌镇、平湖、新市、崇德、欤城、临平(上)]的长序列逐日降雨数据。雨量站分布情况见图 4.1。从图中可见,10 个雨量站在研究区域内分布基本均匀,可以较好地控制区域内降雨的空间分布。实测降雨资料的详细情况见表 4.4。由表可知,除欤城站降雨数据为 1964 年 1 月 1 日—2009 年 12 月 31 日共 46 年外,其余 9 站降雨数据均为 1963 年 1 月 1 日—2009 年 12 月 31 日共 47 年。此外,各雨量站均位于平原地区,站点高程接近,最高为新市站 11 m,最低为王江泾站 2 m,因此,在以下研究降雨空间分布规律时未考虑地形的影响。

表 4.4 降雨资料情况

序号	雨量站	坐标(东经,北纬)	系列起止时间	系列长度/年	站点高程/m
1	南浔	120°16′, 30°53′	1963.1.1—2009.12.31	47	5
2	王江泾	120°42′, 30°53′	1963.1.1—2009.12.31	47	2
3	嘉善	120°55′, 30°51′	1963.1.1—2009.12.31	47	5.7
4	嘉兴	120°44′, 30°45′	1963.1.1—2009.12.31	47	4.7
5	乌镇	120°29′, 30°45′	1963.1.1—2009.12.31	47	3.5
6	平湖	121°1′, 30°42′	1963.1.1—2009.12.31	47	3.5
7	新市	120°17′, 30°37′	1963.1.1—2009.12.31	47	11

（续表）

序号	雨量站	坐标（东经，北纬）	系列起止时间	系列长度/年	站点高程/m
8	崇德	120°26′，30°32′	1963.1.1—2009.12.31	47	6
9	钦城	120°51′，30°32′	1964.1.1—2009.12.31	46	3.8
10	临平(上)	120°17′，30°25′	1963.1.1—2009.12.31	47	10

4.4 考虑多要素的区域暴雨频率分析

4.4.1 极端降雨事件的提取

从长序列连续降雨资料中提取独立降雨事件的关键在于选取合适的降雨事件间最小间隔时间(Minimum Time Interval，MIT)。研究人员提出了多种选取 MIT 的方法，前文已对不同方法的特点及适用条件进行了总结归纳。本章采用统计分析方法中最常用的指数分布法和修正秩相关法进行 MIT 的选取，并通过与类似地区研究成果进行对比，分析 MIT 取值的合理性。

1. MIT 取值方法

1) 指数分布法

指数分布法假设降雨是一个随机的泊松过程，随机事件的间隔时间服从指数分布。指数分布的一个重要性质是期望与标准差相等，即变异系数等于 1。指数分布法就是利用指数分布的这一性质来估计 MIT 的。应用指数分布法进行 MIT 取值的步骤如下。

(1) 设置 MIT 初值(一般为 0)和取值的步长(必须大于或等于降雨数据的时间精度，设置为 1 日)。

(2) 计算当 MIT 取第 $k(k=0, 1, 2, K, nc-2)$ 个值时，降雨事件时间间隔序列的期望 $\bar{t}_k$、标准差 s_k 以及变异系数 $CV_k=s_k/\bar{t}_k$，其中，nc 为 MIT 可能的取值数。

(3) 当降雨事件时间间隔序列的变异系数 $CV_k \leqslant 1$ 时，MIT 的值即为最终值。

2) 修正秩相关法

修正秩相关法是 James 等在秩相关法基础上进行改进后提出的方法。与传统秩相关法最大的不同是，修正秩相关法在计算序列的滞后秩相关系数前，先对序列进行分组，通过计算多组的平均值降低方法的不确定性。修正秩相关法的使用方法如下。

(1) 设 L 为滞后时间步长，n 为原始序列长度，令 $L=1, 2, K, n$。首先，将原始序列 (x_1, x_2, K, x_n) 按以下规则分成 L 组 y 序列：

$$y_{m+L}=x_m \tag{4.34}$$

式中，$m = iL + k - L$；$k = 1, 2, K, L$；$i = 1, 2, K(n-L)/L$。

(2) 分别计算各组 y 序列与相应原始序列的 Spearman 秩相关系数，并求出平均值 ρ_{sa}。

(3) 将 ρ_{sa} 与特定显著水平 α (0.05 或 0.01 等)下 Spearman 秩相关系数的临界值进行对比。第一个使得 ρ_{sa} 小于临界值的滞后时间步长 L 即为最终选取的 MIT 值。

2. MIT 的取值

应用指数分布法和修正秩相关法求得各雨量站的 MIT 值，见表 4.5。

表 4.5 不同统计分析方法所得 MIT 估计值对比 (单位：日)

雨量站	指数分布法	修正秩相关法 ($\alpha = 0.05$)	修正秩相关法 ($\alpha = 0.01$)
南浔	1.36	1.45	1.17
王江泾	1.53	1.38	1.19
嘉善	1.42	1.40	1.23
嘉兴	1.46	1.43	1.19
乌镇	1.44	1.43	1.17
平湖	1.40	1.45	1.26
新市	1.67	1.49	1.21
崇德	1.32	1.49	1.21
钦城	1.67	1.46	1.10
临平(上)	1.36	1.55	1.26

由表可知，由修正秩相关法得到的 MIT 估计值中，0.01 显著水平下的结果比 0.05 显著水平下的结果小约 20%。同时，对于绝大部分站点，指数分布法得到的 MIT 估计值均大于修正秩相关法得到的估计值。以上均与 V. Bonta 等在研究中发现的规律一致，表明上述结果较为合理。此外，采用两种方法得到的各雨量站 MIT 估计值相近，均介于 1 日和 2 日之间。考虑到研究中所采用的数据时间精度为 1 日，在应用 MIT 进行降雨事件提取时，需对 MIT 估计值取整。因此，最终选取的 MIT 值为 1 日。

3. 结果合理性分析

为检验研究所选取 MIT 的合理性，在研究过程中还与前人的研究结果进行了对比。Restrepo-Posada 等的结果表明，MIT 的值与所在区域的年降雨量具有很强的负相关性，年降雨量越大，适用于本地区的 MIT 越小。此外，V. Bonta 等研究还发现，降雨数据的时间精度对 MIT 估计值也有较为显著的影响，时间精度越粗糙，MIT 越大。因此，在选取前人的研究进行对比时，主要考虑了以下两个条件：①其所在研究区域年降雨量应与本章的研究区域嘉兴地区类似，在 1 000 mm 左右；②其研究所采用的降雨数据应与本章所采用的降雨数据时间精度相同，为逐日降雨数据。经过从大量文献中筛选对比，发现 Guo 等的研究满足上述两个条件，其研究采用逐日降雨数据对美国 St. Louis 地区(年平均降雨量 1 040 mm 左右)进行了降雨事件提取，通过研究降雨事件的独立性，最终选取 MIT 为 1 日。此外，Dunkerley 通过对 26 项相关研究进行总结发现，几乎所有研究人员所选取的 MIT 均小于或等于 1 日。而本章研究受降雨数据时间精度的限制，所能取到的 MIT 最小值即为 1 日。综上认为，选取 MIT 为 1 日进行降雨事件的提取划分是合理的。

要研究极值降雨事件的特征，还要从降雨事件序列中筛选出极值降雨事件。本章收集的实测降雨资料年限较短(仅 46 年或 47 年)，而多变量水文频率分析需要的降雨样本数量较大。很多研究已经发现，多变量水文频率分析对样本序列长度更加敏感，太短的样本序列会显著增大估计结果的不确定性，甚至还会导致错误估计变量间的相依结构，严重影响估计结果的可靠性。Kao 等建议，当采用 AM 法选取极值事件样本进行多变量分析时，至少应有长达 50 年的资料序列。与 AM 法相比，POT 法能从有限资料中选取出更多的样本，从而包含更全面的极值信息。综合考虑极值取样方法的特点和所收集降雨数据的序列长度，故采用 POT 法进行极值降雨事件取样。

采用 POT 法进行极值样本取样，最关键的是选取合适的超定量阈值。与单变量分析不同的是，在多变量分析中，极值事件具有多元特征。在确定超定量阈值之前，首先要确定极值事件的哪个特征变量为最关注的变量，然后才能以该变量为参考选取超定量阈值。常用的参考变量有降雨量、降雨强度等。Kao 等认为，当收集的降雨数据资料的时间精度较低时(大于 1 h)，不宜采用降雨强度为参考进行取样，这是因为序列的时间精度越低，得到的降雨强度信息越不真实。本章研究中收集到的资料为逐日降雨数据，时间精度低，因此，选取降雨量而非降雨强度作为最关注的变量进行极值事件取样。

为确保选取的超定量阈值最优，本节综合应用图解法中应用较多的 tcplot 法和数值法中的百分位法两种方法进行超定量阈值选取。具体步骤如下：先采用 tcplot 法得到最优超定量阈值的取值范围，再结合百分位法综合确定最优超定量阈值。

对 POT 序列来说，最常用的概率分布函数为指数分布和 GP 分布。与单参数的指数分布相比，GP 分布为三参数分布，具有更强的灵活性，近年来受到越来越多的关注。采用 GP 分布来作为极值降雨量序列的概率分布函数，其概率分布函数表达式为

$$G(x)=1-\left\{1+\left[\frac{\kappa(x-\mu)}{\alpha}\right]\right\}^{-(1/\kappa)} \tag{4.35}$$

式中，μ 为位置参数(阈值)；α 为尺度参数；κ 为形状参数。

由此，选取超定量阈值的问题即被转化为选取 GP 分布位置参数 μ 的问题。

1）图解法（tcplot 法）

tcplot 法是选用 GP 分布来描述超定量序列时常用的阈值选取方法之一。它的主要原理是选取使 GP 分布尺度参数 α 和形状参数 κ 最稳定的阈值 μ 为最优阈值。

本章首先采用 tcplot 法绘制出的 GP 分布尺度参数 α 和形状参数 κ 随阈值 μ 的变化情况，如图 4.2 所示。图 4.2(a)～(j)依次分别对应南浔、王江泾、嘉善、嘉兴、乌镇、平湖、新市、崇德、钦城、临平(上)站。再通过观察曲线的陡缓程度得到同时使得尺度参数 α 和形状参数 κ 变化较为平缓的阈值 μ 的范围（图中灰色部分），此范围即最优阈值的取值范围。

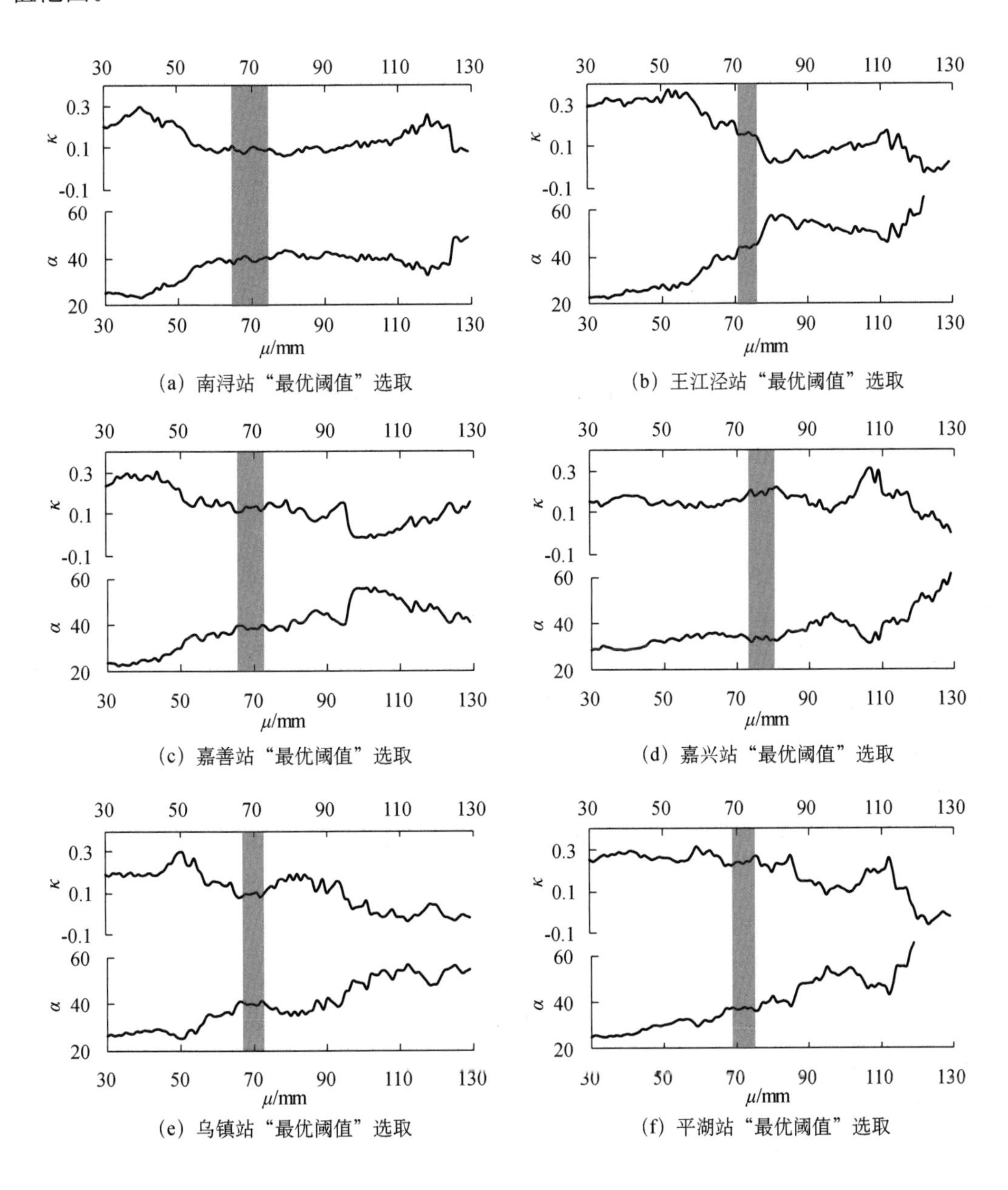

(a) 南浔站“最优阈值”选取

(b) 王江泾站“最优阈值”选取

(c) 嘉善站“最优阈值”选取

(d) 嘉兴站“最优阈值”选取

(e) 乌镇站“最优阈值”选取

(f) 平湖站“最优阈值”选取

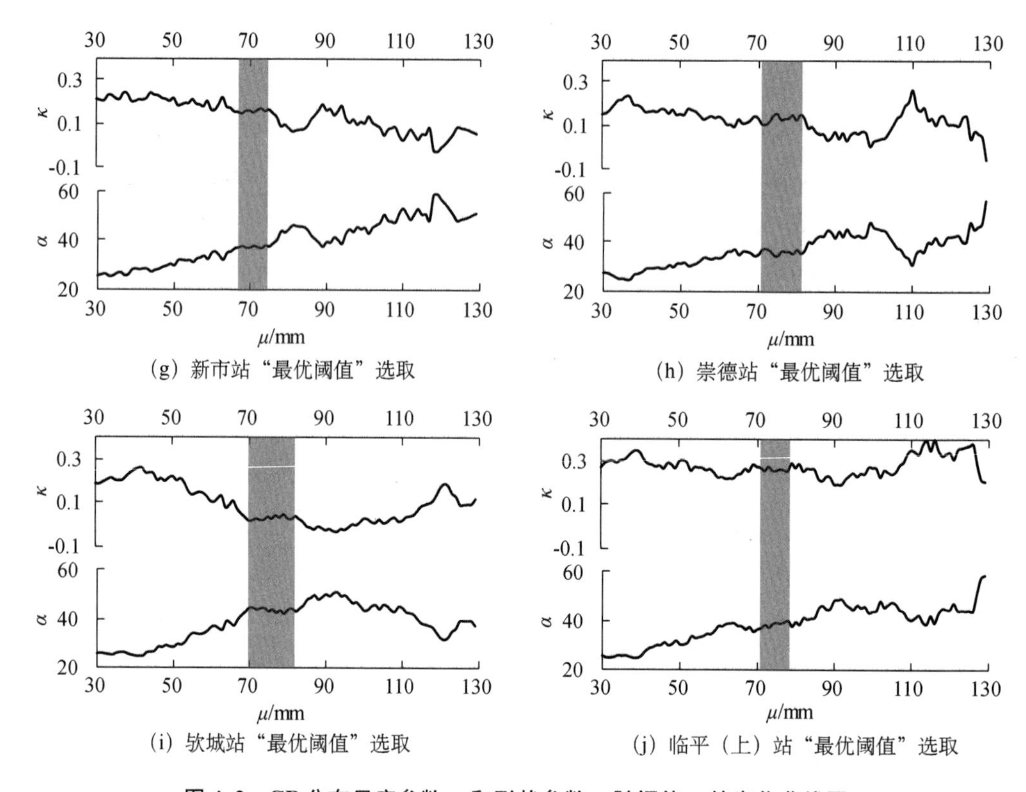

图 4.2　GP 分布尺度参数 α 和形状参数 κ 随阈值 μ 的变化曲线图

2）数值法

本章采用数值法中的百分位法进行阈值选取。百分位法，顾名思义，即选取所有降雨事件中降雨量最大的前百分之几的降雨事件作为极值降雨事件。常用的百分位有 1%，2.5%，5%和 10%等，采用不同百分位得到的阈值见表 4.6。若选取 1%对应的阈值，则各站得到的超定量极值降雨事件数量约为 26。这个样本数量甚至少于采用年最大值法得到的样本数量，明显不合理。此外，若将 2.5%和 10%对应的阈值代入图 4.2 可知这两个阈值也不合理。除此之外，5%对应的降雨量大多在由 tcplot 法得到的降雨量阈值区间内，少数站点[嘉善、嘉兴、崇德、临平(上)站]降雨量的 5%分位数略大于由 tcplot 法得到的降雨量阈值区间上界但非常接近。据此，研究认为，最优阈值在 5%分位数对应的降雨量附近选取比较合适。

3）确定最优阈值

综合考虑 tcplot 法和百分位法的结果，最终选定各站的降雨量超定量阈值及其相应的分位数见表 4.6。从表中可知，研究区域内各雨量站的超定量阈值接近，大多在 70 mm 左右。其中，位于研究区域西南部的 3 个站点[新市、崇德和临平(上)]降雨量阈值略大，依次分别为 76 mm，75 mm 和 77 mm；王江泾站最小，为 65 mm；其他站点的阈值均在 70 mm 左右。这与各站点年降雨量、场次降雨事件的降雨量特征等大体一致。

表 4.6　各站点超定量阈值估计

站点	tcplot 法	百分位法				最优阈值
	[最小值,最大值]	1%	2.5%	5%	10%	阈值(分位数)
南浔	[66, 74]	139.3	103.8	73.6	50.8	70(5.5%)
王江泾	[65, 72]	142.4	95.4	69.3	47.6	65(5.5%)
嘉善	[68, 72]	144	98.2	74.5	52.7	70(5.4%)
嘉兴	[68, 73]	149.4	104.1	76.2	53.3	73(5.5%)
乌镇	[70, 80]	146.1	107.5	75.3	53.1	71(5.4%)
平湖	[70, 74]	163	106.5	72.8	52.7	70(5.5%)
新市	[72, 80]	143.1	107.5	80.0	54.7	76(5.5%)
崇德	[69, 75]	164.7	110.5	78.5	54.8	75(5.6%)
欤城	[71, 80]	138.7	98.6	74.8	51	71(5.4%)
临平(上)	[71, 78]	163.1	114.3	81.2	55.2	77(5.5%)

4.4.2　极值降雨事件特征的边缘概率分布

1. 降雨量概率分布

选用 GP 分布来拟合极值降雨事件的降雨量特征序列,并采用较稳健的线性矩法进行参数估计,得到的参数估计值见表 4.7。为检验边缘分布的拟合优度,选用常用的 Kolmogorov-Smirnov (K-S)和 Anderson-Darling (A-D)两种拟合优度检验方法进行检验,检验结果(显著水平 0.05)见表 4.7。

表 4.7　各站点超定量降雨量 GP 分布参数估计值

站点	参数			K-S 检验			A-D 检验		
	μ	α	κ	统计量	P	结果	统计量	P	结果
南浔	70	39.941	0.082	0.029	0.999	Pass	0.201	0.990	Pass
王江泾	65	38.380	0.133	0.051	0.851	Pass	0.294	0.942	Pass
嘉善	70	36.945	0.143	0.044	0.951	Pass	0.435	0.814	Pass
嘉兴	73	39.162	0.144	0.040	0.974	Pass	0.398	0.850	Pass
乌镇	71	46.207	−0.008	0.056	0.773	Pass	0.416	0.833	Pass
平湖	70	45.656	0.133	0.064	0.615	Pass	0.720	0.542	Pass
新市	76	33.099	0.197	0.046	0.923	Pass	0.256	0.967	Pass
崇德	75	40.043	0.208	0.044	0.943	Pass	0.456	0.792	Pass
欤城	71	35.817	0.134	0.053	0.843	Pass	0.260	0.965	Pass
临平(上)	77	39.402	0.254	0.049	0.888	Pass	0.273	0.957	Pass

拟合优度检验结果表明，各站均通过了两种拟合优度检验，并且检验统计量都很小，相应 P 值均较大(远大于显著水平 0.05)，说明曲线拟合良好，进一步验证了所选取的超定量降雨量阈值的合理性。

2. 降雨历时概率分布

常用来拟合降雨历时的分布曲线有 Burr type Ⅻ (Burr)分布曲线、对数逻辑(Log-Logistic, LL)分布曲线和对数正态(Log-Normal, LN)分布曲线等。本章将这三种分布曲线均列为极值降雨事件降雨历时特征序列的候选分布，根据 K-S 和 A-D 两种拟合优度检验的结果来选取拟合程度最优的分布线型。各曲线参数估计结果和拟合优度检验结果(显著水平 0.05)见表 4.8。

表 4.8 各站点降雨历时概率分布曲线比选

站点	线型	参数*			K-S检验			A-D检验		
		1	2	3	统计量	P	结果	统计量	P	结果
南浔	Burr	3.046	6.325	1.547	0.080	0.317	Pass	0.627	0.622	Pass
	LL	1.642	0.288	—	0.076	0.376	Pass	0.629	0.621	Pass
	LN	1.631	0.518	—	0.076	0.384	Pass	0.700	0.558	Pass
王江泾	Burr	2.223	13.669	5.659	0.079	0.344	Pass	0.676	0.579	Pass
	LL	1.650	0.328	—	0.066	0.580	Pass	0.848	0.447	Pass
	LN	1.622	0.584	—	0.080	0.333	Pass	0.947	0.386	Pass
嘉善	Burr	2.221	8.344	2.309	0.078	0.366	Pass	0.670	0.584	Pass
	LL	1.614	0.364	—	0.078	0.355	Pass	0.706	0.553	Pass
	LN	1.595	0.640	—	0.087	0.244	Pass	1.153	0.286	Pass
嘉兴	Burr	3.076	5.300	0.995	0.072	0.448	Pass	0.481	0.766	Pass
	LL	1.670	0.326	—	0.069	0.503	Pass	0.474	0.774	Pass
	LN	1.672	0.580	—	0.078	0.348	Pass	0.578	0.668	Pass
乌镇	Burr	2.479	9.579	2.988	0.075	0.406	Pass	0.537	0.709	Pass
	LL	1.686	0.316	—	0.088	0.227	Pass	0.695	0.563	Pass
	LN	1.659	0.565	—	0.104	0.098	Pass	0.855	0.443	Pass
平湖	Burr	2.694	6.531	1.689	0.079	0.339	Pass	0.640	0.611	Pass
	LL	1.604	0.321	—	0.090	0.201	Pass	0.799	0.481	Pass
	LN	1.593	0.559	—	0.084	0.271	Pass	0.709	0.551	Pass
新市	Burr	3.508	5.701	1.120	0.074	0.430	Pass	0.498	0.748	Pass
	LL	1.693	0.274	—	0.070	0.495	Pass	0.576	0.670	Pass
	LN	1.690	0.492	—	0.084	0.274	Pass	0.651	0.600	Pass

（续表）

站点	线型	参数*			K-S检验			A-D检验		
		1	2	3	统计量	P	结果	统计量	P	结果
崇德	Burr	2.880	6.950	1.445	0.070	0.472	Pass	0.705	0.555	Pass
	LL	1.755	0.310	—	0.070	0.479	Pass	0.667	0.586	Pass
	LN	1.749	0.542	—	0.065	0.568	Pass	0.580	0.667	Pass
欤城	Burr	2.299	7.694	2.265	0.086	0.268	Pass	0.655	0.597	Pass
	LL	1.560	0.354	—	0.117	0.046	Fail	1.305	0.231	Pass
	LN	1.543	0.618	—	0.070	0.510	Pass	0.622	0.627	Pass
临平（上）	Burr	3.093	7.185	1.565	0.081	0.332	Pass	0.641	0.610	Pass
	LL	1.765	0.283	—	0.075	0.412	Pass	0.622	0.627	Pass
	LN	1.760	0.491	—	0.064	0.626	Pass	0.510	0.736	Pass

* 各参数对不同分布曲线代表不同含义。对于Burr分布：参数1代表第1个形状参数，参数2代表尺度参数，参数3代表第2个形状参数；对于LL分布：参数1代表对数均值，参数2代表对数尺度参数；对于LN分布：参数1代表对数均值，参数2代表对数方差。

由拟合优度检验的结果可知，所有站点的降雨历时都可以由Burr分布或LN分布曲线拟合，但并不是所有站点的降雨历时都服从LL分布（如欤城站）。此外，与三个参数的Burr分布相比，LN分布仅有两个参数，形式较为简单，也更为常用。因此，本章选取LN分布作为降雨历时的最优分布曲线，其概率分布函数表达式为

$$F(x)=\Phi\left(\frac{\ln x-\mu}{\sigma}\right) \tag{4.36}$$

式中，$\Phi(\cdot)$表示标准正态分布；μ为对数均值；σ为对数方差。

4.4.3 降雨量-降雨历时的联合分布

1. 降雨量与降雨历时的相关分析

本节通过秩相关系数的计算公式计算得到各雨量站极值降雨事件降雨量与降雨历时的Kendall和Spearman秩相关系数（表4.9），表中，括号内的数值为相应秩相关检验的P值。由表4.9可见，对研究区域内各站点的极值降雨事件来说，降雨量与降雨历时相关性检验的P值均小于0.05，这说明它们之间存在显著的正相关关系。

表4.9　各站降雨量与降雨历时相关系数

站点	$\tau_n(P)$	$\rho_n(P)$
南浔	0.204 (2.87×10^{-4})	0.296 (3.29×10^{-4})

（续表）

站点	$\tau_n(P)$	$\rho_n(P)$
王江泾	0.175 (2.07×10^{-3})	0.238 (4.55×10^{-3})
嘉善	0.197 (5.00×10^{-4})	0.271 (1.25×10^{-3})
嘉兴	0.246 (1.26×10^{-5})	0.359 (1.18×10^{-5})
乌镇	0.179 (1.74×10^{-3})	0.278 (9.25×10^{-4})
平湖	0.127 (2.54×10^{-2})	0.193 (2.18×10^{-2})
新市	0.203 (3.64×10^{-4})	0.308 (2.12×10^{-4})
崇德	0.170 (2.45×10^{-3})	0.265 (1.30×10^{-3})
钦城	0.195 (7.47×10^{-4})	0.270 (1.45×10^{-3})
临平(上)	0.236 (4.15×10^{-5})	0.363 (1.40×10^{-5})

2. Copula 选取

1）参数估计与拟合优度检验

采用反 τ 法得到的各 Copula 函数的参数估计值见表 4.10。各 Copula 函数的拟合优度检验结果见表 4.11。

表 4.10　Copula 函数参数估计值

站点	参数估计值							
	Clayton	GH	Frank	正态	$t(\nu=4)$	Galambos	HR	Tawn
南浔	0.503	1.252	1.871	0.311	0.311	0.508	0.876	0.538
王江泾	0.439	1.219	1.663	0.279	0.279	0.472	0.830	0.487
嘉善	0.513	1.256	1.902	0.315	0.315	0.513	0.882	0.545
嘉兴	0.697	1.349	2.462	0.395	0.395	0.614	1.007	0.671
乌镇	0.417	1.209	1.593	0.268	0.268	0.459	0.814	0.469
平湖	0.296	1.148	1.178	0.201	0.201	0.387	0.721	0.359
新市	0.502	1.251	1.867	0.310	0.310	0.507	0.875	0.537
崇德	0.461	1.231	1.736	0.290	0.290	0.484	0.846	0.505
钦城	0.403	1.201	1.544	0.260	0.260	0.451	0.803	0.457
临平(上)	0.620	1.310	2.232	0.363	0.363	0.572	0.956	0.621

表 4.11　Copula 函数拟合优度检验结果

站点	Clayton		GH		Frank		正态	
	S_n	P	S_n	P	S_n	P	S_n	P
南浔	0.049	**0.004**	0.017	0.732	0.024	0.297	0.023	0.303
王江泾	0.050	**0.004**	0.018	0.694	0.025	0.256	0.025	0.221
嘉善	0.055	**0.003**	0.017	0.696	0.029	0.120	0.026	0.175
嘉兴	0.053	**0.002**	0.015	0.847	0.018	0.639	0.020	0.492
乌镇	0.034	0.061	0.019	0.621	0.018	0.662	0.019	0.551
平湖	0.040	**0.026**	0.025	0.275	0.027	0.150	0.028	0.153
新市	0.039	**0.040**	0.015	0.855	0.022	0.369	0.019	0.551
崇德	0.050	**0.004**	0.019	0.592	0.025	0.236	0.025	0.210
钦城	0.035	0.069	0.021	0.473	0.022	0.368	0.022	0.403
临平(上)	0.039	**0.028**	0.017	0.695	0.018	0.637	0.018	0.650

站点	$t(\nu=4)$		Galambos		HR		Tawn	
	S_n	P	S_n	P	S_n	P	S_n	P
南浔	0.025	0.249	0.028	0.697	0.027	0.671	0.040	0.559
王江泾	0.026	0.212	0.012	0.944	0.011	0.959	0.019	0.879
嘉善	0.028	0.158	0.027	0.668	0.024	0.725	0.047	0.471
嘉兴	0.023	0.308	0.048	0.291	0.049	0.315	0.049	0.359
乌镇	0.023	0.336	0.021	0.809	0.019	0.869	0.037	0.633
平湖	0.029	0.145	0.190	**0.026**	0.190	**0.021**	0.196	**0.029**
新市	0.021	0.474	0.019	0.831	0.017	0.884	0.034	0.642
崇德	0.026	0.180	0.021	0.811	0.019	0.852	0.035	0.648
钦城	0.023	0.400	0.034	0.661	0.034	0.651	0.043	0.546
临平(上)	0.021	0.450	0.070	0.172	0.068	0.179	0.084	0.136

注：1. “拔靴法”计算 P 值时，抽样次数设置为 2 000；
2. 表中“黑色加粗”表示在显著水平 0.05 下，拟合优度检验未通过，即 $P<0.05$；
3. “下划线”表示最小的 3 个检验统计量 S_n。

由表 4.11 可见，对研究区域内除乌镇站和钦城站以外的 8 个站点来说，在 0.05 显著水平下，Clayton Copula 均未能通过拟合优度检验（$P>0.05$），即便对于乌镇站和钦城站，拟合优度检验的 P 值也较小，仅略大于 0.05。以上说明，Clayton Copula 函数不适合描述本章研究区域极值降雨事件的降雨量与降雨历时的相关关系。同时，通过比较拟合优度检验统计量，可以筛选出拟合优度表现较好（指检验统计量最小的 3 个 Copula 函数）的 Copula 函数类型。由表可知，对研究区域内所有站点来说，GH Copula 函数的拟合优度表现均进入前三名，说明 GH Copula 函数在研究区域内具有良好的适用性。此外，Frank Copula 函数和正态 Copula 函数的表现也较好，二者均通过了所有站点的拟合优度检验。正态 Copula 函数的拟合优度表现在 8 个站点中进入了前三名，Frank Copula 函数在 6 个站点中进入了前三名。

2）尾部相关性分析

由上文拟合优度检验结果可知，研究区域内各站点极值降雨事件特征可以由极值 Copula 函数逼近，因此，选用 CFG 法进行上尾相关系数估算，尾部相关系数的理论计算值与非参数估计值见表 4.12。

表 4.12　上尾相关系数计算结果

站点	理论计算值			非参数估计值
	GH	Frank	正态	$\hat{\lambda}_U^{CFG}$
南浔	0.260	0	0	0.311
王江泾	0.235	0	0	0.250
嘉善	0.264	0	0	0.248
嘉兴	0.328	0	0	0.298
乌镇	0.226	0	0	0.222
平湖	0.171	0	0	0.181
新市	0.260	0	0	0.246
崇德	0.244	0	0	0.258
软城	0.219	0	0	0.200
临平(上)	0.303	0	0	0.254

由表 4.12 可见，各站点的尾部相关系数非参数估计值均不为 0，说明研究区域内极值降雨事件的降雨量和降雨历时在极端情况下仍具有不可忽略的相关性。在由拟合优度检验筛选出的三种表现较好的 Copula 函数中，GH Copula 函数的尾部相关系数接近于非参数估计值，而 Frank Copula 函数和正态 Copula 函数尾部相关系数均为 0，说明后两种 Copula 函数不适合用来模拟极值降雨事件在极端情况下的特征，而 GH Copula 函数在极端情况下仍具有良好的适用性。

综合考虑拟合优度检验和尾部相关性分析的结果，选取 GH Copula 函数来描述研究地区极值降雨事件降雨量和降雨历时二元特征相关关系。

3. 验证分析

为确保所选取的 Copula 函数可以用来模拟研究区域的极值降雨特征，采用两种方法进行验证：一是对比模拟值与实测值的分布情况；二是对比降雨量与降雨历时联合概率的计算值与经验值。本节以变量间相关性最强的嘉兴站、相关性最弱的平湖站和相关性最接近均值的欤城站为例进行研究。

1）模拟值与实测值对比

采用 GH Copula 函数及参数生成 2 000 组随机数，通过对比模拟值与实测值的散点分布情况，验证选取 GH Copula 函数的合理性。图 4.3～图 4.5 所示依次为嘉兴站、平湖站和欤城站降雨量与降雨历时“数据对”模拟值与实测值的对比情况。其中，左图为实测的降雨量和降雨历时“数据对”与模拟值的对比；右图中的实测值和模拟值是将降雨量和降雨历时分别代入相应的概率分布函数表达式（降雨量采用 GP 分布表达式、降雨历时采用 LN 分布表达式）后得到的累计频率值“数据对”。

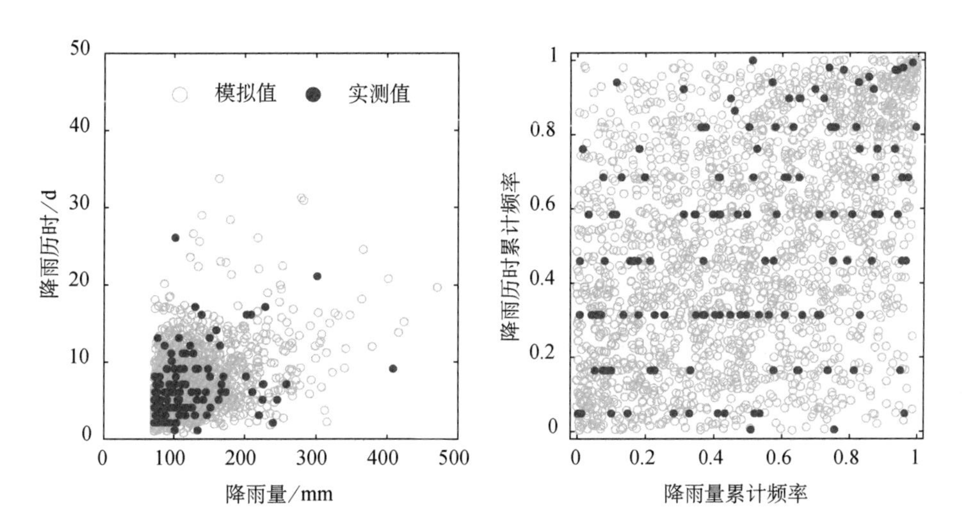

图 4.3　嘉兴站模拟值与实测值对比

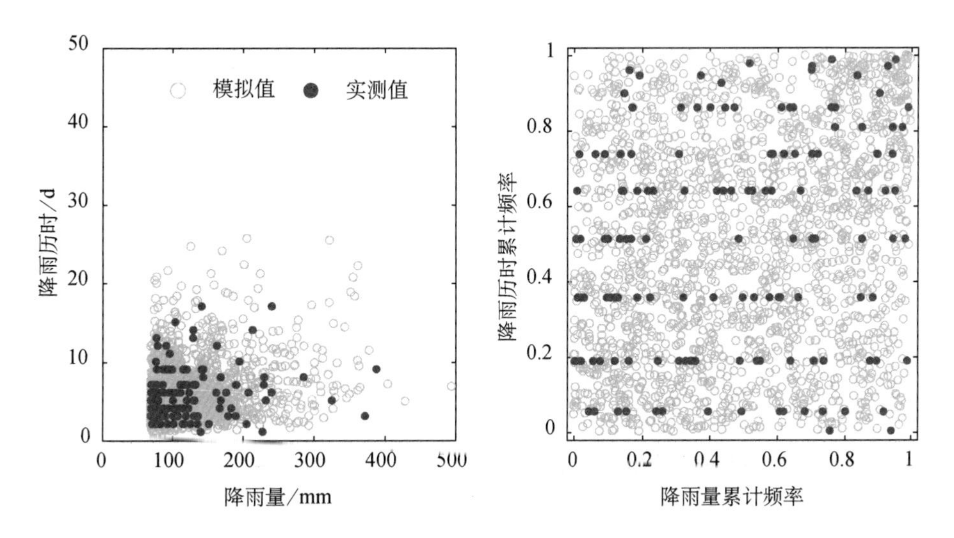

图 4.4　平湖站模拟值与实测值对比

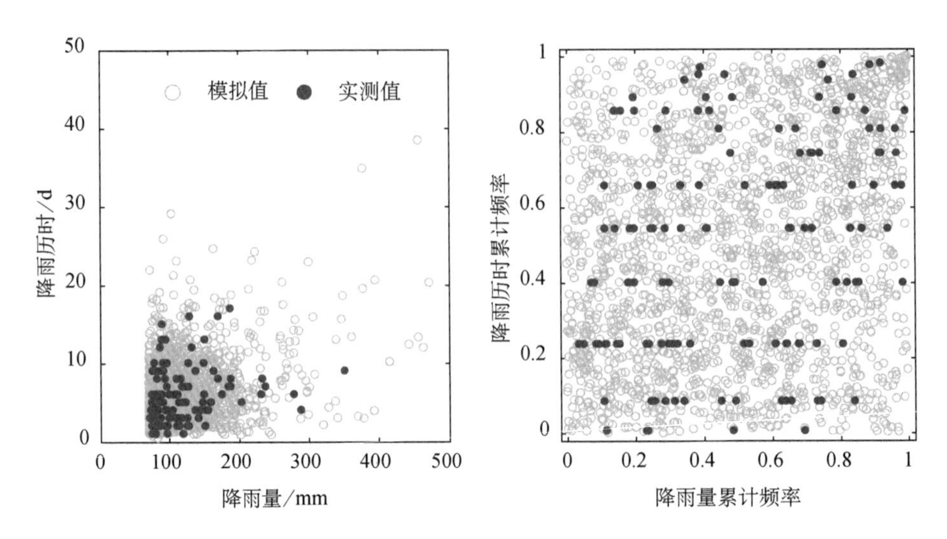

图 4.5　欤城站模拟值与实测值对比

由图可见，Copula 函数的模拟值与实测值的分布情况大体一致。其中，左图中模拟值散点在图的左下角密度较大，而在右上角密度较小，这与实际降雨特征相符，即随着降雨历时变长或者降雨量变大，极值降雨事件发生的概率变小；右图中模拟值散点在图的右上角密度较大，这反映了降雨量和降雨历时在极端情况下的相关性，这与由实测值统计出的特征也相符。

2）联合概率计算值与经验值对比

对 Copula 函数进行拟合优度检验实际上是在比较 Copula 函数计算值与经验 Copula 的拟合程度。为进一步验证模型的合理性，本节还将 Copula 函数对降雨量和降雨历时联合概率的计算值与经验值进行了对比。

结合选取的 GH Copula 模型和边缘分布模型（GP 和 LN）可推导出任意降雨量 v 与降雨历时 d 组合情况下的联合概率（也称"联合不超过概率"）$P(v \leqslant V,\ d \leqslant D)$：

$$\begin{cases} P(v \leqslant V,\ d \leqslant D) = \exp\left[-\left(\{-\ln[G(v)]\}^{\theta} + \{-\ln[F(d)]\}^{\theta}\right)^{1/\theta}\right] \\ G(v) = 1 - \{1 + [\kappa_v(v-\mu_v)/\alpha_v]\}^{-(1/\kappa_v)} \\ F(d) = \Phi\left(\dfrac{\ln d - \mu_d}{\sigma_d}\right) \end{cases} \tag{4.37}$$

式中，$G(v)$ 和 $F(d)$ 分别表示降雨量 v 和降雨历时 d 的概率分布函数；κ_v，μ_v 和 α_v 为 $G(v)$ 分布的参数；μ_d 和 σ_d 为 $F(d)$ 分布的参数；θ 为 GH Copula 函数的参数。

将相关参数代入可得降雨量-降雨历时-联合概率关系曲面。图 4.6～图 4.8 所示分别为嘉兴站、平湖站和欤城站降雨量与降雨历时联合概率计算值与经验值的对比情况。其中，联合概率的经验值通过 Gringorten 经验联合概率公式计算得出。

设 $\{(x_1, y_1), (x_2, y_2), K, (x_N, y_N)\}$ 为实测样本，N 为样本数量，m_i 为实测样本中满足$(x_j \leqslant x_i, y_j \leqslant y_i)$的数量，其中，$i, j=1, 2, KN$，则$(x_i, y_i)$组合的联合经验概率 $H(x_i, y_i)$ 可表示为

$$H(x_i, y_i)=P(X \leqslant x_i, Y \leqslant y_i)=\frac{m_i-0.44}{N+0.12} \tag{4.38}$$

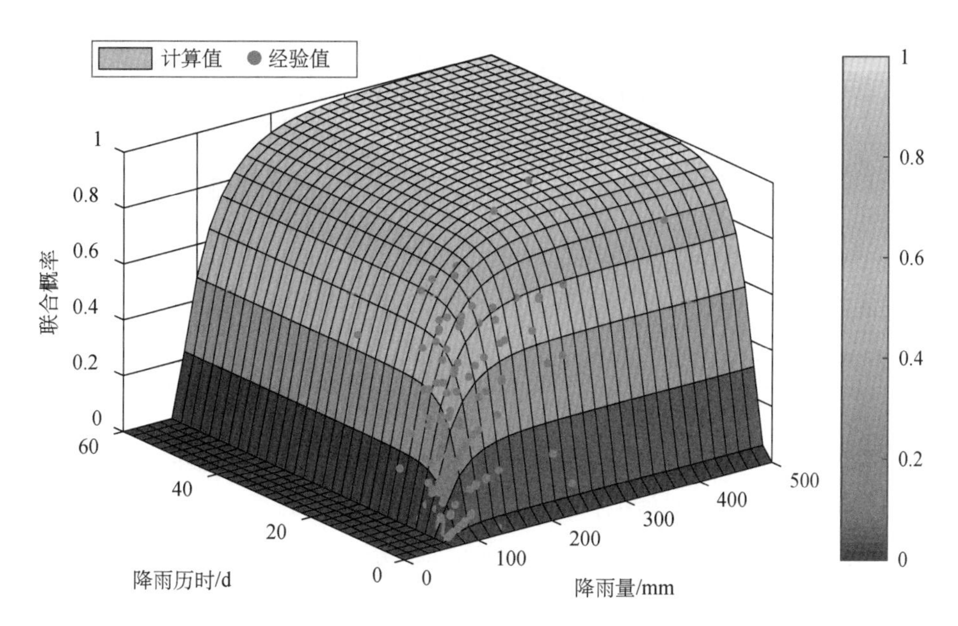

图 4.6 嘉兴站极值降雨事件降雨量和降雨历时组合的联合概率

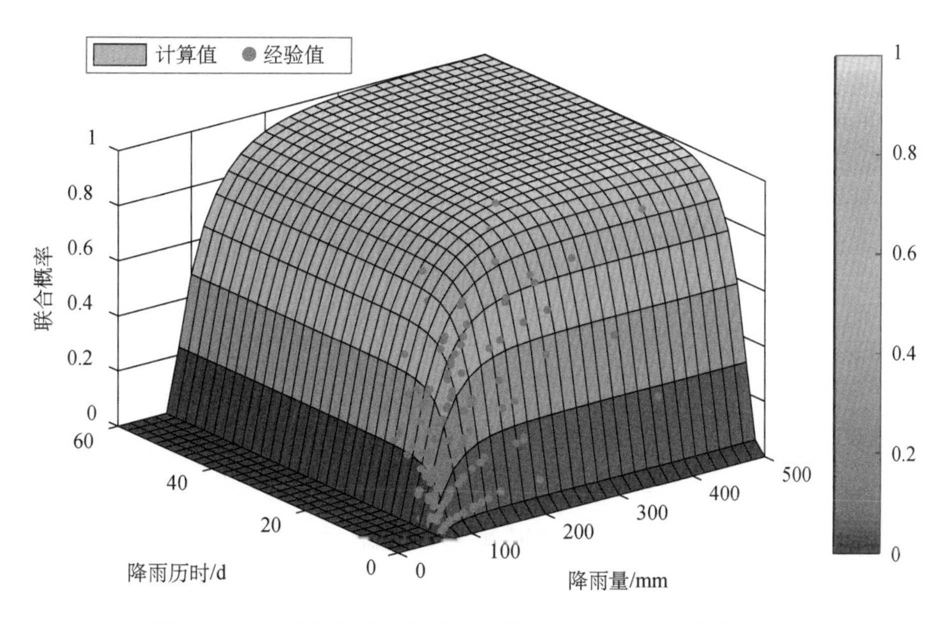

图 4.7 平湖站极值降雨事件降雨量和降雨历时组合的联合概率

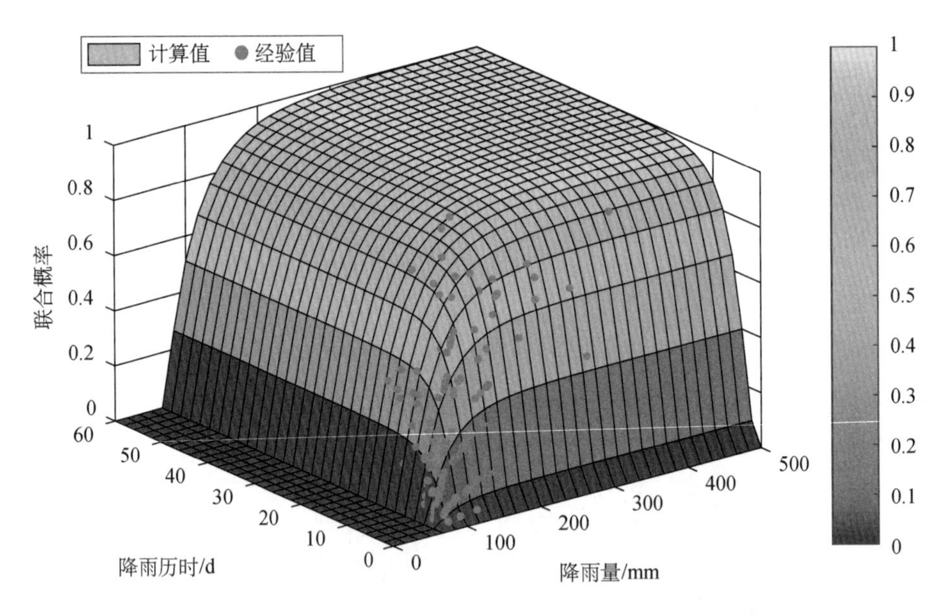

图 4.8　钦城站极值降雨事件降雨量和降雨历时组合的联合概率

由图 4.6～图 4.8 可见，降雨量与降雨历时组合的联合概率经验值基本均位于计算值曲面上，计算值曲面与经验值拟合较好。

综上所述，应用 GH Copula 函数和 GP 分布、LN 分布所构建的降雨量与降雨历时相关关系模型是合适的，可以用来模拟研究地区极值降雨事件的降雨量与降雨历时的二元特征。

4. 联合重现期计算

将上文选取的降雨量 v 和降雨历时 d 的边缘分布（GP 和 LN）、联合分布（GH Copula）代入，可推得极值降雨特征降雨量 v 和降雨历时 d 的“且”联合重现期 T^{AND} 和“或”联合重现期 T^{OR} 的计算公式：

$$T^{\mathrm{AND}}=\frac{\mu_T}{1-G(v)-F(d)+\exp[-(\{-\ln[G(v)]\}^{\theta}+\{-\ln[F(d)]\}^{\theta})^{1/\theta}]} \tag{4.39}$$

$$T^{\mathrm{OR}}=\frac{\mu_T}{1-\exp[-(\{-\ln[G(v)]\}^{\theta}+\{-\ln[F(d)]\}^{\theta})^{1/\theta}]} \tag{4.40}$$

将相关参数代入式(4.39)和式(4.40)，可得降雨量-降雨历时-联合重现期关系曲面。图 4.9～图 4.11 所示分别为嘉兴站、平湖站和钦城站降雨量-降雨历时-联合重现期关系曲面。

由图 4.9～图 4.11 可得三站点任意降雨量与降雨历时组合事件 (v_0, d_0) 的联合重现期。此外，由图可见，任意降雨量与降雨历时组合下，T^{AND} 明显大于 T^{OR}，这是由于事件“$v>v_0 \cup d>d_0$”发生的概率明显大于事件“$v>v_0 \cap d>d_0$”发生的概率。

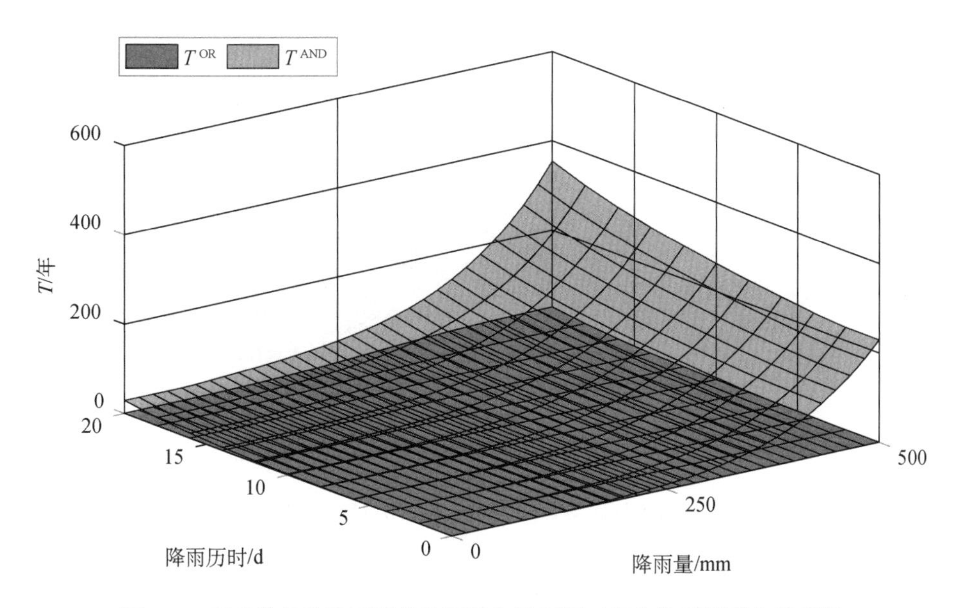

图 4.9 嘉兴站极值降雨事件降雨量和降雨历时组合情况的联合重现期

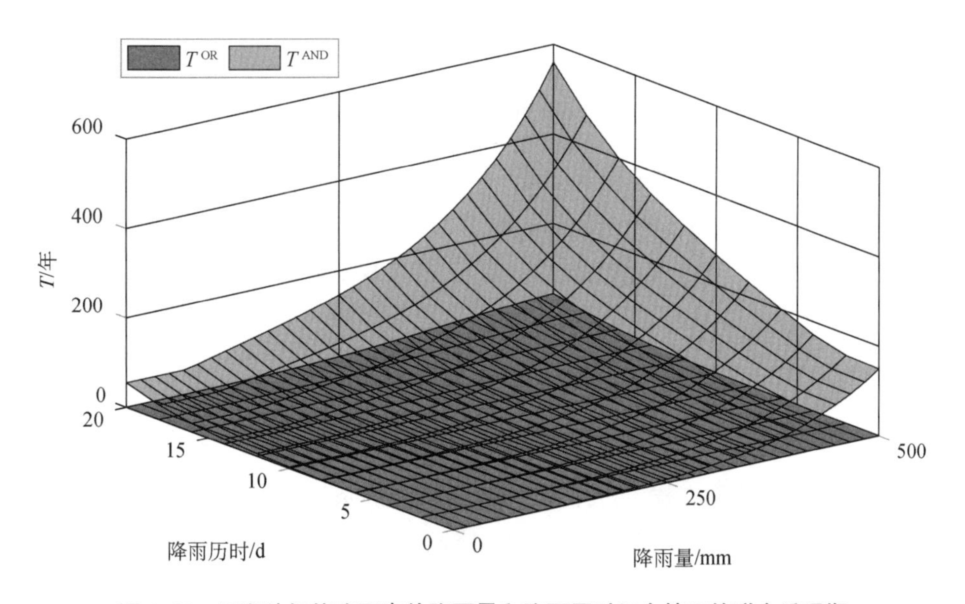

图 4.10 平湖站极值降雨事件降雨量和降雨历时组合情况的联合重现期

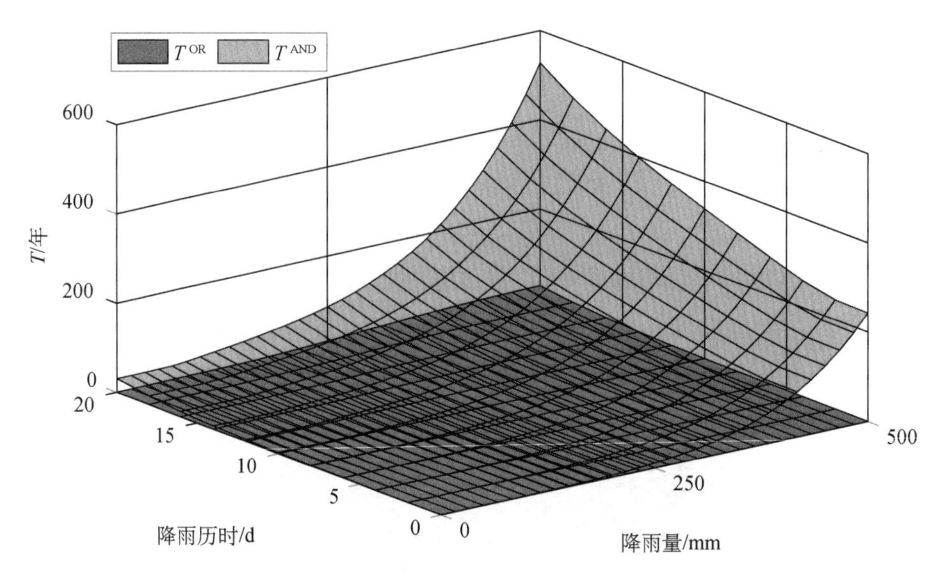

图 4.11　钦城站极值降雨事件降雨量和降雨历时组合情况的联合重现期

4.4.4　基于条件重现期的不同历时设计暴雨推求

本节通过选取合适的边缘分布模型和 Copula 模型，建立了降雨量与降雨历时的相关关系。通过推求不同历时条件下的降雨量条件概率分布，再结合重现期与概率分布的转换关系，可以获得降雨历时-降雨量-条件重现期关系曲面。最后，将指定的降雨历时代入曲面方程，即可获得不同历时条件下的降雨量-条件重现期关系曲线。根据前文介绍，条件重现期可以分为不超过指定历时条件和等于指定历时条件两类。

1. 不超过指定历时条件下的降雨量-条件重现期关系

将上文选取的降雨量和降雨历时的边缘分布（GP 和 LN）、联合分布（GH Copula）表达式代入式(4.25)，即可得到不超过指定历时 d 条件下的降雨量 v -条件重现期 $T^{\leqslant}$ 关系曲面，曲面方程如下：

$$T^{\leqslant}=\frac{\mu_T}{1-\exp[-(\{-\ln[G(v)]\}^{\theta}+\{-\ln[F(d)]\}^{\theta})^{1/\theta}]/F(d)} \tag{4.41}$$

将相关参数代入曲面方程，可得降雨历时-降雨量-条件重现期关系曲面。图 4.12～图 4.14 所示分别为嘉兴站、平湖站和钦城站降雨历时-降雨量-条件重现期关系曲面（不超过指定历时条件）。

为便于与前文中单变量方法求得的暴雨频率曲线对比，在图中标识了降雨历时不超过 1 日、3 日、7 日和 15 日条件下的降雨量-重现期关系曲线。如图所示，蓝色曲面最外侧边缘曲线为在降雨历时不超过 1 日条件下的降雨量-重现期关系曲线；蓝色曲面最内侧边缘曲线为在降雨历时不超过 15 日条件下的降雨量-重现期关系曲线；此外，粉红色平面和淡黄色平面与蓝色曲面的交线分别为在降雨历时不超过 3 日和 7 日条件下的降雨量-重现期关系曲线。从图中可以看出，在条件重现期相同的情况下，随着降雨历时的增大，降雨量呈单调增大趋势，这意味着不同历时暴雨频率曲线不会出现交叉。

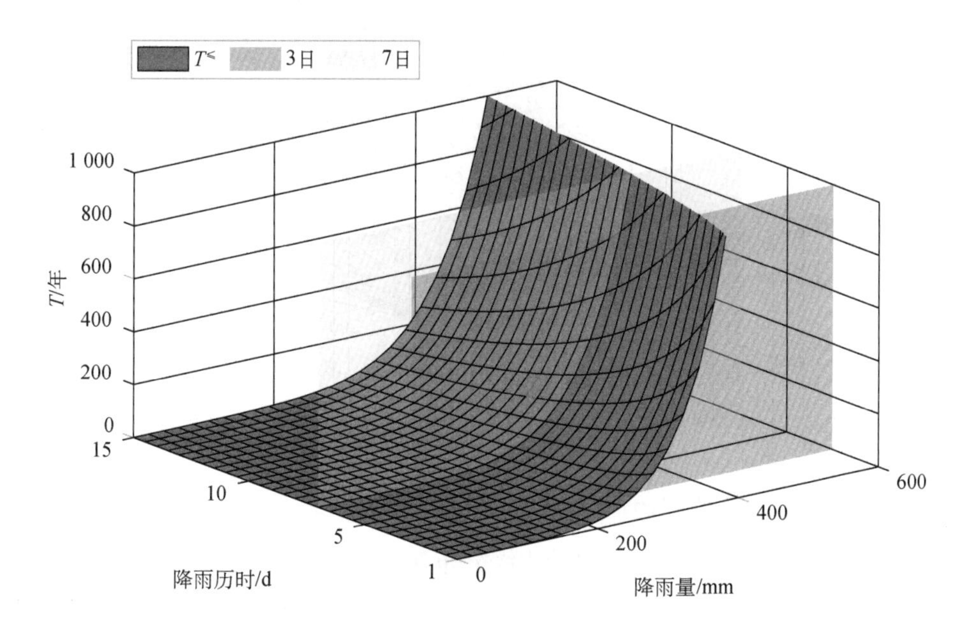

图 4.12 嘉兴站极值降雨事件降雨量和降雨历时组合情况的条件重现期(不超过指定历时)

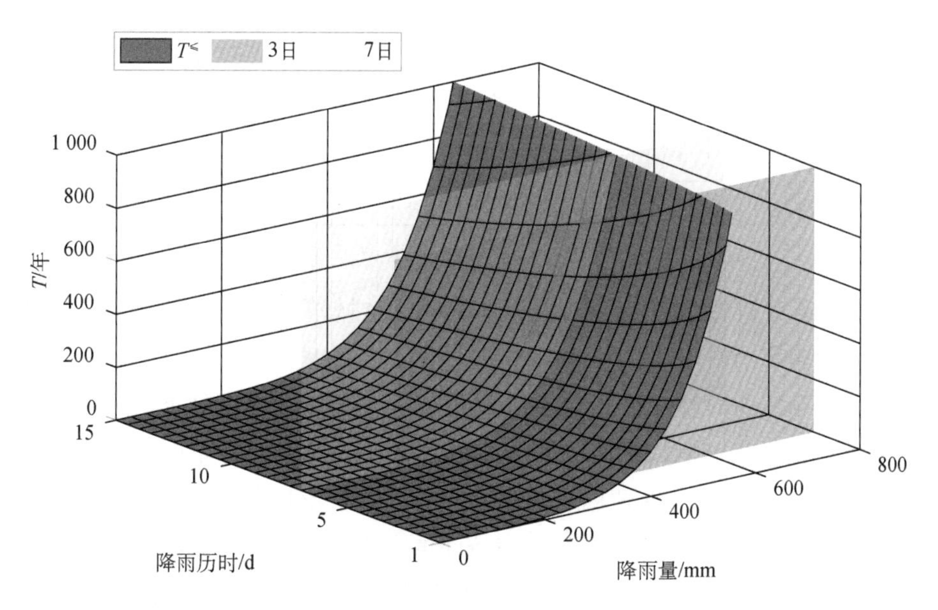

图 4.13 平湖站极值降雨事件降雨量和降雨历时组合情况的条件重现期(不超过指定历时)

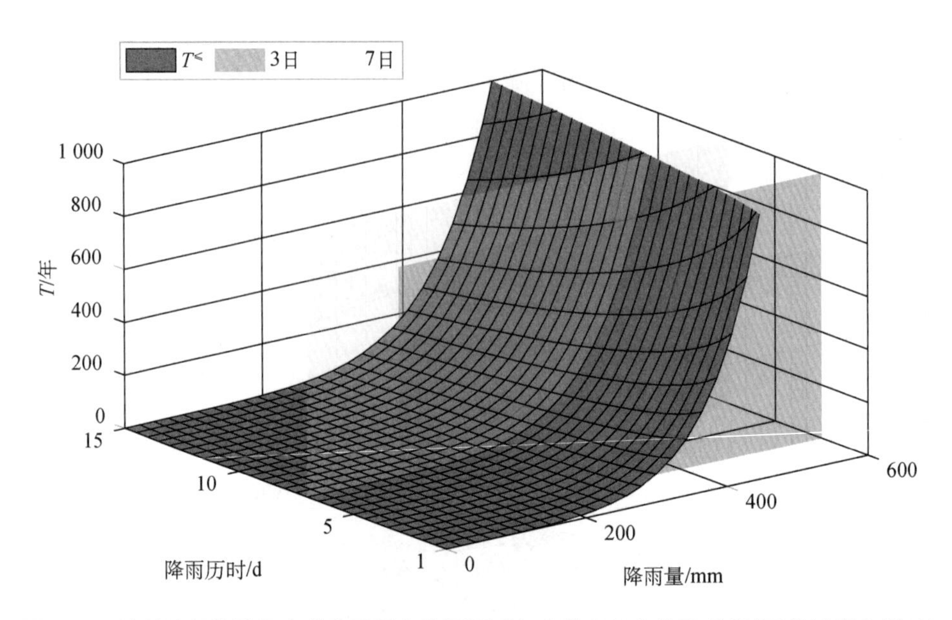

图 4.14　钦城站极值降雨事件降雨量和降雨历时组合情况的条件重现期(不超过指定历时)

2. 等于指定历时条件下的降雨量-条件重现期关系

将上文选取的降雨量和降雨历时的边缘分布(GP 和 LN)、联合分布(GH Copula)及相关参数代入式(4.26),即可得到在任意指定降雨历时 D 条件下的降雨量 v -重现期 $T^{=}$ 关系曲面,曲面方程如下:

$$
\begin{aligned}
T^{=} &= \frac{\mu_T}{1-\dfrac{\partial}{\partial F(d)}\exp[-(\{-\ln[G(v)]\}^{\theta}+\{-\ln[F(d)]\}^{\theta})^{1/\theta}]\Big|_{d=D}} \\
&= \frac{\mu_T}{1-\dfrac{\{-\ln[F(D)]\}^{-1+\theta}(\{-\ln[G(v)]\}^{\theta}+\{-\ln[F(D)]\}^{\theta})^{-1+1/\theta}}{F(D)\exp[-(\{-\ln[G(v)]\}^{\theta}+\{-\ln[F(D)]\}^{\theta})^{1/\theta}]}}
\end{aligned}
\tag{4.42}
$$

图 4.12～图 4.17 所示分别为嘉兴站、平湖站和钦城站降雨历时-降雨量-条件重现期关系曲面(等于指定历时条件)。

如图所示,蓝色曲面最外侧边缘曲线为在降雨历时等于 1 日条件下的降雨量-重现期关系曲线;蓝色曲面最内侧边缘曲线为在降雨历时等于 15 日条件下的降雨量-重现期关系曲线;此外,粉红色平面和淡黄色平面与蓝色曲面的交线分别为在降雨历时等于 3 日和 7 日条件下的降雨量-重现期关系曲线。在条件重现期相同的情况下,随着降雨历时的增大,降雨量也呈单调增大趋势,这与单变量领域常常出现的不同历时暴雨频率曲线交叉现象不同,其更符合统计学原理。

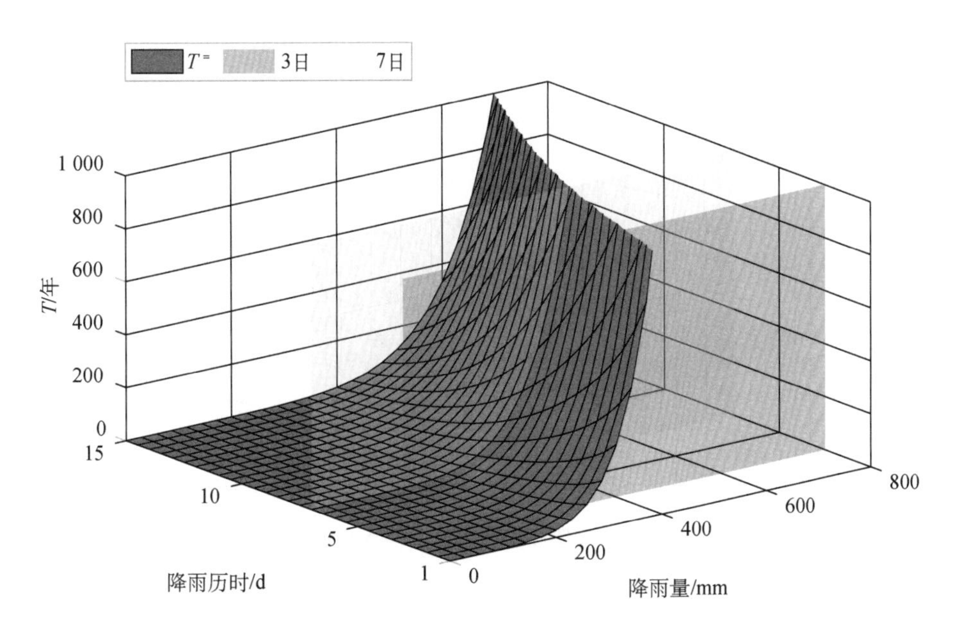

图 4.15　嘉兴站极值降雨事件降雨量和降雨历时组合情况的条件重现期(等于指定历时)

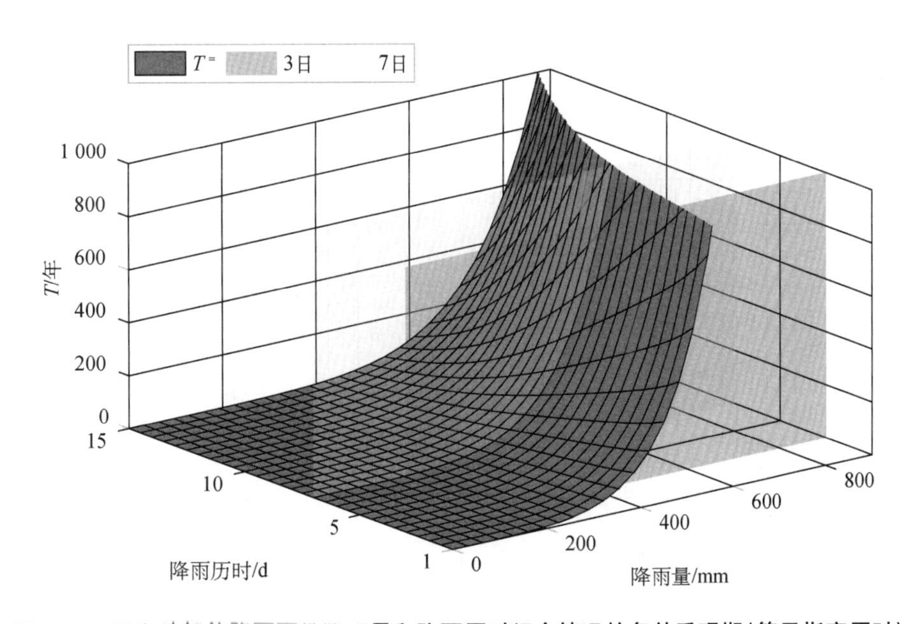

图 4.16　平湖站极值降雨事件降雨量和降雨历时组合情况的条件重现期(等于指定历时)

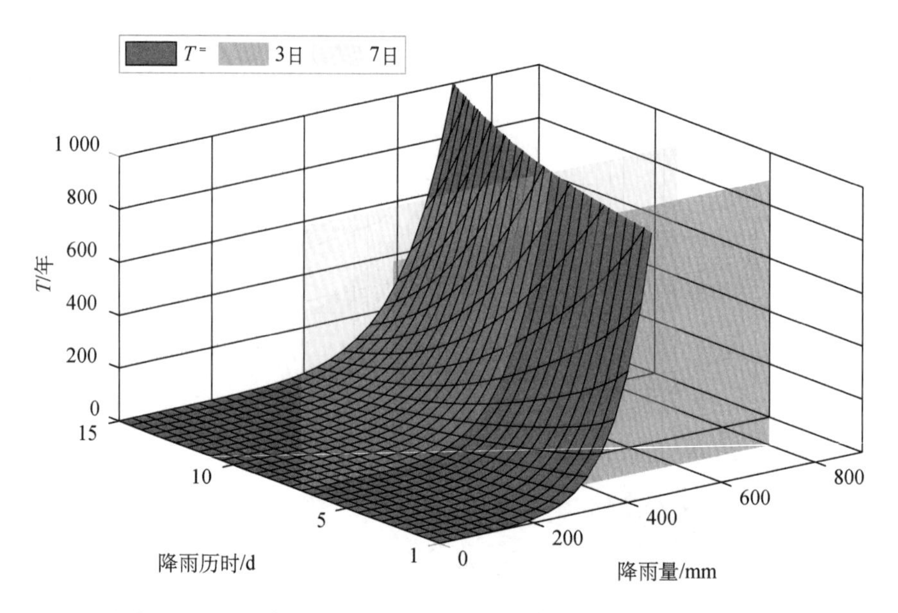

图 4.17 欤城站极值降雨事件降雨量和降雨历时组合情况的条件重现期(等于指定历时)

3. 降雨量-条件重现期关系曲线

以上从三维图像的角度,定性分析了由条件 Copula 方法推求的指定历时条件下降雨量-条件重现期关系曲线的特点。将指定历时 $d=1$, 3, 7, 15 日分别代入式(4.42)中即可得到在不超过和等于四种历时条件下的降雨量-条件重现期关系曲线表达式。图 4.18～图 4.27 所示分别为推求出的 10 个雨量站降雨量-条件重现期关系曲线。其中,左侧为不超过指定历时条件,右侧为等于指定历时条件。

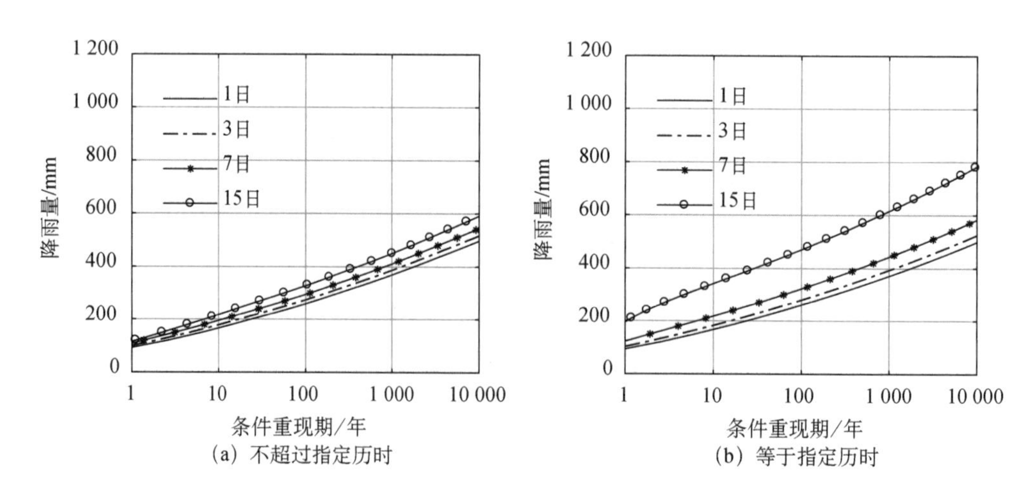

图 4.18 南浔站降雨量-条件重现期关系曲线

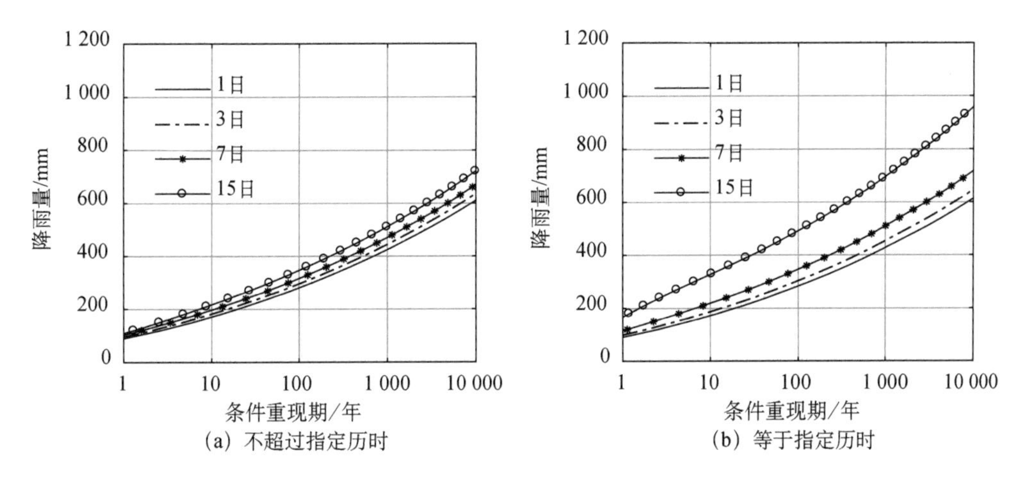

(a) 不超过指定历时　　(b) 等于指定历时

图 4.19　王江泾站降雨量-条件重现期关系曲线

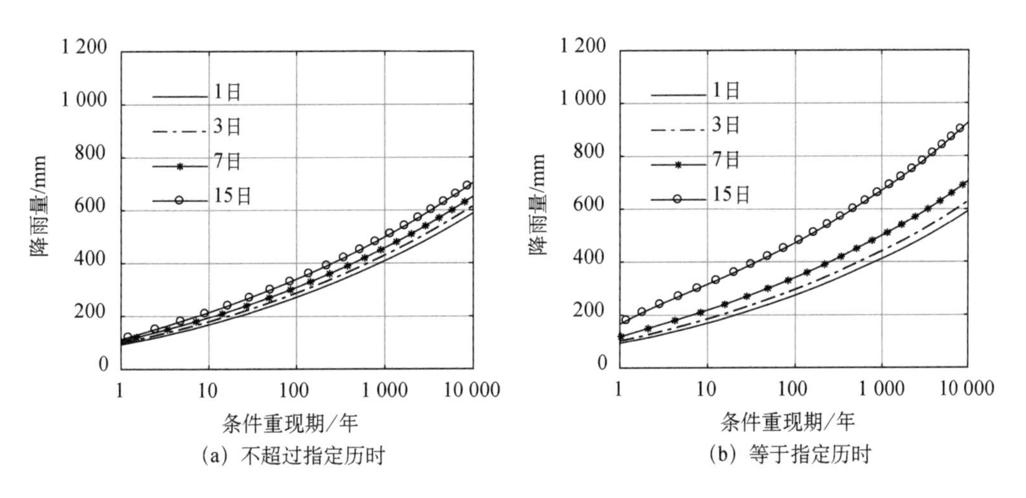

(a) 不超过指定历时　　(b) 等于指定历时

图 4.20　嘉善站降雨量-条件重现期关系曲线

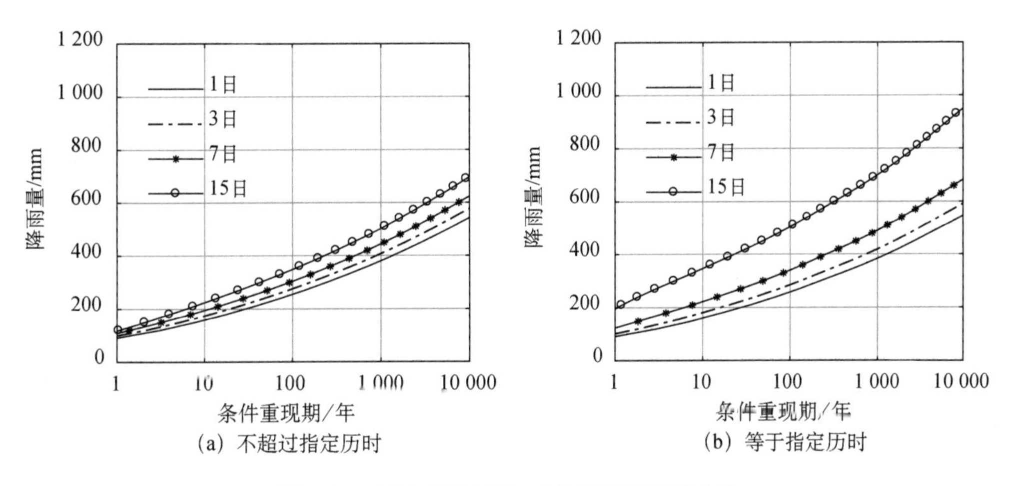

(a) 不超过指定历时　　(b) 等于指定历时

图 4.21　嘉兴站降雨量-条件重现期关系曲线

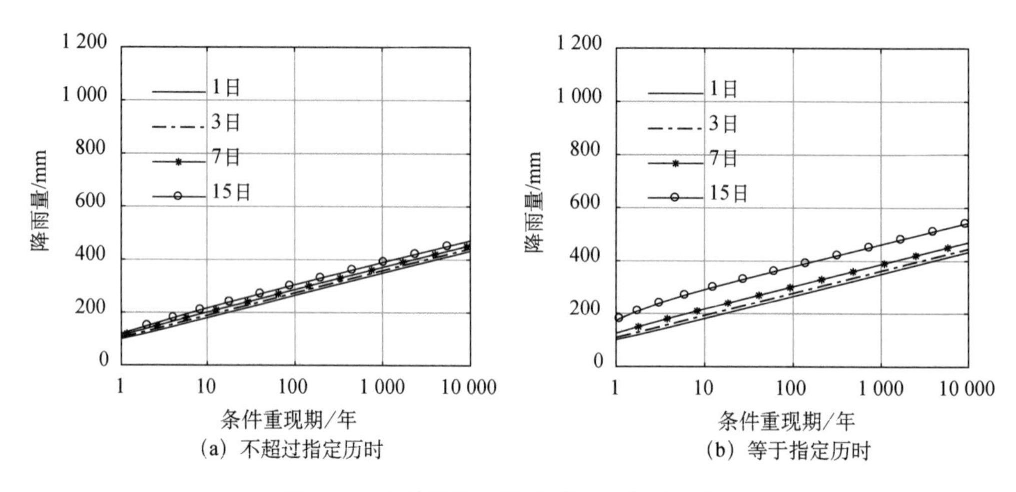

(a) 不超过指定历时　(b) 等于指定历时

图 4.22　乌镇站降雨量-条件重现期关系曲线

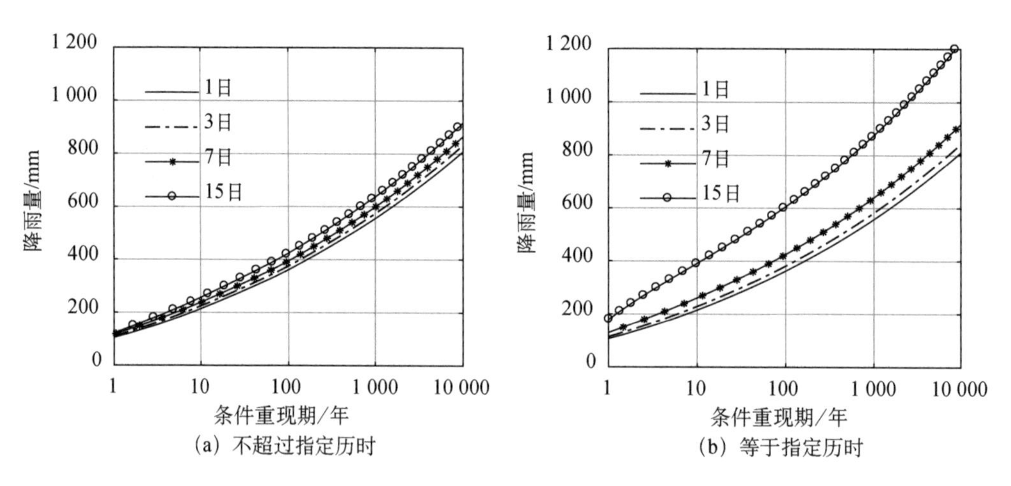

(a) 不超过指定历时　(b) 等于指定历时

图 4.23　平湖站降雨量-条件重现期关系曲线

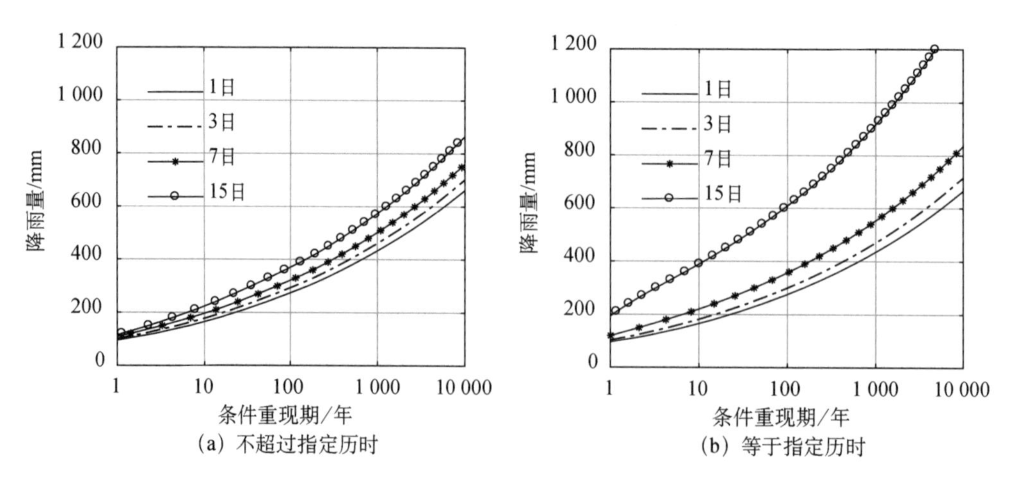

(a) 不超过指定历时　(b) 等于指定历时

图 4.24　新市站降雨量-条件重现期关系曲线

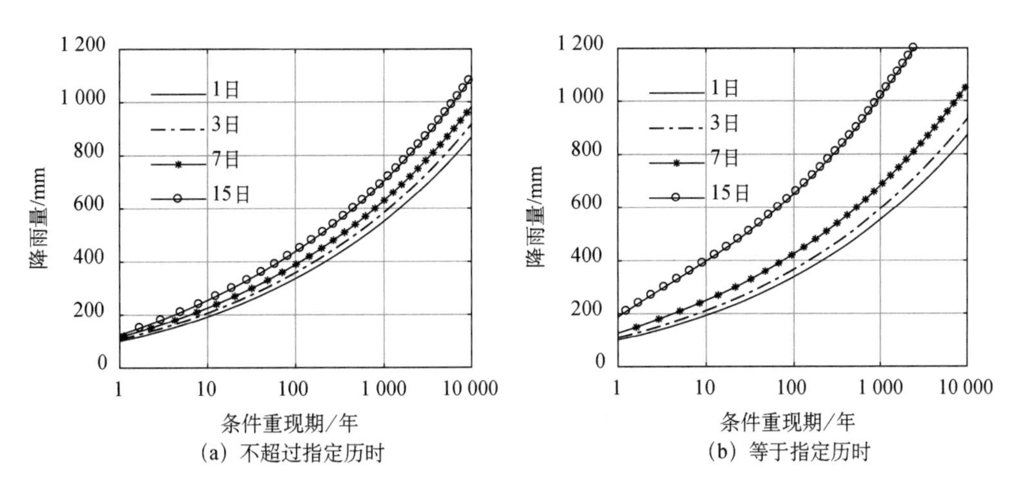

(a) 不超过指定历时　　(b) 等于指定历时

图 4.25　崇德站降雨量-条件重现期关系曲线

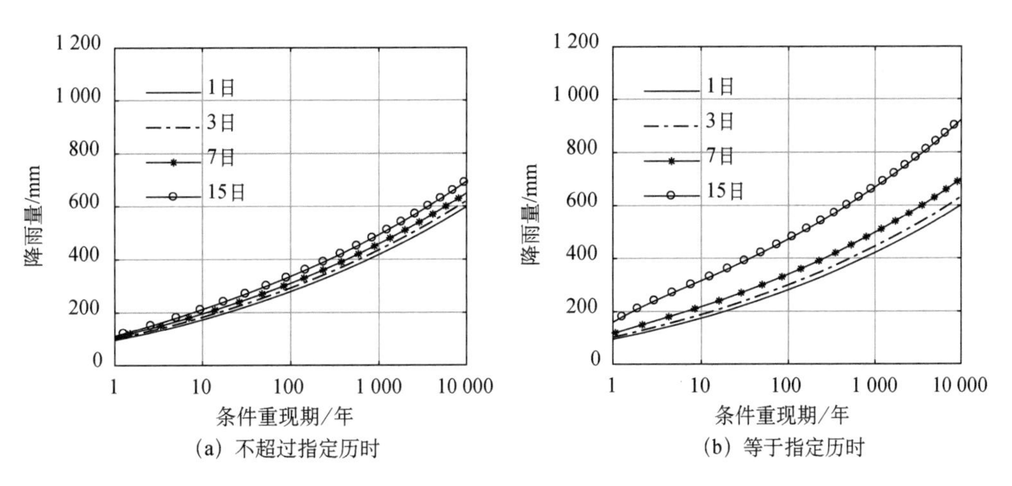

(a) 不超过指定历时　　(b) 等于指定历时

图 4.26　钦城站降雨量-条件重现期关系曲线

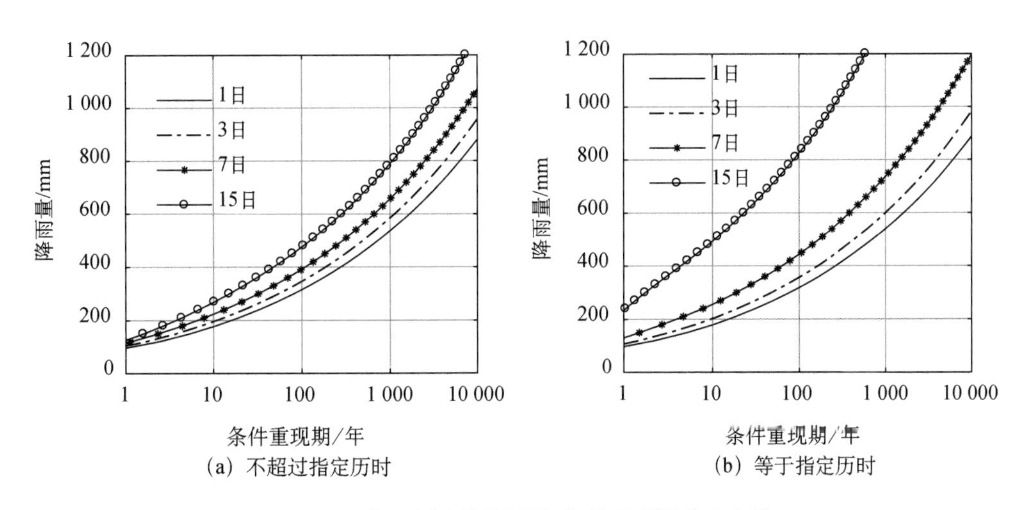

(a) 不超过指定历时　　(b) 等于指定历时

图 4.27　临平(上)站降雨量-条件重现期关系曲线

由图可见，对研究区域所有站点来说，无论是在不超过指定历时条件下，还是在等于指定历时条件下，不同历时的降雨量-条件重现期关系曲线均未出现交叉。条件重现期相等时，降雨历时越长，降雨量越大。

同时，对比左、右两图可知，在较短历时（1 日和 3 日）情况下，两种条件下的降雨量-条件重现期关系曲线差别较小；而在较长历时（7 日和 15 日）情况下，两种条件下的降雨量-条件重现期关系曲线差别较大。尤其是当降雨历时为 15 日时，相同条件重现期下的降雨量，右图明显大于左图。此外，左图中，不同历时的降雨量-条件重现期关系曲线差别较小，同一条件重现期的不同历时降雨量很接近；右图中，不同历时的降雨量-条件重现期关系曲线差别较大，同一条件重现期的较长历时降雨量明显大于较短历时降雨量。

考虑到设计暴雨常用于进行洪涝风险分析、防洪工程设计等，建议采用偏安全的等于指定历时条件下的降雨量-条件重现期关系曲线推求设计暴雨。

4.4.5 与单变量分析法的比较

上文分别从理论和实例两个方面证明了基于事件的多变量暴雨频率分析方法（Copula 方法）在解决不同时段暴雨频率曲线交叉问题上的优越性。本节将探讨和评估 Copula 方法与单变量方法得到的设计暴雨估计值，一方面，对现行单变量方法设计暴雨成果的安全性进行评估，另一方面，对 Copula 方法的应用前景进行讨论。

1. 降雨量频率估计值的对比

不同于传统的暴雨频率分析方法采用固定时段的样本选取方法，本章所提出的基于事件的 Copula 方法能够保证降雨事件选取的完整性，是在对极值降雨事件的多元特征进行统计分析的基础上推求暴雨频率曲线。由于两种暴雨频率曲线推求方法所采用的极值样本以及后续分析思路均完全不同，因此很难从理论上证明哪一种方法的估计值更大或更小。本节将直接从设计暴雨的估计结果出发，通过对比两种方法得到的 10 个雨量站 4 个时段共 240 组降雨量在 6 种典型重现期下的估计值的大小关系，总结归纳两种方法的特点。

表 4.13～表 4.16 所列为应用两种方法推求的典型重现期（5 年，10 年，20 年，50 年，100 年和 200 年）指定历时（1 日，3 日，7 日和 15 日）降雨量估计值的对比情况。表中，“Gev”代表单变量“GEV＋线性矩”方法；“Cop”代表两变量 Copula 方法；“平均相差”是指该重现期下研究区域内各站点由两种方法得到的降雨量估计值差值百分率[（Cop－Gev）/Cop×100％]的平均值。

表 4.13 各站点典型重现期下 1 日降雨量估计值 (单位:mm)

站点	5年		10年		20年		50年		100年		200年	
	Gev	Cop	Gev	Cop	Gev	Cop	Gev	Cop	Gev	Cop	Gev	Cop
南浔	96.2	143.1	115.4	167.7	135.8	194.0	165.7	231.1	191.0	260.9	219.0	292.2
王江泾	100.5	144.4	126.1	172.1	155.0	202.4	200.0	246.5	240.4	283.2	287.3	322.8
嘉善	111.5	143.1	138.0	169.0	166.3	197.5	207.5	239.2	242.3	274.0	280.7	311.7
嘉兴	110.7	137.1	138.9	160.9	170.4	187.2	218.7	225.8	261.4	257.9	310.6	292.6
乌镇	97.5	156.1	119.8	181.1	144.8	206.4	183.2	240.1	217.3	265.6	256.5	291.0
平湖	130.4	178.3	166.8	215.1	208.1	255.3	272.5	314.0	330.6	362.9	398.4	416.0
新市	100.1	140.5	122.1	165.7	146.0	194.4	181.6	238.0	212.3	275.7	246.7	317.8
崇德	111.9	160.6	140.3	193.4	171.9	230.9	219.8	288.3	261.9	338.3	310.0	394.6
欤城	106.1	147.7	130.8	174.3	158.1	203.5	199.4	246.0	235.5	281.3	276.5	319.6
临平(上)	114.7	148.7	147.2	178.8	185.2	214.0	246.8	269.3	304.3	318.5	373.6	375.0
平均相差	39.42%		32.85%		27.90%		22.22%		18.13%		14.10%	

表 4.14 各站点典型重现期下 3 日降雨量估计值 (单位:mm)

站点	5年		10年		20年		50年		100年		200年	
	Gev	Cop	Gev	Cop	Gev	Cop	Gev	Cop	Gev	Cop	Gev	Cop
南浔	135.4	157.4	159.2	183.4	184.0	210.8	219.1	249.2	248.0	279.9	279.0	312.2
王江泾	140.0	157.8	169.8	187.1	201.4	219.0	247.3	265.1	285.6	303.3	327.6	344.6
嘉善	148.4	157.7	179.7	185.4	211.2	215.6	254.4	259.6	288.6	296.2	324.4	335.8
嘉兴	152.2	155.0	182.9	181.2	214.2	209.6	257.4	250.9	291.8	285.1	328.1	322.1
乌镇	135.7	167.7	162.0	193.2	189.4	218.7	228.5	252.5	260.7	278.0	295.5	303.4
平湖	175.8	190.8	219.0	229.1	265.4	270.7	333.8	331.3	392.1	381.8	456.9	436.4
新市	140.1	154.5	169.4	182.0	200.9	213.0	247.3	259.7	286.9	300.0	331.0	345.1
崇德	157.6	176.2	192.1	211.6	228.4	251.8	280.4	313.0	323.4	366.2	370.2	426.1
欤城	144.8	160.0	171.1	188.2	196.8	218.7	230.6	263.1	256.3	299.9	282.3	339.7
临平(上)	168.2	168.3	214.6	202.3	267.7	241.5	351.6	302.6	428.1	356.9	518.3	419.1
平均相差	10.18%		7.34%		5.83%		4.70%		4.16%		3.75%	

表 4.15 各站点典型重现期下 7 日降雨量估计值 （单位：mm）

站点	5年		10年		20年		50年		100年		200年	
	Gev	Cop	Gev	Cop	Gev	Cop	Gev	Cop	Gev	Cop	Gev	Cop
南浔	183.5	189.5	218.4	218.4	255.4	248.2	308.8	289.6	353.4	322.4	402.0	356.8
王江泾	189.3	186.2	226.8	219.2	265.2	254.3	318.6	304.7	361.6	346.3	407.2	391.0
嘉善	197.5	186.8	237.0	218.3	277.6	252.0	334.1	300.6	379.7	340.8	428.0	384.2
嘉兴	203.4	191.9	242.5	222.5	281.6	255.0	334.8	301.7	376.6	340.1	420.0	381.5
乌镇	187.6	191.1	223.4	217.4	260.0	243.4	310.9	277.4	352.0	302.9	395.4	328.2
平湖	225.9	218.9	272.5	261.0	319.9	306.2	385.2	371.4	437.3	425.4	492.0	483.9
新市	181.8	187.3	223.1	220.2	270.6	256.6	346.3	310.8	415.8	357.3	498.2	409.1
崇德	216.3	208.9	265.4	250.0	317.1	295.8	391.4	365.1	453.2	425.1	520.4	492.5
钦城	190.7	186.3	229.3	217.9	269.4	251.7	326.4	300.2	373.1	340.1	423.5	383.3
临平（上）	219.5	213.4	280.2	255.9	351.0	304.2	465.3	378.5	571.5	444.1	698.9	519.2
平均相差	−1.62%		−4.71%		−6.81%		−8.85%		−10.10%		−11.17%	

表 4.16 各站点典型重现期下 15 日降雨量估计值 （单位：mm）

站点	5年		10年		20年		50年		100年		200年	
	Gev	Cop	Gev	Cop	Gev	Cop	Gev	Cop	Gev	Cop	Gev	Cop
南浔	257.3	303.8	301.3	341.7	344.6	379.3	402.5	430.0	447.1	469.8	492.7	511.2
王江泾	250.1	282.5	292.5	327.6	332.9	373.8	384.5	438.4	422.8	491.1	460.6	547.6
嘉善	268.8	273.0	316.0	315.4	361.6	359.2	421.1	420.9	466.0	471.5	511.0	526.0
嘉兴	271.9	304.4	310.0	347.0	343.4	391.0	382.6	453.0	409.2	503.6	433.6	557.8
乌镇	262.7	262.2	303.8	291.1	341.5	318.1	388.0	352.5	421.2	377.9	453.0	403.1
平湖	296.5	331.8	342.0	391.2	382.8	451.6	431.9	535.9	466.1	604.7	498.1	678.7
新市	257.4	333.3	307.7	389.5	361.7	449.0	441.2	535.6	508.7	608.9	583.5	690.3
崇德	287.0	334.4	344.5	397.5	402.6	465.4	482.4	565.6	545.7	651.5	612.0	747.6
钦城	248.8	272.5	299.9	315.8	355.7	359.9	439.4	421.8	511.7	472.1	593.3	526.3
临平（上）	290.6	414.1	360.5	493.3	438.4	580.2	557.7	711.6	663.1	826.4	784.0	957.2
平均相差	15.43%		13.15%		11.99%		11.64%		12.09%		13.07%	

由表 4.13～表 4.16 可知：

（1）当降雨历时为 3 日和 7 日时，由 Copula 方法推求的降雨量估计值与单变量方法的结果差异较小。其中，对3日降雨量估计值来说，单变量方法的结果总体偏小。但是，随着重现期的变长，这种偏差不断变小，在200年重现期情况下，仅偏小3.75%。这说明由传统单变量方法推求的3日设计暴雨存在一定的风险低估，重现期越大，这种低估越不明显。对7日降雨量估计值来说，单变量方法的结果整体偏大，并且随着重现期的变长，这种偏差不断变大，当重现期为200年时，偏差达−11.17%。这说明由传统单变量方法推求的7日设计暴雨存在一定的风险高估，重现期越大，这种高估越明显。但总体来说，两种方法的3日和7日设计暴雨估计值差异较小，单变量方法结果的安全性大体合格。

（2）当降雨历时为15日时，由单变量方法推求的降雨量估计值相对偏小，在6种典型重现期情况下，结果均偏小10%以上。其中，临平（上）站由单变量方法求得的5年一遇设计暴雨估计值偏小达42.50%；平湖站由单变量方法求得的200年一遇设计暴雨估计值偏小达36.26%。这说明，当推求15日设计暴雨时，传统单变量方法可能会存在一定的低估。

需要指出的是，由于本章研究所采用的降雨数据为日降雨数据，采用Copula方法推求得到的1日降雨量的频率估计值存在较大的不确定性，因此不对其与单变量方法的计算结果进行比较。将来在数据精度提高的基础上，采用时间精度小于1日的降雨数据（如小时降雨数据、5分钟降雨数据等）来估算和比较Copula方法与单变量方法的1日降雨量估计结果。

2. 降雨量空间分布分析

本节主要对比两种方法推求的设计暴雨的空间分布情况。根据表4.13～表4.16中对两种方法估计值之差的分析结果，选取二者差异较大的5年一遇3日、200年一遇7日、5年一遇15日和200年一遇15日设计暴雨进行对比分析，对比情况见图4.28～图4.31，图中红色短线框内为研究边界示意图。

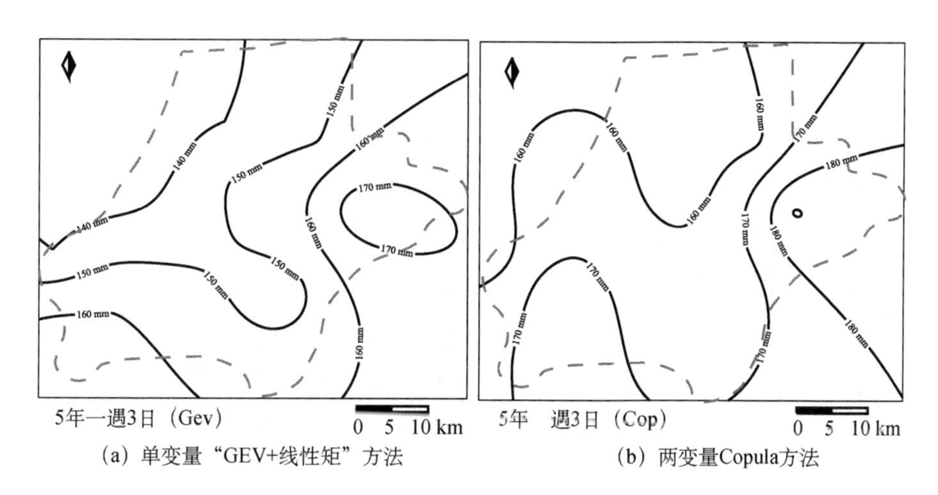

（a）单变量“GEV+线性矩”方法　　（b）两变量Copula方法

图4.28　5年一遇3日设计暴雨空间分布

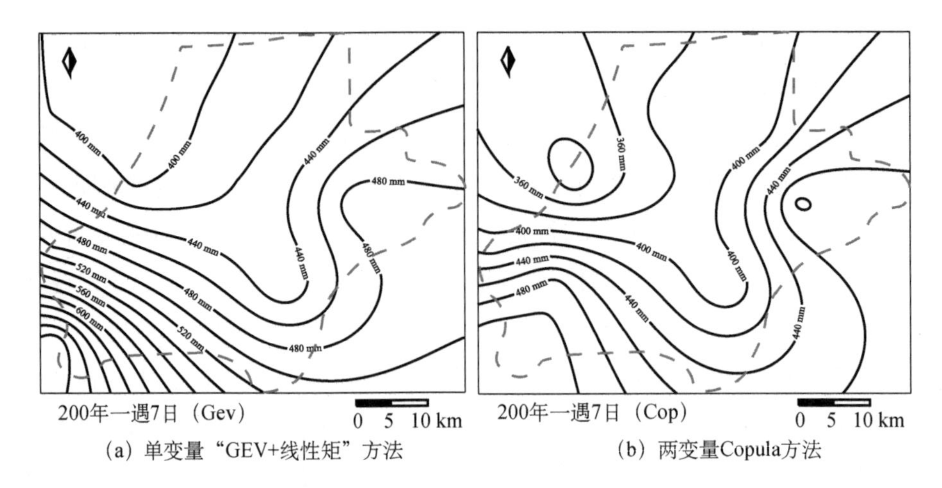

（a）单变量“GEV+线性矩”方法　　（b）两变量Copula方法

图 4.29　200 年一遇 7 日设计暴雨空间分布

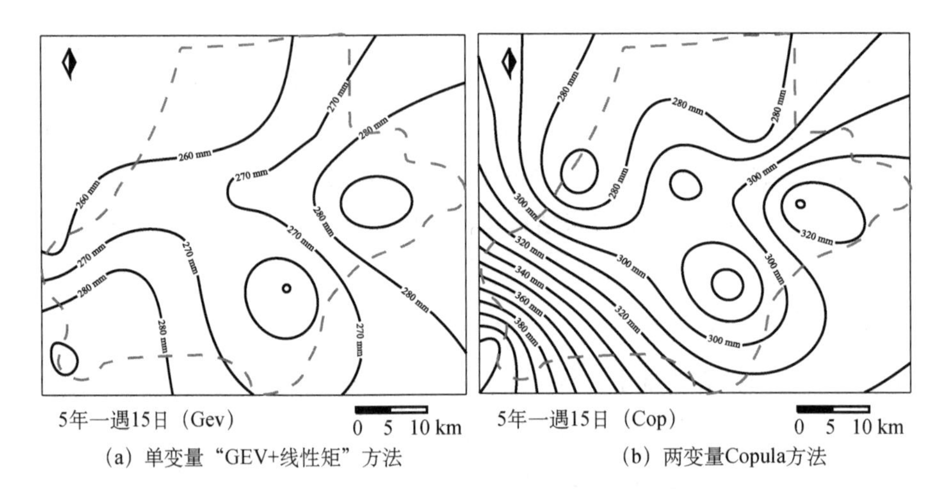

（a）单变量“GEV+线性矩”方法　　（b）两变量Copula方法

图 4.30　5 年一遇 15 日设计暴雨空间分布

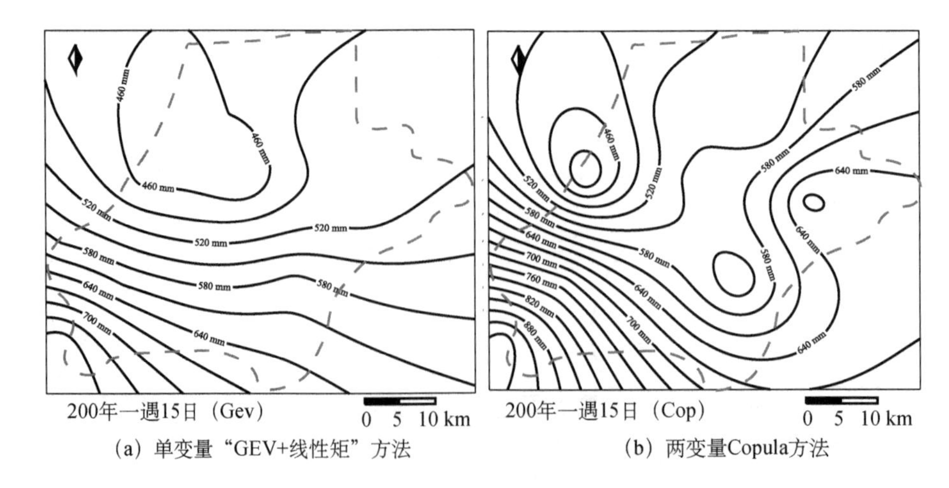

（a）单变量“GEV+线性矩”方法　　（b）两变量Copula方法

图 4.31　200 年一遇 15 日设计暴雨空间分布

由图4.28～图4.31可见，在这4种情况下，两种方法计算的设计暴雨虽然在降雨量绝对值上差异较大，但其空间分布大体一致：研究区域西南部和东部降雨量估计值较大，而西北部降雨量估计值较小。这种空间分布情况与前文中降雨事件的场次降雨量特征、超定量阈值大小以及极值降雨事件的降雨量特征等的分布一致。重现期越大，这种空间分布特征越明显。在200年一遇7日和200年一遇15日情况下，西南部的降雨量估计值远大于西北部。就单站的设计暴雨而言，西南部临平(上)站200年一遇15日降雨量达到西北部乌镇站的两倍多。整体来看，研究区域西南部雨量最大，说明西南部面临着更大的洪涝风险。

4.5 本章小结

本章针对区域设计暴雨研究中现行的单变量洪水频率分析方法中的局限性，在现行水文频率分析理论与方法的基础上，介绍了Copula函数理论，将其与基于事件的水文分析方法相结合，对水文极值事件的多元统计规律进行研究，依托极值事件各特征变量间的相关关系推求设计暴雨，提出了具有推广应用价值的基于事件的多变量极值水文频率分析方法，并在太湖流域部分地区得到了有效的应用和实践。

研究结果从理论和实践两方面表明，基于事件的多变量暴雨频率分析方法能够为现行单变量暴雨频率分析中常遇到的不同时段暴雨频率曲线交叉的问题提供解决途径，从而能够提供更为合理的设计暴雨结果，能有效提高设计结果的合理性和可靠性。研究成果可为平原感潮河网地区以及其他类似地区的水文气象极值事件风险评估提供新思路和新方法，并为各类工程和非工程防洪减灾措施的实施以及“洪水管理”理念的贯彻落实提供技术支持与科学依据。

本章参考文献

[1] Nelsen R B. An Introduction to Copulas[M]. New York：Springer，1999.

[2] 陈璐. Copula函数理论在多变量水文分析计算中的应用研究[M].武汉：武汉大学出版社，2013.

[3] 宋松柏，蔡焕杰，金菊良，等. Copulas函数及其在水文中的应用[M]. 北京：科学出版社，2012.

[4] Sklar A，Sklar C A. Fonctions de repartition a n dimensions et leurs marges[J]. 1959，8：229-231.

[5] Nelsen R B. An Introduction to Copulas[M]. Springer Science & Business Media，2007.

[6] Fang H B，Fang K T，Kotz S. The meta-elliptical distributions with given marginals[J]. Journal of multivariate analysis，2002，82(1)：1-16.

[7] Genest C，Favre A C，Béliveau J，et al. Metaelliptical copulas and their use in frequency analysis of multivariate hydrological data[J]. Water Resources Research，2007，43(9)：223-236.

[8] Hao Z, Singh V P. Review of dependence modeling in hydrology and water resources[J]. Progress in Physical Geography, 2016, 40(4):549-578.

[9] Li T, Guo S, Chen L, et al. Bivariate flood frequency analysis with historical information based on copula[J]. Journal of Hydrologic Engineering, 2013, 18(8): 1018-1030.

[10] Joe H. Multivariate models and dependence concepts[M]. London:Chapman and Hall, 1997.

[11] Großmaß T. Copulae and tail dependence [D]. Berlin, Germany: Humboldt-Universität zu Berlin, 2007.

[12] Charpentier A, Fermanian J D, Scaillet O. The estimation of copulas: Theory and practice[J]. Copulas: From theory to application in finance, 2007:35-64.

[13] Abebe H T. Comparison of parametric, semi-parametric and nonparametric two-stage estimation methods for copula models[D]. tUL Diepenbeek, 2009.

[14] Favre A, Genest C. Everything you always wanted to know about copula modeling but were afraid to ask[J]. Journal of Hydrologic Engineering, 2007, 12(4): 347-368.

[15] Chen L, Singh V P, Guo S, et al. Drought analysis using copulas[J]. Journal of Hydrologic Engineering, 2013, 18(7):797-808.

[16] Maidment D R, Chow V T, Mays L W. Applied hydrology[Z]. 1988.

[17] Shiau J T. Return period of bivariate distributed extreme hydrological events[J]. Stochastic Environmental Research and Risk Assessment, 2003, 17(1-2):42-57.

[18] Michele C D, Salvadori G, Kottegoda N T. Extremes in Nature: An Approach Using Copulas[M]. Dordrecht: Springer Netherlands, 2007.

[19] Ouarda T B M J, Chebana F. Multivariate quantiles in hydrological frequency analysis[J]. Environmetrics, 2011, 22(1):63-78.

[20] Leonard M, Westra S, Phatak A, et al. A compound event framework for understanding extreme impacts[J]. Wiley Interdisciplinary Reviews: Climate Change, 2014, 5(1):113-128.

[21] Michele C D, Salvadori G. Frequency analysis via copulas: Theoretical aspects and applications to hydrological events[J]. Water Resources Research, 2004, 40(12): 229-244.

[22] De Michele C, Salvadori G, Canossi M, et al. Bivariate statistical approach to check adequacy of dam spillway[J]. Journal of Hydrologic Engineering, 2005, 10(1):50-57.

[23] Eagleson P S. Dynamics of flood frequency[J]. Water Resources Research, 1972, 8(4):878-898.

[24] Fox P, Carlson R F. A northern snowmelt-flood frequency model[J]. Water Resources Research, 1976, 12(4):786-794.

[25] Wood E F. An analysis of the effects of parameter uncertainty in deterministic hydrologic models [J]. Water Resources Research, 1976, 12(12):925-932.

[26] Bras R L, Chan S O. Urban storm water management:Distribution of flood volumes[J]. Water Resources Research, 1979, 15(2): 371-382.

[27] Diaz-Granados M A, Valdes J B, Bras R L. A physically based flood frequency distribution[J]. Water Resources Research, 1984, 20(7):995-1002.

[28] Rodriguez-Iturbe I, Gupta V K, Waymire E. Scale considerations in the modeling of temporal rainfall[J]. Water Resources Research, 1984, 20(11):1611-1619.

[29] Rajagopalan B. Stochastic methods for modeling precipitation and streamflow[M]//Sivakumar B, Berndtsson R. Advances in data-based approaches for hydrologic modeling and forecasting. Hackensack, World Scientific, 2010.

[30] Han S, Kim S. Urban stormwater capture curve using three-parameter mixed exponential probability density function and NRCS runoff curve number method[J]. Water Environment Research, 2010, 82(1):43-50.

[31] Wheater H S, Onof C. Modelling of British rainfall using a random parameter Bartlett-Lewis Rectangular Pulse Model[J]. Journal of Hydrology, 1993, 149(1-4):67-95.

[32] Adams B J, Guo Y P. Hydrologic analysis of urban catchments with event-based probabilistic models-1. Runoff volume[J]. Water Resources Research, 1998, 34(12):3421-3431.

[33] Guo Y, Zhang S. Analytical probabilistic model for evaluating the hydrologic performance of Green Roofs[J]. Journal of Hydrologic Engineering, 2013, 18(1): 19-28.

[34] Guo Y. Development of analytical probabilistic urban stormwater models[D]. Canada: University of Toronto, 1998.

[35] Goel N K, Kurothe R S, Mathur B S, et al. A derived flood frequency distribution for correlated rainfall intensity and duration[J]. Journal of Hydrology, 2000, 228(1-2):56-67.

[36] Ignacio R I, Córdova J R. On the probabilistic structure of storm surface runoff[J]. Water Resources Research, 1985, 21(21):755-763.

[37] Mccuen R H, Bray S N. Importance of the assumption of independence or dependence among multiple flood sources[J]. Journal of Hydrologic Engineering, 2014, 19(6):1194-1202.

[38] Sayago A, Asuero A G, Gonzalez A G. The correlation coefficient: An overview[J]. Critical Reviews in Analytical Chemistry, 2006, 36(1):41-59.

[39] Lindskog F, Embrechts P, Mcneil A. Chapter 8-Modelling dependence with Copulas and applications to risk management[J]. Handbook of Heavy Tailed Distributions in Finance, 2003: 329-384.

[40] Singh V P, Zhang L. Bivariate flood frequency analysis using the copula method[J]. Journal of Hydrologic Engineering, 2006, 11(2):150-164.

[41] Singh V P, Zhang L. Bivariate rainfall frequency distributions using Archimedean copulas[J]. Journal of Hydrology, 2007, 332(1):93-109.

[42] Rivest L P, Genest C. On the multivariate probability integral transformation[J]. Statistics & Probability Letters, 2001, 53(4):391-399.

[43] Dobrić J, Schmid F. A goodness of fit test for copulas based on Rosenblatt's transformation[J]. Computational Statistics & Data Analysis, 2007, 51(9): 4633-4642.

[44] Genest C, Rémillard B, Beaudoin D. Goodness-of-fit tests for copulas: A review and a power study [J]. Insurance: Mathematics and economics, 2009, 44(2): 199-213.

[45] Poulin A, Huard D, Favre A C, et al. Importance of tail dependence in bivariate frequency analysis [J]. Journal of Hydrologic Engineering, 2007, 12(4):394-403.

[46] Frahm G, Junker M, Schmidt R. Estimating the tail-dependence coefficient: properties and pitfalls [J]. Insurance: mathematics and Economics, 2005, 37(1): 80-100.

[47] Requena A I, Mediero L, Garrote L. A bivariate return period based on copulas for hydrologic dam design: accounting for reservoir routing in risk estimation[J]. Hydrology and Earth System Sciences, 2013, 17(8):3023-3038.

[48] Bárdossy A, Serinaldi F, Kilsby C G. Upper tail dependence in rainfall extremes: would we know it if we saw it? [J]. Stochastic Environmental Research & Risk Assessment, 2015, 29(4):1-23.

[49] Genest C, Kojadinovic I, Nešlehová J, et al. A goodness-of-fit test for bivariate extreme-value copulas[J]. Bernoulli, 2011, 17(1):253-275.

[50] Haktanir T, Citakoglu H, Seckin N. Regional frequency analyses of successive-duration annual maximum rainfalls by L-moments method[J]. Hydrological Sciences Journal, 2016, 61(4): 647-668.

[51] Gellens D. Combining regional approach and data extension procedure for assessing GEV distribution of extreme precipitation in Belgium[J]. Journal of Hydrology, 2002, 268(1):113-126.

[52] Restrepo-Posada P J, Eagleson P S. Identification of independent rainstorms[J]. Journal of Hydrology, 1982, 55(1-4):303-319.

[53] Bonta J V, Rao A R. Factors affecting the identification of independent storm events[J]. Journal of Hydrology, 1988, 98(3-4):275-293.

[54] Tong X, Wang D, Singh V P, et al. Impact of data length on the uncertainty of hydrological copula modeling[J]. Journal of Hydrologic Engineering, 2015, 20(4): 05014019.

[55] Serinaldi F. Can we tell more than we can know? The limits of bivariate drought analyses in the United States[J]. Stochastic Environmental Research & Risk Assessment, 2016, 30(6): 1691-1704.

[56] Kao S C, Govindaraju R S. A bivariate frequency analysis of extreme rainfall with implications for design[J]. Journal of Geophysical Research: Atmospheres, 2007, 112(D13).

[57] 周祥林.太湖流域干旱特征非参数统计分析[D].南京：河海大学，2006.

[58] Zhou Z Z, Smith J A, Yang L, et al. The complexities of urban flood response: Flood frequency analyses for the Charlotte Metropolitan Region[J]. Water Resources Research, 2017, 53(8): 7401-7425.

[59] Zhou Z Z, Smith J A, Wright D B, et al. Storm catalog-based analysis of rainfall heterogeneity and frequency in a complex terrain[J]. Water Resources Research, 2019, 55(3): 1871-1889.

第5章
城市设计暴雨研究

在城市化背景下，城市地区的降雨-洪水关系已发生显著改变，传统的设计暴雨计算很可能已不适用于城市地区。在城市地区，由于其具有不同于自然流域的复杂属性（如土壤性质、排水系统、建筑物布设等），同时又受到降雨的时空分布及其演化规律的影响，使得暴雨-径流过程、影响机理等充满复杂性和地区差异性。尽管先前的研究已经开始探讨降雨时空变异性、城市化与城市洪水响应，这个领域的研究也已经取得了一定成果，但是到目前为止，综合考虑城市地区极端降雨时空变异性及城市洪水响应规律还有待进一步分析。由此可见，城市化的发展对城市地区降雨-洪水计算问题提出了新的要求。

在传统的水文频率分析中，设计暴雨的估算一般只考虑降雨的强度和历时，对降雨在空间上的分布情况、时间上的变化进行了理想化的假设。由于在城市地区无法通过单个雨量站或若干个分布稀疏的雨量站来准确分析城市地区降雨时空结构，所以很有可能会“错过”最大降雨，因此，需要以高精度、能够全覆盖城市地区的雷达降雨数据作为支撑来进行设计暴雨的计算。

本章主要利用栅格化降雨数据和其他地形地貌、土地利用等资料，以中国上海和美国某小城市作为两个典型城市代表，从暴雨的时空演变角度分析城市暴雨的时空演变特征；同时，结合地区极端天气气候特征，充分运用降雨的时空分布信息，通过随机暴雨移置法推估城市设计暴雨。

5.1 暴雨时空分布特征的定义与提取

5.1.1 暴雨基本特征

为了研究降雨时空分布特征与洪水响应的关系，首先需要分析降雨的时空分布特征，定义如下。

流域平均降雨强度 $R(t)$ (mm/h)的计算公式如下：

$$R(t)=\int_A R_g(x,\ t)\mathrm{d}x \tag{5.1}$$

式中，$R_g(x, t)$ 是流域内每个雷达网格(1 km×1 km)在 t 时刻的降雨强度(mm/h)；A 是流域面积(km^2)。因此，最大降雨强度即为 R_{max}。

流域降雨累积量 R_{tot} (mm)的计算公式如下：

$$R_{tot}=\int_0^T R(t)\mathrm{d}t \tag{5.2}$$

式中，T 可为整场降雨历时，也可为指定的降雨时间窗。

降雨相对流域的覆盖率是表征降雨空间变异性的重要指标，降雨覆盖率 A_0 的计算公式如下：

$$A_0(t)=\frac{1}{A}\int_A (x \mid R_g(x, t)>0)\mathrm{d}x \tag{5.3}$$

强降雨覆盖率 A_{25} 的计算公式如下：

$$A_{25}(t)=\frac{1}{A}\int_A (x \mid R_g(x, t)\geqslant r)\mathrm{d}x \tag{5.4}$$

计算流域内强降雨云团在流域内的覆盖率，可设定强降雨的阈值 r 为 25 mm/h。$A_{25,\max}$ 即为每场降雨的最大强降雨覆盖率。

此外，在研究中还人工分析确定了降雨历时和洪水历时。洪水历时的判定准则为：流量持续上涨至超过 0.05 $m^3/(s \cdot km^2)$的时刻到流量持续回落至小于 0.01 $m^3/(s \cdot km^2)$的时刻。该阈值对单峰型洪水事件符合很好；对多峰型洪水事件，洪水历时可能会出现异常大的数值，这些数值无法表征完整的洪水事件，因此需要对这些洪水过程线进行再分析，确定洪水起始和终止时间，从而保证能够反映出有效洪水过程。

5.1.2 暴雨时空特征

为了衡量降雨和流域的空间位置关系，以下将引入“降雨权重流距”指标。降雨权重流距(Rainfall-Weighted flow Distance, RWD)是由 Smith 提出的用来表征降雨相对于流域位置的参数。汇流距离的计算是基于空间分辨率为 30 m×30 m 的 DEM 底图，导入 ArcGIS 地理信息系统，对于流域内某格点 x 计算水流从该网格向下坡方向流至出水口的距离，即点 x 的汇流距离 $D(x)$，简称“流距”。降雨采用了雷达降雨场数据，将空间分辨率为 15-min, 1-km^2 的雷达降雨数据用反距离内插法插值为空间分辨率为 15-min, 30 m 的降雨场，即可得到与地理地图对应格点 x 在 t 时刻的降雨 $R_g(x, t)$。因此，降雨权重流距的计算公式如下：

$$RWD(t)=\int_A w(t, x)d(x)\mathrm{d}x \tag{5.5}$$

式中，$d(x)=D(x)/D_{max}$，D_{max} 为流域内最长流距；$w(t,x)=R_g(x,t)/\max\{R_g(x,t)\}$，$\max\{R_g(x,t)\}$ 是 t 时刻流域内所有网格中降雨最大值。根据定义，降雨权重流距 RWD 在 0 ～ 1 之间。数值越接近 0，说明分布在流域内的降雨越接近流域出口；数值越接近 1，说明分布在流域内的降雨越接近流域上游。在流域内降雨强度均匀分布的情况下，$R_g(x,t)/\max\{R_g(x,t)\}=1$，$RWD$ 就是流域的平均汇流距离，其计算式如下：

$$\overline{RWD}=\int_A d(x)\mathrm{d}x \tag{5.6}$$

当采用强降雨强度作为降雨权重时，可得到强降雨权重流距（RWD_{25}）；当采用累积降雨 R_{tot} 作为降雨权重时，可得到累积降雨权重流距（RWD_{tot}）。瞬时降雨权重流距可表征相对于汇流河网的降雨时空演化情况；累积降雨权重流距从空间角度总结了降雨相对于流域的空间位置。

降雨权重流距的离差可表征流域范围内的空间降雨分布是单峰型还是多峰型，即是否存在多个强降雨位置。降雨权重流距的离差 S 定义如下：

$$S(t)=\frac{1}{\bar{S}}\left\{\int_A w(t,x)[d(x)-\bar{d}]^{1/2}\mathrm{d}x\right\}^{1/2} \tag{5.7}$$

式中，$\bar{S}$ 是均匀降雨的离差：

$$\bar{S}=\left\{\int_A [d(x)-\bar{d}]^2\mathrm{d}x\right\}^{1/2} \tag{5.8}$$

当 $S=1$ 时，为均匀降雨；当 $S<1$ 时，为单峰型降雨；当 $S>1$ 时，为多峰型降雨，说明流域内存在不止一个降雨较大的区域。

为了进一步研究城市化对城市洪水响应的影响，采用了降雨权重的不透水区流距：

$$RWD_{imp}(t)=\int_A I(x)w(t,x)d(x)\mathrm{d}x \tag{5.9}$$

其中，不透水网格是美国国家土地覆盖数据库（National Land Cover Dataset，NLCD，http://www.mrlc.gov/index.php）定义的高密度开发区网格，即不透水率大于 80% 的网格。式中，$I(x)$ 是指标参数，$I(x)=1$ 表示为高密度开发区网格，$I(x)=0$ 表示为非高密度开发区网格。

为了表征降雨时空演变特征，应计算 RWD 序列在洪峰前最大 x-h 降雨时间窗内的最大值、最小值、平均值和梯度，以定量描述降雨空间分布的变化情况。在规定时间窗下，RWD 最大值/最小值即为降雨在流域中距离出口最远/最近的位置；RWD 平均值为降雨在流域中距离流域出口的平均位置；RWD 梯度 $\left(\frac{\mathrm{d}RWD}{\mathrm{d}t}\right)$ 的计算采用了最小二乘法进行线性拟合，计算 x-h 时间窗下，RWD 序列随时间变化的斜率即为所求的梯度，因此，

RWD 梯度为降雨位置的变化趋势，$\frac{dRWD}{dt}>0$ 表示向上游移动，$\frac{dRWD}{dt}<0$ 表示向下游出口靠近，绝对值大小表示变化趋势的大小。

5.2 暴雨时空演变特征分析

5.2.1 研究地区与数据资料

1. 研究地区概述

本节主要的研究地区为美国夏洛特大都会地区(Charlotte Metropolitan region)的16个城市小流域。夏洛特是美国东南部北卡罗来纳州最大的城市，北距首都华盛顿525 km，南距亚特兰大370 km，市区人口密度为746人/km^2(2015年)。气候温和湿润，四季分明，年平均气温12 ℃。夏洛特是一座高度现代化的以工商业为主的城市，是美国东南部地区最重要的金融、贸易和交通运输中心，也是美国东南部地区经济发展速度最快的城市。夏洛特也是美国第二大银行业中心，世界第一大银行美国银行、美国前五大银行之一的美联银行及美林证券的总部均落户于此。夏洛特也是美国东南部重要的工商贸易区，工业以纺织、电力、家具、计算机、化工、机械、食品以及高技术开发为主。

本节的研究地区包括夏洛特地区16个城市小流域，面积从7 km^2 到111.1 km^2 不等(表5.1)。主要的研究流域为Little Sugar Creek(以下简称“LS流域”，111.1 km^2)，McAlpine Creek(以下简称“MA流域”，100.2 km^2)和Irwin Creek(以下简称“IW流域”，78.1 km^2)。这3个流域分别有4个、3个和2个子流域(图5.1)。除以上流域外，4个小流域为：Taggart Creek(以下简称“TG流域”)、Coffey Creek(以下简称“CF流域”)、Steele Creek(以下简称“ST流域”)和McMullen Creek(以下简称“MM流域”)。本研究在忽略流域面积影响的基础上，对比分析不同流域之间的水文响应过程。

表5.1 夏洛特地区16个城市流域名称与流域面积

流域编号	USGS ID	流域名称	流域缩写	流域面积/km^2
1	02146211	Statesville Creek	SV流域	14.9
2	0214627970	Upper Irwin Creek	UI流域	23.4
3	02146300	Irwin Creek	IW流域	78.1
4	02146315	Taggart Creek	TG流域	13.6
5	02146348	Coffey Creek	CF流域	23.8
6	02146409	Medical Center	MC流域	31.5
7	0214642825	Upper Briar Creek	UB流域	13.3

（续表）

流域编号	USGS ID	流域名称	流域缩写	流域面积/km^2
8	0214645022	Briar Creek	BR 流域	48.5
9	02146470	Little Hope Creek	LH 流域	7.0
10	02146507	Little Sugar Creek	LS 流域	111.1
11	0214655255	Upper McAlpine Creek	UM 流域	18.9
12	02146562	Campbell Creek	CB 流域	15.3
13	0214657975	Irvins Creek	IV 流域	21.8
14	02146600	McAlpine Creek	MA 流域	100.2
15	02146700	McMullen Creek	MM 流域	18.3
16	0214678175	Steele Creek	ST 流域	18.3

从 20 世纪 60 年代起，这 16 个流域均经历了不同程度的城市化发展过程，由于其发展时间和发展程度不同，16 个流域表现出不同的城市化特征。夏洛特的中心城区主要位于 LS 流域内，MA 流域位于 LS 流域的东面，IW 流域位于 LS 流域的西面。这 3 个城市流域的发展历史和发展程度不同，城市化率分别为 96.5%（LS 流域）、81.3%（MA 流域）和 87.6%（IW 流域）。16 个流域的斜率差异不大，从 1.6 到 3.0 不等。另外，MA 流域和 LS 流域的流域面积类似，均接近 100 km^2，但是，流域的形状恰好相反（图 5.1，表 5.2）。表 5.2 中，流域密实度定义为流域面积与流域周长的比值，该值反映了流域的形状：数值越大，流域的密实度越高；反之，密实度越小。MA 流域的密实度较高，为 2.3，流域形状接近方形；LS 流域密实度相对较小，为 1.6，流域形状较长。同时，由于两个流域的发展历史不同，其排水管网设置也不同，这将在后续内容中具体分析。

LS 流域 4 个子流域的城市化率均超过 90%，均为高度城市化流域。Medical Center 流域（简称“MC 流域”，31.5 km^2）作为夏洛特市中心，其城市化发展程度最高。Little Hope 流域（简称“LH 流域”，7.0 km^2）是 LS 流域中面积最小的子流域，是以居民区为主的城郊住宅型流域。Briar 流域（简称“BR 流域”，48.5 km^2）也是以居民区为主的住宅型流域，但是包含较大面积的植被绿地（如公园、休闲区），因此其不透水率相对较低。BR 流域的绝大部分城市是在 20 世纪 70 年代颁布了城市雨洪管理法规之后开始建设的，因此，BR 流域的排水管网、蓄滞洪措施等城市雨洪管理措施相较于 MC 流域有极大的不同。BR 流域内共有 5 座水坝，其中 1 座位于其上游的子流域——Upper Briar 流域（简称“UB 流域”）。但是在 MC 流域、LH 流域内没有水坝或滞洪池等雨洪管理设施（表 5.2）。相较于 LH 流域和 MC 流域，BR 流域和 UB 流域空地更多，不透水地面更少。

IW 流域的两个子流域 Statesville 流域（简称“SV 流域”，14.9 km^2）和 Upper Irwin

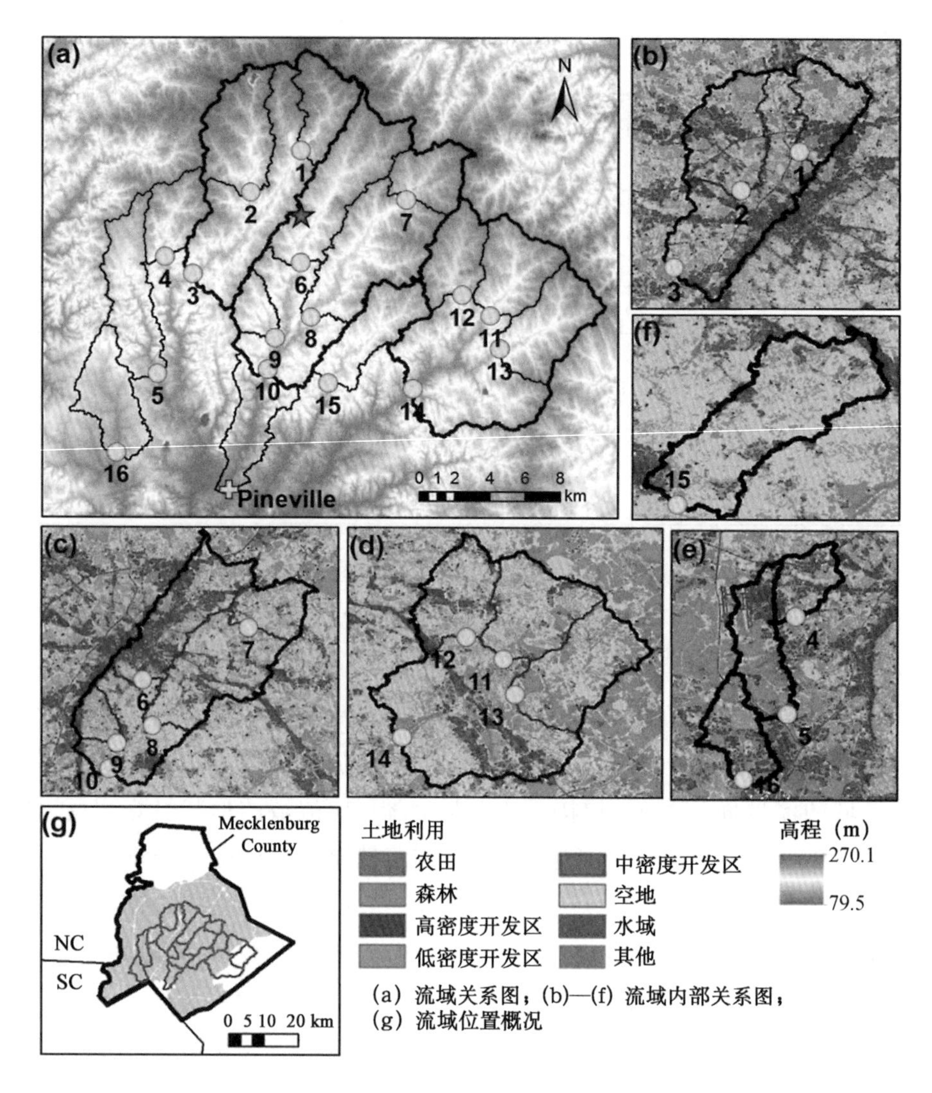

图 5.1 夏洛特地区 16 个城市流域位置与土地利用/土地覆盖情况

流域(简称“UI 流域”,23.4 km^2)的城市化率小于 90%,SV 流域的上游地区分布了相当大面积的森林(森林覆盖率为 19.2%)。

MA 流域的 3 个子流域分别为 Upper McAlpine 流域(简称“UM 流域”,18.9 km^2)、Campbell 流域(简称“CB 流域”,15.3 km^2)和 Irvin 流域(简称“IV 流域”,21.8 km^2)。其中,IV 流域是 16 个流域中城市化率最低的住宅型流域,但其森林面积最大(森林覆盖率为 31%),不透水率最低(8%)。MA 流域城市化发展时间晚于 LS 流域,且每个流域均有 4 个水坝。

MM 流域(18.3 km^2)位于 LS 流域和 MA 流域之间,其城市化发展情况与 UM 流域和 CB 流域类似。

表 5.2　夏洛特地区 16 个城市流域主要属性与特征

流域编号	不透水率/%	土地利用类型/%					城市土地增长率/%(2001—2010)	流域斜率/%	水坝数量	排水管网密度/(km·km^{-2})	白天人口密度/(人·km^{-2})	夜晚人口密度/(人·km^{-2})	流域密实度/%
		高密度区	中密度区	低密度区	空地	森林							
1	26.1	10.4	10.6	23.0	30.2	19.2	6%	2.4	2.0	8.22	704	475	2.0
2	32.5	10.0	14.4	37.4	23.0	8.0	4%	2.9	2.0	11.05	830	702	2.0
3	34.3	12.4	15.6	33.6	26.0	8.5	4%	2.8	7.0	8.26	1 209	658	1.9
4	35.4	12.1	18.0	32.6	32.2	4.9	6%	2.6	0.0	5.32	1 121	606	2.8
5	25.5	13.0	11.0	15.1	20.2	30.1	11%	3.0	5.0	5.05	429	127	1.5
6	48.2	22.5	24.0	32.6	18.7	1.8	2%	2.2	0.0	19.62	3 555	988	1.4
7	23.9	3.6	9.3	34.2	47.5	4.5	4%	1.9	1.0	23.53	788	1 301	2.3
8	24.7	4.5	9.9	32.8	48.3	3.6	2%	2.4	5.0	19.60	1 021	1 312	1.6
9	32.2	9.3	9.4	48.5	32.8	0.0	1%	2.2	0.0	15.83	1 282	1 402	2.6
10	32.0	10.3	14.1	32.8	39.4	2.9	3%	2.4	8.0	17.06	1 916	1 153	1.6
11	18.1	1.7	5.3	30.2	49.3	11.0	4%	2.5	4.0	7.98	480	1 094	2.9
12	27.9	7.8	12.9	28.9	44.9	4.7	3%	2.1	4.0	14.62	1 072	1 434	2.2
13	8.2	0.5	1.8	10.1	47.9	31.0	9%	2.5	1.0	4.61	120	340	2.6
14	19.6	4.2	8.1	23.0	46.0	15.2	5%	2.7	11.0	7.15	589	857	2.3
15	20.7	2.8	8.4	25.0	60.6	2.8	1%	2.3	1.0	7.72	1 074	927	1.6
16	32.0	11.8	15.0	29.6	21.2	15.6	7%	1.6	0.0	4.43	904	386	2.0

位于IW流域西南部的三个毗邻小流域为TG流域(13.6 km^2)、ST流域(18.3 km^2)和CF流域(23.8 km^2)。TG流域和ST流域的城市化率分别为94.9%和77.6%，其不透水率分别为35%和32%。CF流域的城市化率为59%，森林覆盖率为30.1%，具有较为特殊的土地空间分布，其上游地区大部分为不透水地带(夏洛特国际机场位于此)，而下游地区大部分为透水绿地(图5.1)。

2. 数据资料

1) 流量资料

流量资料来源于美国地质勘探局(United States Geological Survey, USGS)的水资源数据库，由此得到瞬时流量数据序列(USGS Instantaneous Values Service)。16个流域的资料起始年份有所差异，从各站始测年份开始到2015年(水文年)，每个观测站至少拥有14年的流量观测资料，时间步长从1 min到15 min不等，测站位于每个流域的出口。为了便于后续的计算与分析，所有的流量数据均用线性插值的方法，调整为时间步长为1 min的连续流量序列，并将时间统一转换成美国中部时区(UTC)。

2) 降雨资料

降雨资料来源于美国天气雷达网Hydro-NEXRAD系统，采用了2001—2015年的高精度雷达降雨场资料(15-min时间分辨率和1-km^2空间分辨率)。雷达降雨资料及其处理方法已在夏洛特和美国其他地区得到了广泛的应用。Hydro-NEXRAD系统生成降雨场的处理过程包括质量控制算法、Z-R降雨反射率转换、时间整合和空间映射算法等。雷达数据校正利用了夏洛特地区72个地面雨量站的日累积降雨量(详见Wright主要的雷达数据校正方法)。

3) 其他数据

流域地理信息、土地利用情况、土壤类型、城市化发展情况、人口信息等是从USGS的GAGES Ⅱ(Geospatial Attributes of Gages for Evaluating Streamflow)数据库中得到的。该数据库提供了美国9 322个由USGS维护的流量站数据资料及其流域分区资料。

另一个土地利用情况的数据来自美国国家土地覆盖数据库(National Land Cover Dataset, NLCD, http://www.mrlc.gov/index.php)，从中获取了1992—2011年的土地变化情况，数据精度为30 m×30 m。根据NLCD的设定，开发用地主要包括开发空地、低密度开发区、中密度开发区和高密度开发区。其中，高密度开发区是高度开发地区，如住宅密集区或商业/工业区，网格不透水率>80%；中密度开发区和低密度开发区均为建筑和植被混合区，如独栋住宅区，网格不透水率分别为50%～80%和20%～40%。开发空地是建筑和植被混合区，其中植被主要是指草坪绿地，如大批量独栋住房、停车场、高尔夫球场、娱乐休闲公园等，网格不透水率<20%。图5.1显示了16个流域的土地利用情况。表5.2总结了研究区域的流域特征。

5.2.2　降雨时空分布特征分析

1. 暴雨的基本特征分析

由降雨累积量 R_{tot}、降雨历时、最大降雨强度 R_{max} 和最大强降雨覆盖率 $A_{25,max}$ 四个暴雨基本特征的箱式图(图 5.2)中可见,5 个流域强降雨强度覆盖率的变异性较大。

从降雨累积量上看,5 个流域的降雨累积量情况相似,UB 流域的中值最大,MC 流域的中值略小于其他流域,LH 流域尽管面积最小,但其降雨累积量的中值与 BR 流域相当。从最大降雨强度上看,LH 流域最大降雨强度的中值最大,UB 流域次之,二者均超过了 40 mm/h,但 UB 流域最大降雨强度的变异性小于 LH 流域;MC 流域、BR 流域和 LS 流域的中值相当,均小于 40 mm/h,但 LS 流域略小于前两个流域,且其变异性最小。

从降雨历时上看,4 个子流域降雨历时的中值相当,其中,LH 流域和 MC 流域的变异性相当,UB 流域和 BR 流域的变异性相当;LS 流域的中值和变异性均略大于其子流域。从最大强降雨覆盖率上看,各流域的最大强降雨覆盖率变异性很大,说明降雨在各个流域的空间分布差异很大,在子流域中呈现出随流域面积增加其中值减小的趋势。其中,LH 流域面积最小,强降雨覆盖率的中值接近 1,说明强降雨云团几乎完全覆盖了整个 LH 流域。此外,LS 流域的中值超过了 BR 流域,与 MC 流域相当,从侧面反映了强降雨分布的空间异质性。

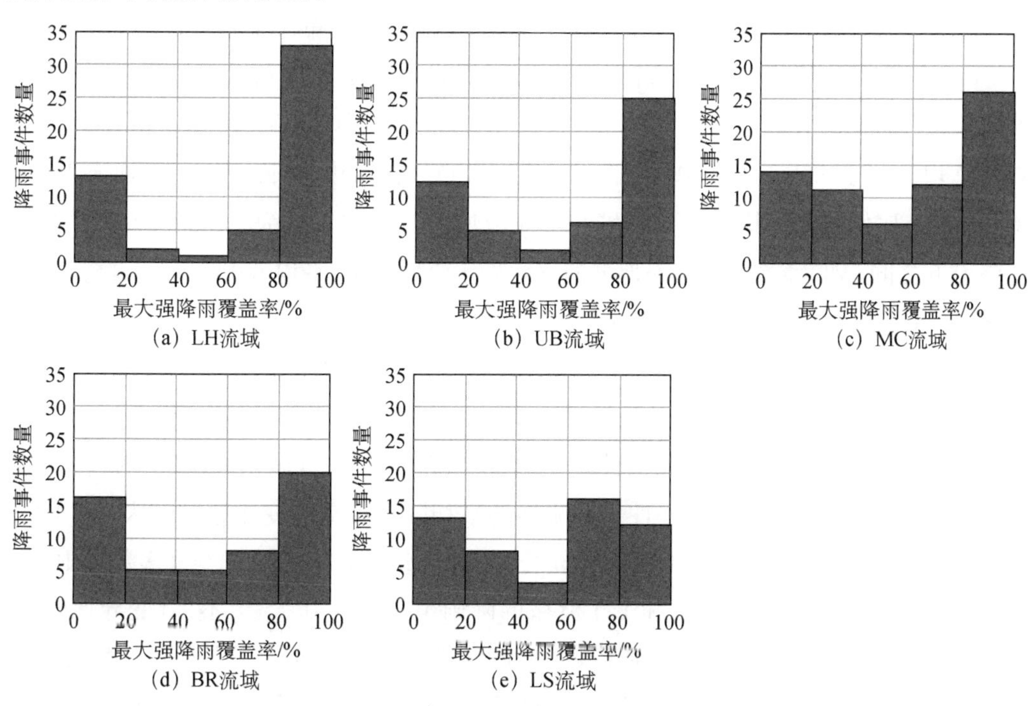

图 5.2　五个流域的最大强降雨覆盖率

由以上分析可知，相对流域的覆盖率，降雨是表征降雨空间变异性的重要指标。图 5.2 是各流域最大强降雨覆盖率的直方图。从图中可见，降雨空间分布表现出两级分化的趋势，即小范围（$A_{25} < 0.2$）强降雨和大范围（$A_{25} > 0.8$）强降雨两类情况相对较多。各流域的强降雨覆盖率 A_{25} 在 0 ～ 0.2 之间的降雨事件百分比相近，A_{25} 在 0.8 以上的降雨事件较多；但是，A_{25} 在 0.4～0.6 之间的降雨事件百分比最小，即强降雨范围占全流域一半的情况相对较少。这种两极分化的趋势随着流域面积的增加而减弱，同时，大范围强降雨事件随着流域面积的增大而减少。

在 UB 流域、MC 流域和 BR 流域，大范围降雨事件有所减少，在面积最大的 LS 流域，大范围降雨事件最少。在 LS 流域，尽管 $0.2 < A_{25} < 0.6$ 强降雨仍然较少，但 $0.6 < A_{25} < 0.8$ 强降雨超过了 $A_{25} > 0.8$ 强降雨事件，说明在面积较大的流域，降雨空间分布有所不同。

总体而言，这两类降雨与该地的降雨成因有关。在夏洛特地区，强对流雷暴天气和热带气旋系统是形成该地区暴雨洪水的主要成因；而雷暴天气多形成小范围的强降雨，热带气旋系统多形成大范围的强降雨。

2. 降雨空间分布特性

在 LS 流域内，流域中部平均累积降雨要大于流域下游和上游，集中在 MC 流域和 BR 流域的下游交界处，平均累积降雨最大的位置位于 MC 流域出口附近；UB 流域降雨量相对较小。由此可见，在 111.1 km^2 的流域内，降雨空间分布存在显著的空间异质性。

以累积降雨为研究对象，分析在最大降雨历时内降雨在流域内的时空分布情况。图 5.3 是用最大 2-h 时间窗计算的 RWD_{tot} 直方图。从图中可见，在 5 个流域中，平均 RWD_{tot}均分布在 0.2～0.7 范围内，降雨位置多数位于流域中部，说明接近平均流距的降雨事件所占比例最大。其中，UB 流域和 LH 流域的降雨位置最为稳定，平均 RWD_{tot}在 0.4～0.6 之间；MC 流域有相当一部分的降雨处于流域下游（平均 $RWD_{tot}<0.4$）。LS 流域另有小部分降雨在流域中部偏上的位置。

图 5.4 是最大 2-h 降雨时间窗下的累积降雨权重流距（RWD_{tot}）与平均降雨覆盖率（Mean A_0）的关系图，虚线为各流域的平均流距。从图中可见，各流域的降雨时空分布性质各有不同，LH 流域与 UB 流域的性质相似，BR 流域与 LS 流域相似，降雨的空间位置和平均降雨覆盖率没有明显相关性。各流域的平均降雨覆盖率变化范围较大，从 0.2～1 不等。BR 流域和 LS 流域的平均降雨覆盖率在 0.4 以上，UB 流域的绝大多数降雨覆盖率也在 0.4 以上，只有 MC 流域和 LH 流域的降雨覆盖率为 0.2～1 不等，变异性较大。LH 流域尽管是最小的流域，平均降雨覆盖率的变化范围很大，但 RWD 变化不大，说明降雨位置较为固定；与 UB 流域类似，MC 流域的降雨覆盖率和 RWD 的变异性均较大，说明流域内降雨分布的时空变异性很大，降雨覆盖率的变异性很可能是由降雨的空间移动引

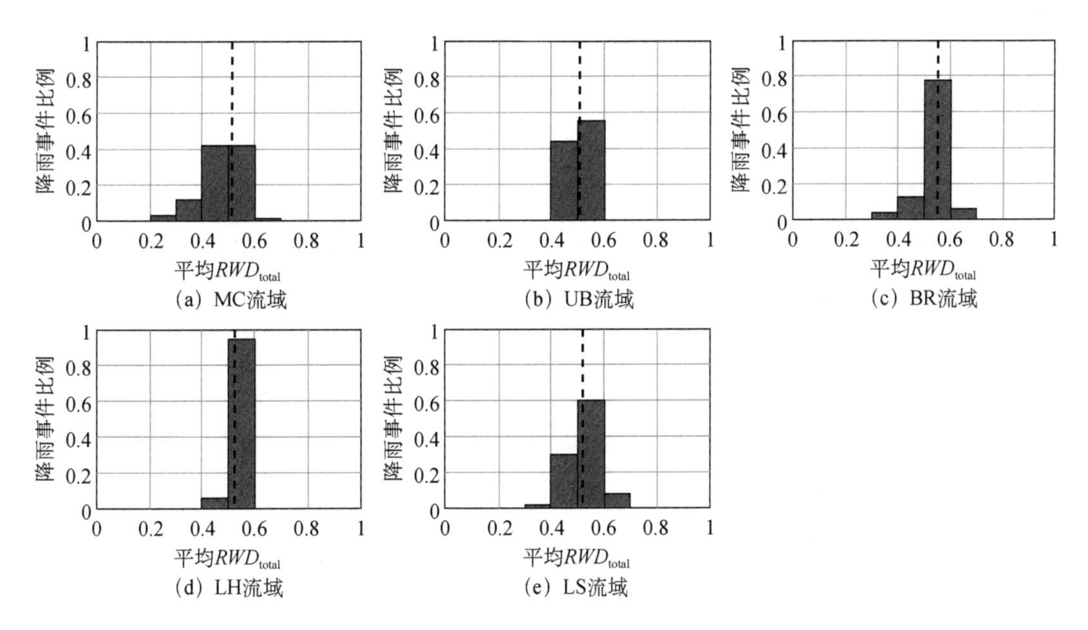

图 5.3　累积降雨权重流距直方图(最大 2-h 时间窗)

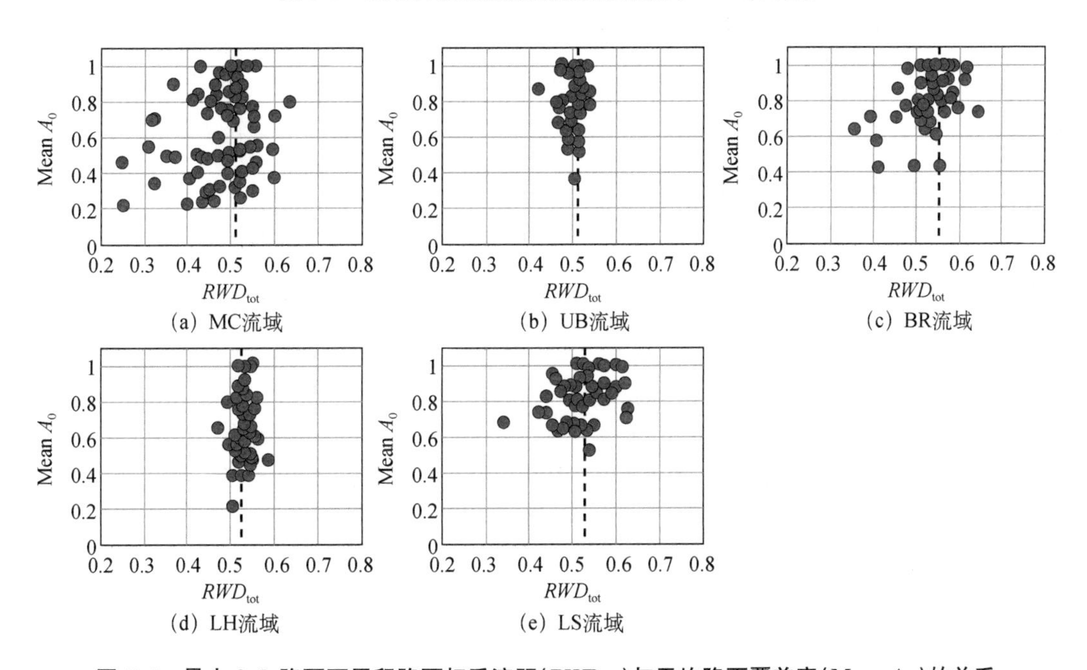

图 5.4　最大 2-h 降雨下累积降雨权重流距(RWD_{tot})与平均降雨覆盖率(Mean A_0)的关系

起的。此外,各流域累积降雨覆盖率均近似为 1,说明在每场降雨洪水事件中,流域各处均或多或少接收了降雨。

通过以上分析来看,无论是从降雨位置还是从降雨覆盖率上来说,总体上,各个流域降雨的空间几何性质差异较大。引起 *RWD* 差异的原因很可能是流域形状和流域面积。从表 5.2 中可见,LH 流域与 UB 流域的流域密实度相近,分别为 2.6 和 2.3,而其他三个流域的密实度均在 1.4～1.6 之间。

5.2.3 降雨过程的时空演变分析

1. 降雨权重流距

以瞬时降雨为研究对象，分析降雨的时空演变情况。在各个流域，以洪峰值时刻为中心时刻，计算所有降雨事件的降雨覆盖率 A_0 时间序列、强降雨覆盖率 A_{25} 时间序列和降雨权重流距 RWD 时间序列。图 5.5 是 5 个流域平均降雨覆盖率（Mean A_0）、平均强降雨覆盖率（Mean A_{25}）和平均降雨权重流距（Mean RWD）的时间序列图。计算开始时间均为洪峰前 8 小时，则第 33 个时间点为洪峰时刻。总体而言，在洪峰时刻前，所有流域的强降雨/降雨覆盖率、RWD 的变化均为不断增加之后逐渐减小；同时，在洪峰时刻之后，强降雨 / 降雨覆盖率和 RWD 均不断减小。由图 5.5 可见，所有流域 A_0 的峰值时刻与 A_{25} 的峰值时刻相当；洪峰时刻均出现在 A_0 或 A_{25} 峰值时刻之后。其中，MC 流域 A_0 的峰值时刻与洪峰时刻的时间差最小，甚至小于 LH 流域。BR 流域 A_0 的峰值时刻与洪峰时刻的时间差最大。RWD 随着时间先不断增加再不断减小。其中，MC 流域与 LS 流域 RWD 峰值时刻与洪峰时刻相当；其他流域的 RWD 峰值时刻均先于洪峰时刻，且 BR 流域的二者时间差最大。综上所述，多数降雨在洪峰前的变化包含了峰值、趋势变化等显著特性。下面将着重讨论洪峰时刻前的“前期降雨”的时空变化情况。

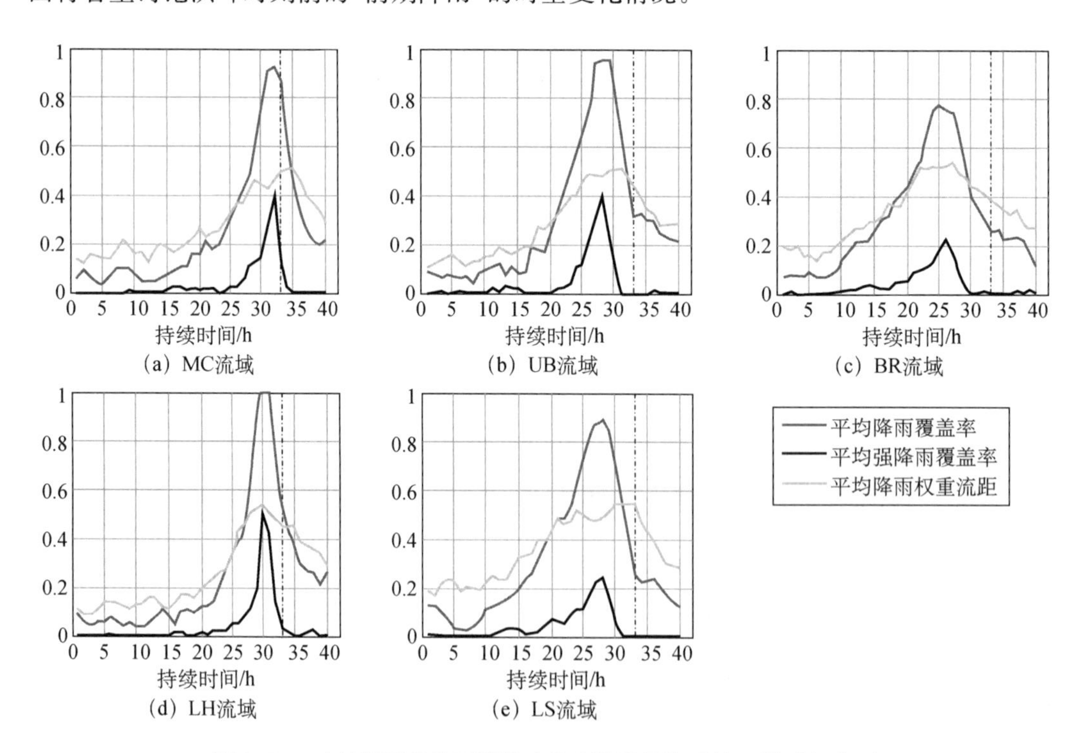

图 5.5　5 个流域平均降雨覆盖率和平均降雨权重流距的时间序列

为了进一步分析降雨的时空变化特征，在 RWD 的基础上分析了降雨核心即强降雨云团 RWD_{25} 的运动情况，着重研究了 RWD 和 RWD_{25} 的最大值、最小值和均值。

首先，分析降雨运动情况 RWD 和 RWD_{25} 与流域尺度的关系。图 5.6 是各流域所有降雨事件 RWD 和 RWD_{25} 最大值、最小值和均值的算术平均值与流域面积的关系图。从图中可见，最大 2-h 降雨窗口下，各流域的 RWD 和 RWD_{25} 的最大值都未超过 0.75，说明各流域的降雨位置距离流域出口最远是在流域中部略偏上游的位置，强降雨的位置也类似。降雨的平均位置是在流域中部，或略微偏下，但不小于 0.4；但是，相对于降雨平均位置，强降雨的平均位置较低，基本都在 0.3 以下，仅 LS 流域的强降雨位置略大于 0.3。降雨的空间位置最小值差异较大，LH 流域和 MC 流域的降雨距离流域出口最近的位置在 0.2 左右，UB 流域和 BR 流域相对较大，在 0.4 左右，LS 流域在二者之间，而强降雨位置的最小值都几乎为零。总体而言，降雨相对于汇流河网的位置基本都在流域中部和下部运动，但各流域略有不同，降雨空间位置的变化与流域面积的关系并不明显。

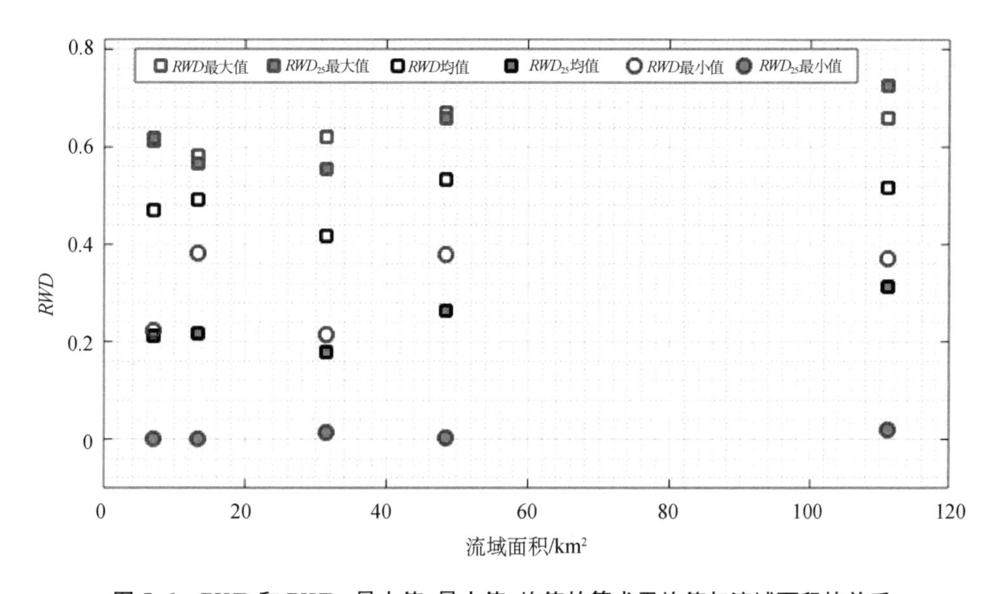

图 5.6 RWD 和 RWD_{25} 最大值、最小值、均值的算术平均值与流域面积的关系

表 5.3 总结了最大 2-h 降雨时间窗下降雨基本特征值降雨累积量（R_{tot}）和最大降雨强度（$R_{b,max}$）与流域空间位置特征值 RWD 和 RWD_{25} 平均值的相关系数，相关系数采用 Spearman 相关系数计算。从表中可见，R_{tot} 与 RWD 的相关性不显著，仅 LH 流域和 MC 流域的 R_{tot} 与 RWD 有一定的相关性；但各流域的 R_{tot} 与 RWD_{25} 的相关性较高，且 LH 流域和 MC 流域的 R_{tot} 与 RWD_{25} 的相关系数要大于 R_{tot} 与 RWD 的相关系数。除 UB 流域外，各流域的最大降雨强度 $R_{b,max}$ 均与 RWD_{25} 有较为显著的相关性。UB 流域的 $R_{b,max}$ 与 RWD_{25} 的相关性较弱，这与其 RWD 性质较为符合（多为静止型降雨）。结果表明，在所有研究流域中，强降雨的空间位置是影响降雨累积量、最大降雨强度的重要因素。此

外，在 LH 流域和 MC 流域，降雨的空间位置与降雨累积量的相关性也较为显著。

表 5.3 降雨特征的关系分析(最大 2-h 降雨时间窗)

降雨累积量 (R_{tot})		最大降雨强度($R_{b,max}$)	
RWD 平均值	RWD_{25} 平均值	RWD 平均值	RWD_{25} 平均值
0.4	0.59	0.19	0.45
−0.05	0.44	−0.03	0.25
0.06	0.4	0.05	0.45
0.41	0.48	0.21	0.37
0.18	0.47	−0.09	0.36
降雨累积量 (R_{tot})		最大降雨强度($R_{b,max}$)	
A_0 平均值	A_{25} 平均值	A_0 平均值	A_{25} 平均值
0.51	0.39	0.09	0.61
0.39	0.29	−0.12	0.53
0.46	0.19	0.05	0.61
0.55	0.21	−0.07	0.59
0.53	0.05	0.03	0.67

通过对降雨空间位置的变化与流域平均降雨强度的变化进行分析，可得到降雨的空间移动与强度变化的关系。以下主要讨论降雨强度梯度 $\left(\frac{\mathrm{d}R}{\mathrm{d}t}\right)$ 与降雨权重流距梯度 $\left(\frac{\mathrm{d}RWD}{\mathrm{d}t}\right)$ 之间的关系。$\frac{\mathrm{d}R}{\mathrm{d}t}$ 可以说明降雨强度的变化：$\frac{\mathrm{d}R}{\mathrm{d}t}$ 小于零，表示为衰减型；$\frac{\mathrm{d}R}{\mathrm{d}t}$ 大于零，表示为增强型；$\frac{\mathrm{d}R}{\mathrm{d}t}$ 绝对值越大，表示变化越迅速。上文中已经提到，$\frac{\mathrm{d}RWD}{\mathrm{d}t}$ 可以说明降雨位置的趋势变化：$\frac{\mathrm{d}RWD}{\mathrm{d}t}$ 小于零，表示降雨朝流域出口移动；$\frac{\mathrm{d}RWD}{\mathrm{d}t}$ 大于零，表示朝流域上游移动；$\frac{\mathrm{d}RWD}{\mathrm{d}t}$ 绝对值越大，表示移动速度越快。因此，用$\frac{\mathrm{d}R}{\mathrm{d}t}$ 和$\frac{\mathrm{d}RWD}{\mathrm{d}t}$ 两个指标可以较好地描述洪峰前降雨的空间移动和强度变化。由表 5.4 可见，除了 UB 流域外，其他流域的$\frac{\mathrm{d}R}{\mathrm{d}t}$ 与$\frac{\mathrm{d}RWD}{\mathrm{d}t}$ 存在较好的相关性，说明降雨强度的变化与降雨空间位置的变化有关；如果$\frac{\mathrm{d}R}{\mathrm{d}t}$ 与$\frac{\mathrm{d}RWD_{25}}{\mathrm{d}t}$ 相关性较弱，说明流域降雨强度的变化与降雨位置的移动有关。

表 5.4 降雨运动特征的关系分析

$\frac{dR}{dt}$ 与 $\frac{dRWD}{dt}$	$\frac{dR}{dt}$ 与 $\frac{dRWD_{25}}{dt}$	$\frac{dR}{dt}$ 与 $\frac{dA_0}{dt}$	$\frac{dR}{dt}$ 与 $\frac{dA_{25}}{dt}$	$\frac{dRWD}{dt}$ 与 $\frac{dA_0}{dt}$
0.52	0.15	0.77	0.66	0.53
−0.02	0.04	0.63	0.87	0.10
0.32	−0.02	0.42	0.83	0.16
0.54	0.15	0.75	0.61	0.48
0.42	−0.18	0.53	0.79	0.07

图5.7是 $\frac{dRWD}{dt}$ 和 $\frac{dR}{dt}$ 的散点图（最大2-h降雨时间窗）。从图中可见，各流域 $\frac{dRWD}{dt}$ 和 $\frac{dR}{dt}$ 的变化不同。在4个子流域中，MC流域的 $\frac{dRWD}{dt}$ 变化范围较大，朝流域上游移动的降雨相对较多，流域平均降雨梯度为正的情况较多，说明主要以"朝上游移动"+"增强型"降雨为主；同时，流域平均降雨梯度绝对值较大，说明降雨强度变化较为剧烈。此外，MC流域的 $\frac{dRWD}{dt}$ 与 $\frac{dR}{dt}$ 的相关性较好（相关系数见表5.4），说明降雨强度的变化与降雨的空间移动有很大的关系。LH流域的情况与MC流域类似，表明两个流域的降

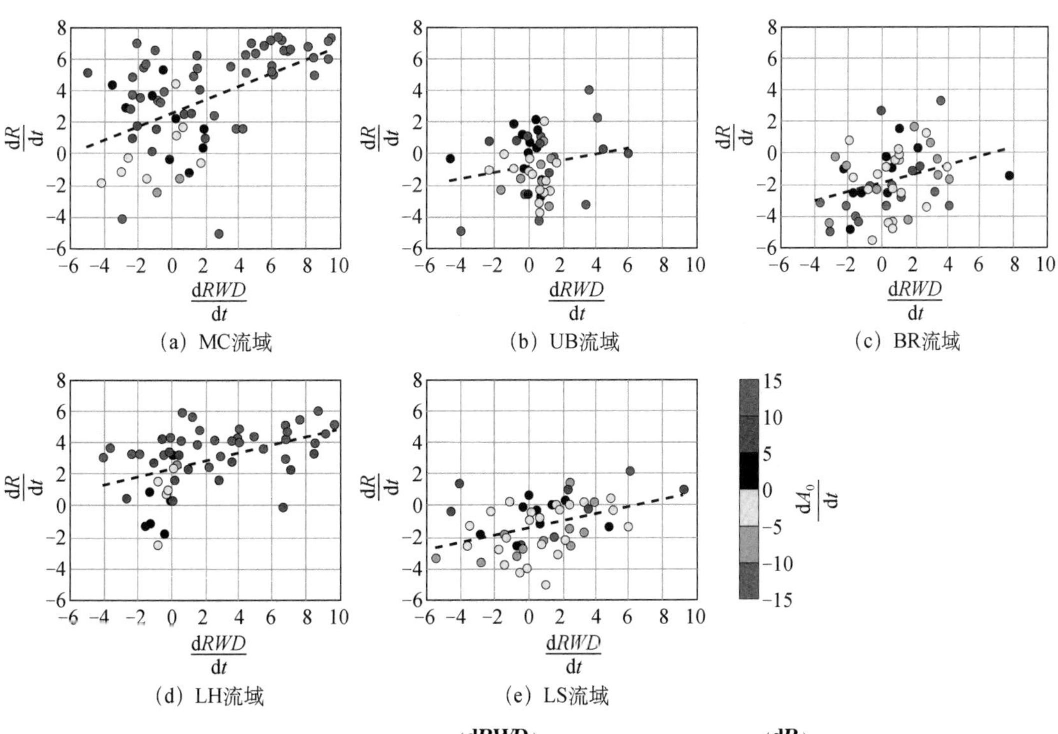

图 5.7 降雨权重流距梯度 $\left(\frac{dRWD}{dt}\right)$ 和流域平均降雨梯度 $\left(\frac{dR}{dt}\right)$ 散点图

雨多为"朝上游移动"+"增强型"降雨，且降雨强度变化较为剧烈。BR 流域降雨"朝上游移动"与"朝流域出口移动"的情况相当，$\frac{dR}{dt}<0$ 的情况较多，说明降雨多为衰减型，$\frac{dRWD}{dt}$ 与 $\frac{dR}{dt}$ 相关性较好。在 UB 流域，多数降雨 $\frac{dRWD}{dt}$ 变化范围较小，说明降雨在该流域多为"静止型"+"衰减型"降雨，且 $\frac{dRWD}{dt}$ 与 $\frac{dR}{dt}$ 相关性不强。LS 流域面积最大，降雨"朝上游移动"与"朝流域出口移动"的情况相当，$\frac{dR}{dt}$ 为负值的情况较多，说明"衰减型"占大多数；$\frac{dRWD}{dt}$ 与 $\frac{dR}{dt}$ 相关性也较好，但其 $\frac{dR}{dt}$ 的变化要小于 MC 流域和 LH 流域。从上一节累积降雨权重流距的分析中可以看出，降雨基本特征与流域面积有关，而 $\frac{dRWD}{dt}$ 的变化说明降雨的空间移动特性也与流域面积、流域形状有较大的关系。LH 流域的密实度与 UB 流域相当，但由于其面积较小(约为 UB 流域的 1/2)，因此其降雨的移动特性又有所不同。

2. 降雨覆盖率

降雨覆盖率是表征降雨空间分布情况的重要特征值之一，这一节主要对降雨/强降雨覆盖率与降雨基本特征的相关性进行分析总结。表 5.3 总结了降雨/强降雨覆盖率 A_0/A_{25} 平均值与降雨基本特征的相关性，从表中可见，对于降雨累积量 R_{tot}，降雨覆盖率 A_0 的平均值与降雨累积量 R_{tot} 相关，且 MC 流域、LH 流域和 LS 流域的相关性相对较大；而强降雨覆盖率 A_{25} 与降雨累积量 R_{tot} 仅在 MC 流域有一定的相关性。对于最大降雨强度 $R_{b,max}$，所有流域的最大降雨强度与降雨覆盖率不相关，但与强降雨覆盖率有显著的相关性，LS 流域的相关性最大。

结合图 5.7 和表 5.4 可以看出各个流域降雨运动的关系和特征，各流域 $\frac{dA_0}{dt}$ 与 $\frac{dR}{dt}$ 的相关性较好，说明随着降雨覆盖率的增大，降雨强度也呈现出增大的趋势。其中，MC 流域与 LH 流域的相关系数最大，说明降雨空间覆盖范围变化与降雨强度变化有很大的关系。各流域 $\frac{dA_{25}}{dt}$ 与 $\frac{dR}{dt}$ 的相关性较好，MC 流域和 LH 流域的 $\frac{dA_{25}}{dt}$ 与 $\frac{dR}{dt}$ 的相关系数小于 $\frac{dA_0}{dt}$ 与 $\frac{dR}{dt}$ 的相关系数，说明在这两个流域，降雨空间覆盖范围变化与降雨强度变化的相关性更为显著，在其他流域，强降雨空间覆盖范围变化与降雨强度变化的相关性更为显著。同时，只有 MC 流域和 LH 流域的 $\frac{dA_0}{dt}$ 与 $\frac{dRWD}{dt}$ 的相关性较好。

从图5.7中可见，MC流域降雨覆盖率梯度>0的降雨占大多数，其中绝对值超过10的降雨事件较多，这些降雨事件$\frac{\mathrm{d}R}{\mathrm{d}t}>0$，说明随着降雨覆盖率的增大，降雨强度也呈现出增大的趋势，且多数朝流域上游移动$\left(\frac{\mathrm{d}RWD}{\mathrm{d}t}>0\right)$，但总体上，$\frac{\mathrm{d}A_0}{\mathrm{d}t}$与$\frac{\mathrm{d}RWD}{\mathrm{d}t}$的相关性不显著。LH流域的降雨覆盖率的变化情况与MC流域类似。MC流域和LH流域的$\frac{\mathrm{d}A_0}{\mathrm{d}t}$与$\frac{\mathrm{d}RWD}{\mathrm{d}t}$的相关性较好，从图中可见，随着降雨朝上游移动，降雨覆盖率也在不断增大，说明在这两个流域，降雨强度变化不仅与降雨覆盖率有关，也与降雨移动有关，降雨覆盖率变化越大，降雨移动越快，降雨强度变化越大。BR流域$\frac{\mathrm{d}R}{\mathrm{d}t}<0$的情况占大多数，说明随着降雨覆盖率的减小，降雨强度也在减小。LS流域情况与BR流域类似，降雨覆盖率的变化与降雨空间移动关系不大。

不同于MC流域和LH流域，UB流域、BR流域和LS流域的$\frac{\mathrm{d}R}{\mathrm{d}t}$与$\frac{\mathrm{d}A_{25}}{\mathrm{d}t}$的相关性要大于$\frac{\mathrm{d}R}{\mathrm{d}t}$与$\frac{\mathrm{d}A_0}{\mathrm{d}t}$的相关性，其中，UB流域的相关系数最大(0.87)。

BR流域的降雨变化梯度虽然与*RWD*梯度相关性不大，但与降雨覆盖率梯度的相关性较大，尤其是强降雨覆盖率梯度(表5.4)。LS流域的降雨空间移动与覆盖范围变化和降雨强度变化有很大的关系。

总体而言，降雨的时空分布结构和空间运动是影响流域降雨变化的重要因素。各流域的降雨强度变化与降雨空间移动、降雨覆盖范围变化有关，但是各个流域表现不同。各流域降雨强度变化与强降雨覆盖率变化有关，MC流域和LH流域的降雨强度变化还与降雨覆盖率有关。除UB流域外，其他流域的降雨强度与降雨空间移动有关。

降雨累积量、最大降雨强度与降雨的时空分布有关。降雨累积量R_{tot}与强降雨核心的位置和降雨覆盖率相关性较大；最大降雨强度与强降雨核心的位置和强降雨覆盖率相关性较大。其中，UB流域的相关性相对较弱。UB流域不同于其他流域的原因，很可能与其流域面积和流域形状有关，其流域密实度在5个流域中最大。

5.3　随机暴雨移置方法介绍

随着雷达降雨的发展，可获得的降雨时空分布信息更为详细和有效。在过去几十年的研究中，雷达降雨数据被广泛应用于水文模型和城市水文响应研究中。高精度雷达降雨数据逐渐应用于城市水文领域，尤其是在暴雨时空分布特性对城市水文响应影响的研究中。有研究表明，城市地区产汇流过程受到降雨时空分布不确定性的影响较大。在欧洲多个地区开展的雷达降雨数据结合半分布式水动力模型的水文响应研究显示，降雨时间上的变异性对水文响应影响更为显著。强降雨覆盖率是地区洪水响应的重要因素之一。同时，流域的地表汇流系统大大削弱了降雨的时空变异性，使得降雨的时空变异性对洪水响应的影响降低。但是，总体上，暴雨时空分布特征与洪水响应的关系较为复杂，还没有明确定论。

因此，在观测条件不断改善的前提下，进行地区性降雨及洪水频率分析应充分考虑地区降雨的时空分布信息。传统的水文频率分析方法，给定降雨历时下的降雨强度/深度通常是从雨量站获取，然后将其制作成强度-历时-频率曲线（Intensity-Duration-Frequency，IDF）。在地区性暴雨频率分析中，还作了多个假设，如：降雨过程线采用某个固定形状；降雨和流域面积的关系采用降雨面积递减因子（Area Reduction Factor，ARF）；降雨在空间上是均匀分布的，使其成为统一的“均匀降雨场”；等等。例如，NOAA Atlas 14 是基于地区线性矩法计算的设计暴雨图集，提供了地区性的 IDF 曲线以供设计参考。该方法也在中国部分流域得到了应用。但是，由于地区线性矩法所采用的数据主要来源于雨量站观测资料，计算结果的准确度很大程度上还依赖于雨量站的密度和资料长度。同时，由于雨量站的位置较为固定，很可能没有真正观测到最大降雨，且无法充分考虑降雨时空特性，使得计算结果存在较大的不确定性。

随机暴雨移置法（Stochastic Storm Transposition，SST）是当前较为新颖的地区暴雨频率分析方法之一，该方法采用观测资料构建地区性的“暴雨目录”（storm catalog），对目录内的暴雨事件以“重采样”的方式进行空间移置，从而有效地延长了暴雨序列。SST 方法所需的降雨资料序列相对较短，基于雷达降雨场数据，可生成包含降雨时空分布结构信息的设计暴雨方案，从而有效地提高了设计暴雨和设计洪水的可靠性。以下为具体步骤。

1. 确定移置区

首先需要确定一个包括研究地区 A 在内的随机移置区域 A'。理想情况下，A' 区域为“一致区”（如远离大型水体或其他具有显著地形特征的平坦地区），即区域内各处具有均匀一致的极端降雨特性，从而使得降雨可等概率地移置于各个位置。对地区一致性的检验可以通过一系列变量分析进行，如暴雨数量统计、平均暴雨深度或平均暴雨强度、对流活动（如云-地闪电）检测、降雨时空结构分析等。但是，在一些实际应用中，地形对降雨的影响较为显著，很难忽略移置区的空间异质性，使得一致性假设无法通过检验。

2. 生成“暴雨目录”

从 n 年雷达降雨序列中筛选出随机移置区内最大的 m 场降雨（各降雨事件之间无重叠时间）。其中，降雨的计算方法是计算与目标流域的大小、形状和朝向完全一致的区域

内 t-h 的降雨累积量，因此，可生成不同时长 t-h 的“降雨目录”。对时长 t 的选择，需要考虑目标流域的暴雨灾害响应时间。如果 t 设置过短或者过长，均会影响后续的灾害模型结果。因此，时长 t 的选择在概念上不同于传统设计暴雨方法，应分析暴雨灾害响应对不同时长降雨的敏感性。相对于传统的设计暴雨方法，SST 可为多尺度灾害分析提供有效途径。需要指出的是，由于暴雨的筛选是基于目标流域的形状和朝向，因此，不同时长下的暴雨目录内所包含的暴雨事件会有所不同。例如，最大 50 场 1-h 降雨事件与最大 50 场 12-h 降雨事件并不完全相同。一旦暴雨事件被选入暴雨目录，则该场降雨所对应的一致区降雨场将被存入暴雨目录。

3. 模拟“年最大降雨”序列

本步骤类似于在移置区内构造“年最大降雨”序列，可采用均匀分布的随机移置方式，即移置到移置区内每个点的概率相同，或由于研究区域的空间异质性，采用非均匀分布的随机移置方式。

(1) 首先生成“该年的年暴雨数量” k。普遍假设 k 服从泊松分布，从 n 年系列的雷达降雨场数据中筛选出 m 场降雨组成暴雨目录，则平均每年有 $\lambda = m/n$ 场降雨被选入“降雨目录”内。因此，k 所服从的泊松分布其平均发生率为 λ 场暴雨/年。在初始情况下，可设定 $m = 10n$，主要是为了降低小重现期下降雨估计值的误差。已有研究表明，较大重现期下降雨估计值的误差与 m 取值的关系不明显，即使 m 取值很小，但较大重现期下的降雨估计值变异性仍然较小。

(2) 从暴雨目录中随机选择 k 场降雨。每个被选定的降雨事件都对整个降雨场进行整体移动。在理想情况下，由于移置区内的极端降雨气候性是均匀一致的，故暴雨在区域内各个位置的发生概率是相同的。因此，暴雨可东—西向移位 Δx 距离，南—北向移位 Δy 距离，Δx 和 Δy 分别是从 $D_X(x)$ 和 $D_Y(y)$ 分布函数上提取的(以划定的移置区 A' 为界)，但是，整场降雨在所有时段的相对移动距离和演变并未发生变化，只是降雨发生的空间位置有所改变。例如，雷达降雨数据的时间分辨率为 15-min，则 1-h 降雨事件包含了 4 个时段，这 4 个时段的降雨分布均移动了相同的 Δx 和 Δy。图 5.8 是降雨空间移置的示意图。在下文中即将会提到，$D_X(x)$ 和 $D_Y(y)$ 分布函数的选择将基于移置区的极端降雨分布是否一致来确定。

(3) 对每场被移置的 k 个暴雨事件，计算目标流域 A 的 t-h 降雨累积量，并保留其中的最大值，即为该年的“年最大降雨量”。

(4) 重复步骤(2)和步骤(3)，可重复 N 次，构建长为 N 年的时长为 t-h 的“年最大降雨”序列。重复构造降雨序列的过程也可称为“重采样”。根据降雨强度的大小，将 N 个降雨序列从小到大排序，每个降雨 i 的年超过概率为 p_i，$p_i = i/T_{\max}$，重现期 $T_i = 1/p_i$。若 $T_{\max} = 10^3$，则其超过概率为 $1.0 \geqslant p \geqslant 10^{-3}$。排序后的每个降雨事件可被视为某重现期下的经验 IDF 曲线估计值，或作为降雨方案输入灾害模型。例如，N 取值为 500，则可构造 500 年的年最大降雨序列，从而推求最大重现期为 500 年的降雨估计值，同时，也可计算出每个重现期下的降雨时空结构。

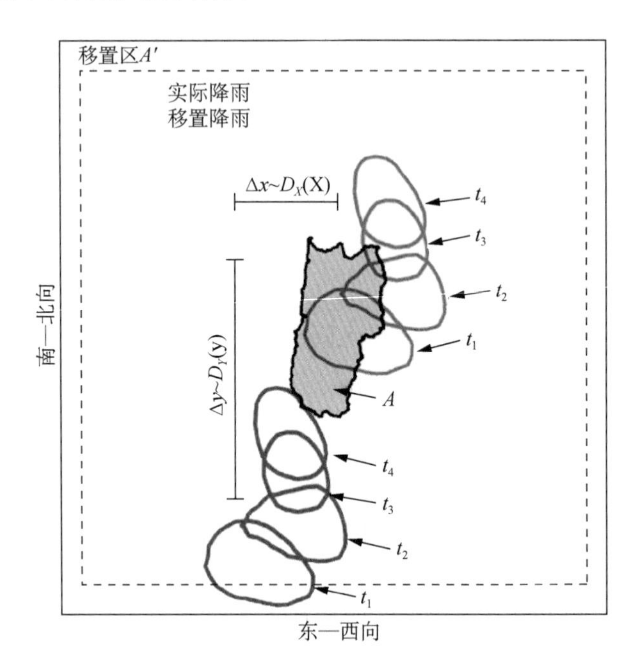

图 5.8　暴雨移置过程示意图

5.4　随机暴雨移置方法在上海地区的应用

5.4.1　研究地区概况

上海位于中国东部、长江入海口，东邻东海，北、西与江苏、浙江两省相接，介于东经 120°52′～122°12′、北纬 30°40′～31°53′之间，总面积 6 340.5 km^2，属于平原河网地区。本节主要研究除崇明、长兴和横沙等岛屿外的主要城区（图 5.9）。

上海属北亚热带季风性气候，温和湿润，四季分明，日照充分，雨量充沛，春秋较短，冬夏较长。2017 年，全市平均气温 17.7 ℃，日照 1 809.2 h，无霜期 259 天，降水量 1 388.8 mm。全年 81%以上的雨量集中在 4—10 月。

上海河网大多属黄浦江水系，主要有黄浦江及其支流苏州河、川杨河、淀浦河等。黄浦江流经市区，终年不冻，是上海的水上交通要道。淀山湖是上海最大的淡水湖泊。上海境内除西南部有少数丘陵外，整体地势为坦荡低平的平原，是长江三角洲冲积平原的一部分，平均海拔 4 m 左右。上海陆地地势总体由西向东略微倾斜。大金山为上海境内最高点，海拔 103.4 m。

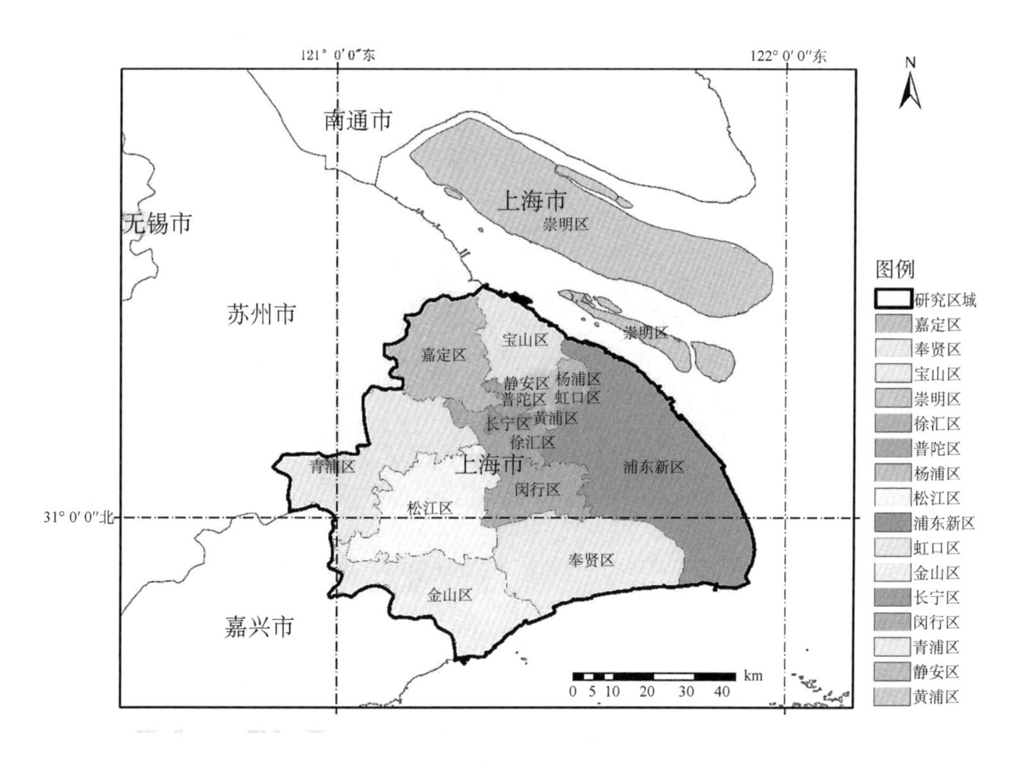

图 5.9　研究区域示意图

近年来，随着城市建设的加速，上海城市发展速度不断加快，上海人口总量呈集聚和不断扩张趋势。2017 年末，全市常住人口 2 418.33 万人，其中外来常住人口 972.68 万人，户籍常住人口 1 445.65 万人。2017 年，上海全市实现生产总值 30 133.86 亿元，比 2016 年增长 6.9%。上海在全国乃至世界上具有举足轻重的地位，已成为国际经济、金融、贸易、航运、科技创新的中心。

本节采用的降雨资料为美国国家海洋和大气管理局(National Oceanic and Atmospheric Administration, NOAA)气候预测中心(Climate Prediction Center, CPC)制作的降雨量网格数据集(The CPC Merged Analysis of Precipitation, CMAP, https://www.esrl.noaa.gov/psd/)。该数据集是国际上应用较多的全球气候降雨资料之一，是基于站点观测资料，通过空间优化插值方法形成的 1979 年至今的空间分辨率为 0.5°×0.5°的日降雨资料。本节采用的是 1979—2017 年共 39 年的数据，含 7 年缺失数据。

5.4.2　空间异质性分析

暴雨移置区范围是综合雨量分布图、气候和地理环境等多重因素确定的。在保证目标流域位于移置区中心的前提下，研究尝试了多个不同大小的移置区，通过对比各个移置区内降雨空间分布、暴雨属性及设计暴雨结果，并综合考虑地理位置和气候条件，最终确定图 5.10 所示的区域作为暴雨移置区。

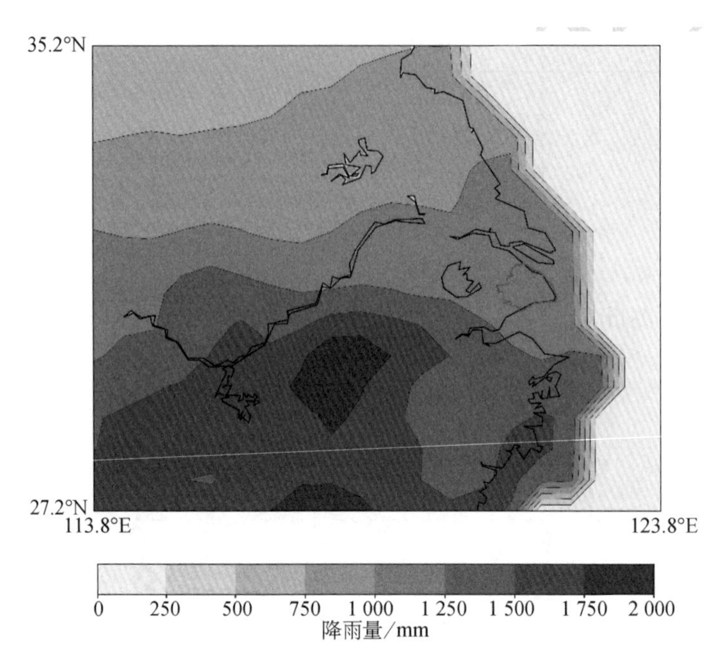

图 5.10　移置区内多年平均降雨空间分布(1979—2017 年)

确定暴雨移置区范围后,首先分析多年平均降雨的空间分布情况。从图 5.10 中可见,移置区内降雨量空间分布不均;西北部降雨量小于 500 mm,相对较小;中部降雨量超过了 1 750 mm,相对较大。因此,初步判定移置区内存在一定的降雨空间不均匀性。

对暴雨诊断图进行分析,进一步检验移置区的空间异质性。以 1-d 暴雨目录为例[图 5.11(a)],从 200 场 1-d 暴雨事件的平均雨量分布图中可见,暴雨量分布整体上呈现出由北至南增大的趋势,最大降雨量位于移置区的中南部,最小降雨量位于移置区的西北部。基于 200 场暴雨中心位置,采用非参数估计方法中的高斯核密度估计法计算暴雨事件发生的空间概率分布[图 5.11(b)],与暴雨量空间分布情况[图 5.11(a)]基本对应。

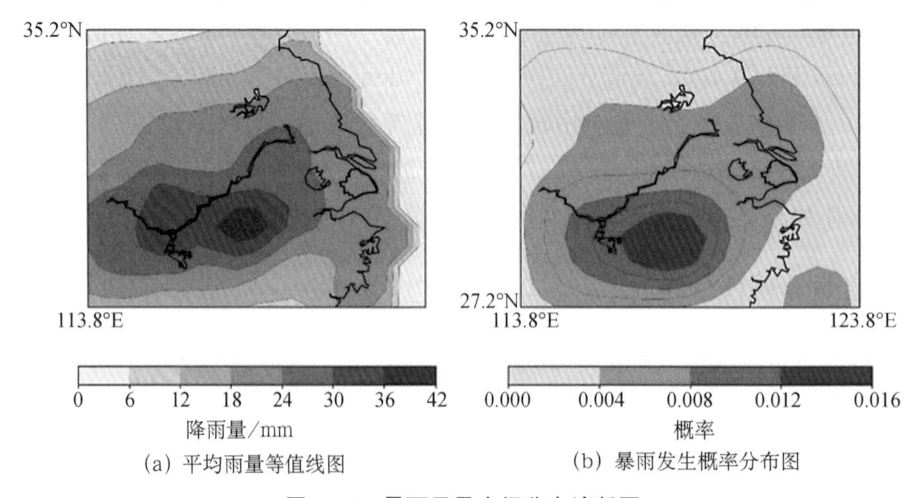

(a) 平均雨量等值线图　　(b) 暴雨发生概率分布图

图 5.11　暴雨目录空间分布诊断图

图5.12是1-d暴雨目录中最大50场暴雨事件的空间分布图，该图充分体现了地区极端暴雨的空间特征。从图中可见，暴雨事件数量在南北方向上[图5.12(a)]呈现出由南至北增加的趋势，但在东西方向上[图5.12(b)]没有明显的变化特征。暴雨雨量在两个方向上没有显著的趋势性变化特征。此外，从暴雨的发生位置上看，移置区的边缘地带并未出现暴雨事件聚集的现象，说明该移置区划分的范围较为合理，且包含了足够数量的

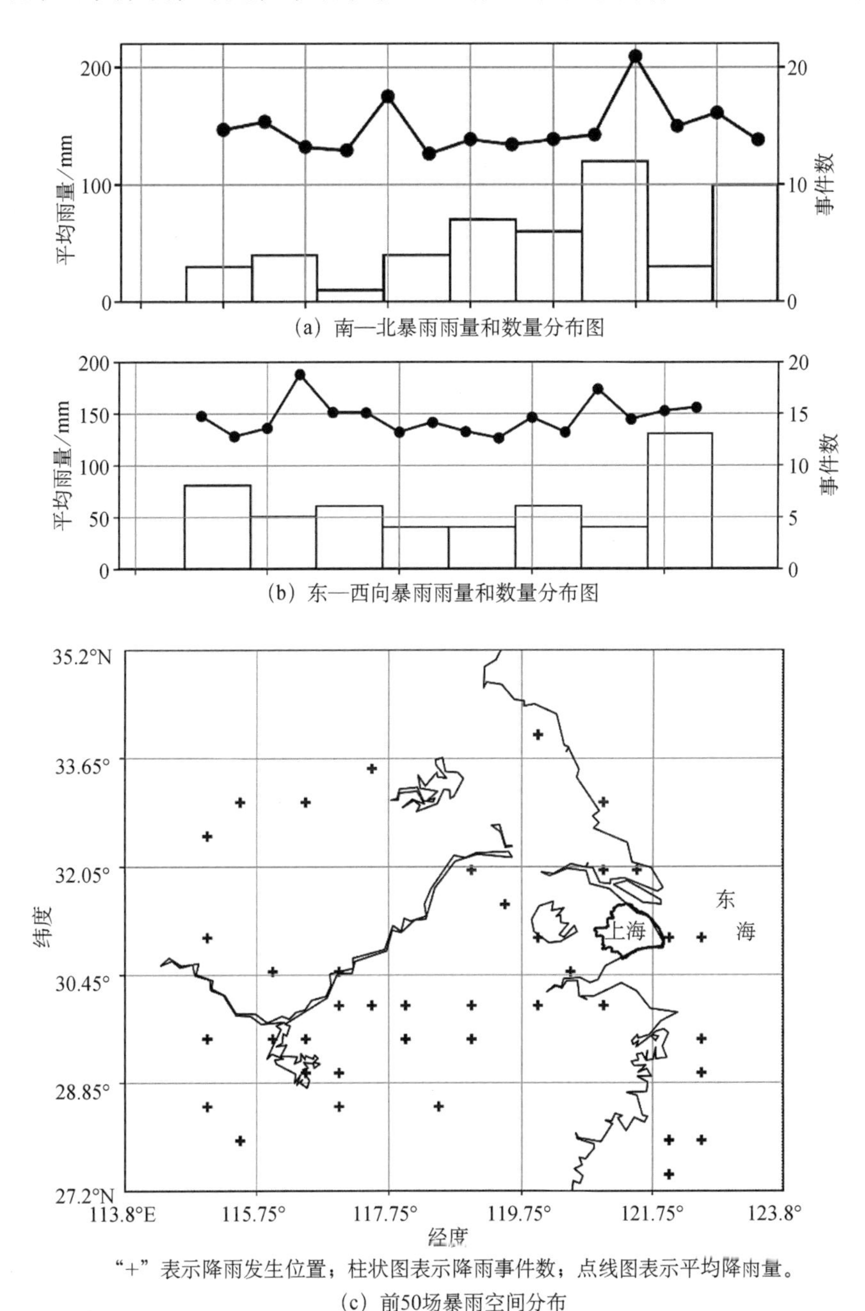

图5.12　1-d暴雨目录中最大50场暴雨空间分布图

暴雨事件。综合以上分析表明，该移置区存在较为明显且不可忽略的暴雨空间分布异质性，同时，考虑到研究地区靠近陆-海边缘，陆地外的区域没有降雨资料，因此判定该移置区为非一致区，暴雨移置位置的概率采用不均匀的空间概率[图 5.11(b)]计算。

5.4.3 暴雨目录分析

在本节研究中，设定暴雨目录包含 $m=200$ 场暴雨(平均每年约 5 场暴雨)，基于 1979—2017 年的时间分辨率为 1-d、空间分辨率为 0.5°×0.5° 的栅格化降雨场数据，分别得到降雨历时为 1-d, 3-d, 5-d 和 7-d 的暴雨目录。通过对暴雨目录中暴雨事件进行分析，可掌握该区域内暴雨事件的主要特征。

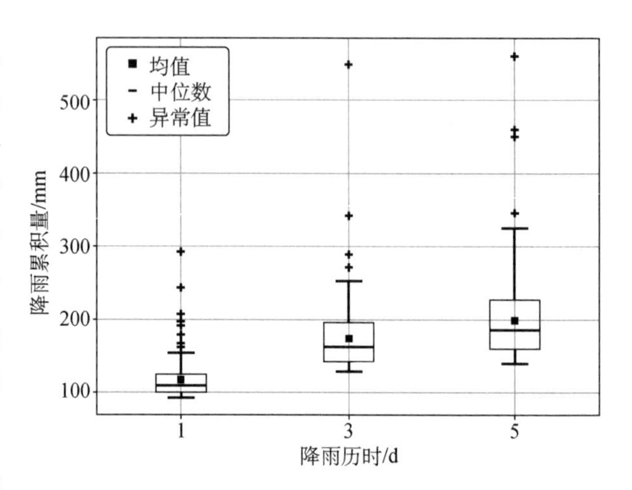

图 5.13　1-d, 3-d 和 5-d 暴雨目录中降雨累积量箱式图

(1) 暴雨量级分析。图 5.13 是 1-d, 3-d 和 5-d 暴雨目录中降雨累积量的箱式图。从图中可见，在每个降雨历时下，降雨累积量的平均值均大于其中值。异常值随降雨历时的增加而减少。在 1-d 历时下，最大的降雨量超过了 290 mm，第二大降雨量为 244 mm，其他降雨量均小于 207 mm，反映出暴雨量的变异性较大。暴雨量级分布的分散性在 1-d 历时下最小，在 3-d 和 5-d 历时下相对较大。由此可见，不同历时下的暴雨量级存在较大的变异性，并且随着降雨历时的增加而有所增大。

(2) 暴雨季节性。以 1-d 暴雨目录为例，分析暴雨年际变化和年内变化。从年际变化上看[图 5.14(a)]，暴雨发生数量出现了略微增加的趋势，但通过 MK 检验发现该趋势

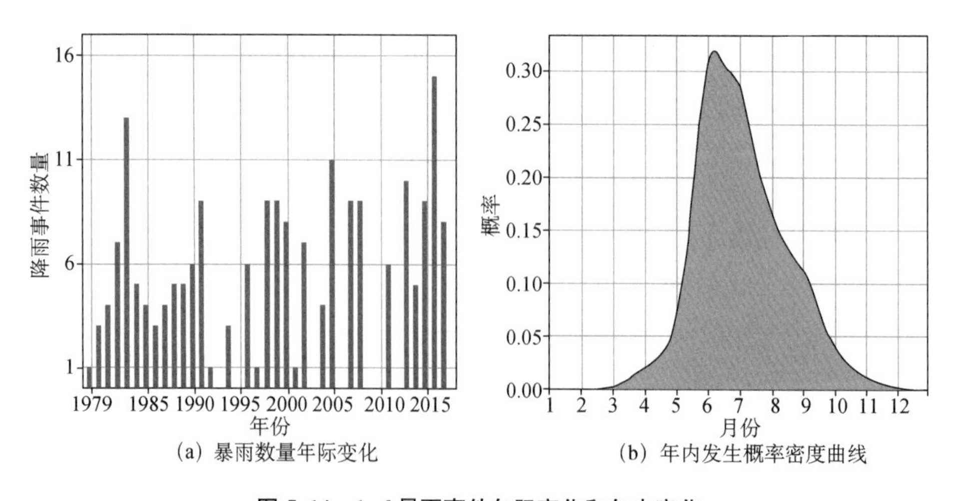

图 5.14　1-d 暴雨事件年际变化和年内变化

不显著，表明采用泊松分布来随机生成年降雨事件数量是合理的。不同于年际分布的情况，暴雨事件的年内分布呈现出显著的季节性[图 5.14(b)]，6 月份暴雨发生的概率最大。可见，该地区多年来极端暴雨事件发生数量年际变化不大，但年内存在较强的季节性，多发生在夏季。

(3) 暴雨时空分布结构。图 5.15 是 1-d 暴雨目录中 200 场暴雨的平均雨量空间分布图。这些降雨并非“真的”发生在上海地区，而是筛选出的与研究地区形状完全相同的降雨场。从图中可见，200 场暴雨的雨量中心位于研究地区的西南部，最大降雨量超过 120 mm。雨量呈现出从西南往东北方向减小的趋势，东北部边界雨量最小，约为 55 mm，量级差异显著。可见，研究地区暴雨空间分布也存在显著的不均匀性，说明传统方法中采用设计暴雨空间均匀分布的假设很有可能存在较大的不确定性。

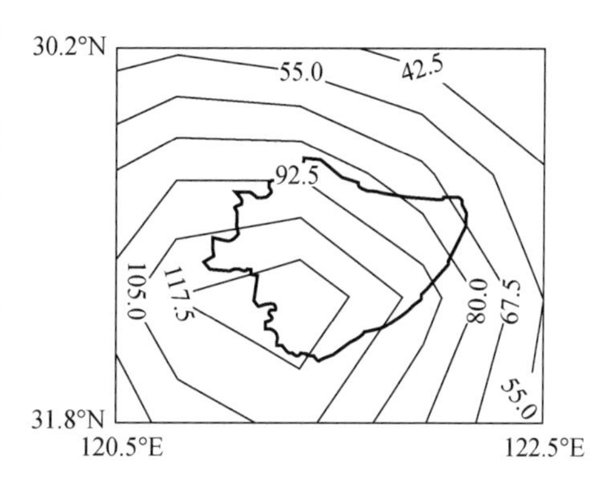

图 5.15 1-d 暴雨目录内 200 场暴雨事件的平均雨量等值线图(单位：mm)

5.4.4 设计暴雨推求

通过构建的 1-d，3-d，5-d 和 7-d 暴雨目录，分别生成了 $S=1\ 000$、$N=500$ 的年最大降雨序列，强度-历时-频率(Intensity-Duration-Frequency，IDF)曲线上的最终结果是每个重现期下 $S=1\ 000$ 个估计值的中值，上、下限区间分别采用 90th 和 10th 百分位数(图 5.16)。

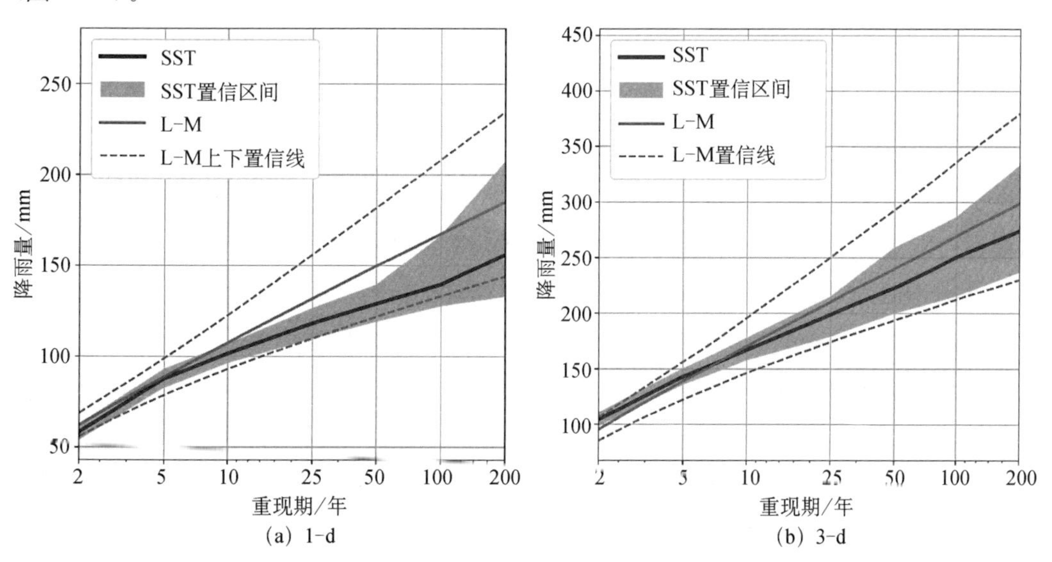

图 5.16 SST 法与线性矩法(L-M)计算的 IDF 估计值比较

为了验证计算结果的合理性，与线性矩法(L-M)计算结果进行了比较。线性矩法是目前在国际上应用较为广泛的设计暴雨方法之一，美国基于该方法制作了 NOAA Atlas 14 图集用于指导地区防洪设计规划。从图 5.16 可见，SST 法得到的 1-d 设计暴雨总体上略低于线性矩法，但仍在线性矩法的置信线内。二者对 3-d 设计暴雨的计算结果整体上较为接近，若重现期小于 10 年，SST 法略大于线性矩法；若重现期大于 10 年，SST 略小于线性矩法。5-d 和 7-d 设计暴雨情况与 3-d 设计暴雨情况类似。综合以上分析认为，SST 法得到的设计暴雨结果是合理可靠的。该结论与美国地区的结论类似，在大重现期下设计暴雨主要是由暴雨目录中少数暴雨事件移置后产生的，因此估计值可能会出现上限。随机暴雨移置方法在筛选年最大降雨序列时，可确定其在暴雨目录中所对应的原始降雨事件，因此，在推求重现期时，也可对应其原始降雨事件。例如，在 1-d 历时下，重现期为 200 年的暴雨估计值由多场降雨事件(如“2007-09-18”“2015-08-10”和“2005-09-03”等多场暴雨事件)随机移置产生的，设计暴雨的变异性较大(表 5.5)；而在 3-d 历时下，重现期为 200 年的暴雨估计值主要是由暴雨目录中第二大暴雨事件(“2016-07-02”暴雨事件)随机移置产生的，其估计值的变异性相对较小。这是 SST 方法的主要限制之一，也是导致大重现期下低估值的主要原因。为了减小某个暴雨事件对大重现期频率分析结果的影响，在未来的研究中，可考虑引入“强度因子”来调控移置后的暴雨量级。

表 5.5 降雨估计值的变异性统计

降雨历时	重现期/年					
	5	10	25	50	100	200
1-d	0.017	0.016	0.020	0.022	0.038	0.087
3-d	0.015	0.020	0.028	0.042	0.048	0.045
5-d	0.017	0.018	0.032	0.056	0.069	0.072
7-d	0.016	0.019	0.038	0.056	0.071	0.070

注：变异性采用离差系数 C_v 计算。

由于采用的是栅格化的降雨数据，因此每个重现期下的设计暴雨方案不仅包含了雨量的估计值，还包含了暴雨在目标流域内的空间分布情况。为了更详细地说明降雨时空分布结构，图 5.17 展示了 7-d 设计暴雨的面平均降雨过程线。从图中可见，不同重现期下的降雨过程变异性较大，但是，随着重现期的增加，变异性逐渐减小。引起该现象的主要原因是大重现期的设计暴雨是由暴雨目录中少数特定的暴雨事件移置后得到的，因此变异性会相应减小。在重现期为 100 年和 200 年时，降雨过程线出现了“双峰”的趋势，说明采用传统的单峰型降雨过程线不一定能够反映出真实的暴雨过程。由此可见，相比于传统设计暴雨方法在时间和空间上的简化假设，SST 法得到的设计暴雨能够提供更为丰富的暴雨时空分布信息。在今后的研究中，可考虑加入上海本地化降雨资料，提高降雨的时空精度，从而得到更为详细的设计暴雨方案，并根据设计暴雨推求设计洪水。

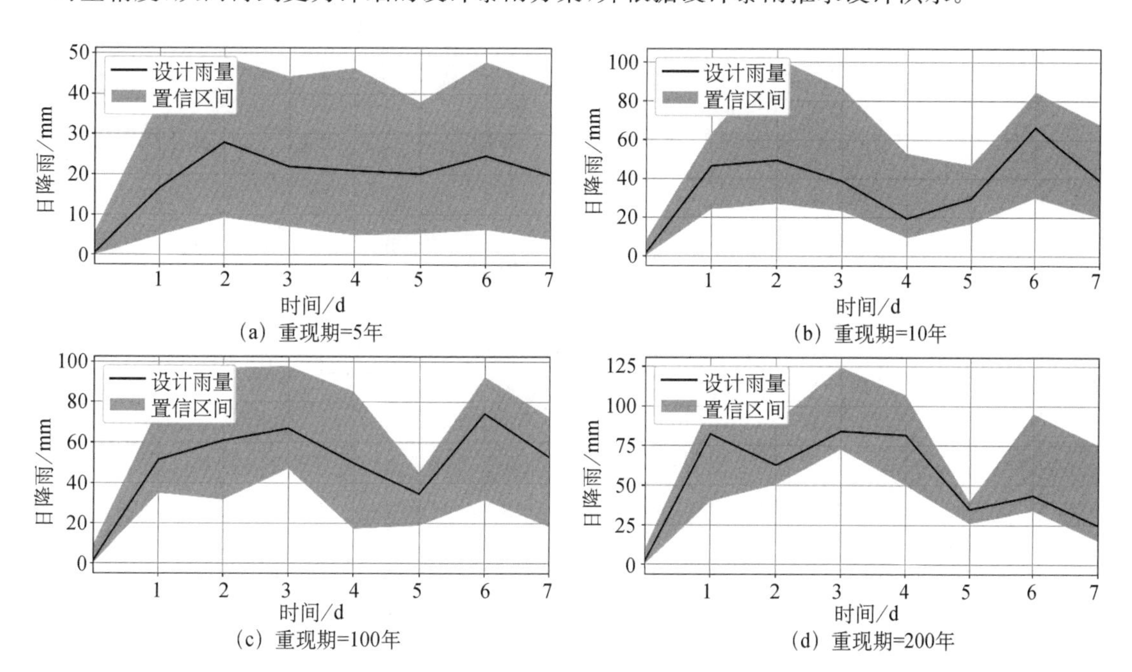

图 5.17 重现期为 5 年、10 年、100 年和 200 年下 7-d 历时设计暴雨过程线

5.5 随机暴雨移置方法在美国城市中的应用

5.5.1 研究地区概况

DR 流域位于巴尔的摩市向西约 15 km 处，流域面积为 14.3 km^2(图 5.18，表 5.6)。该流域城市化程度较高，已开发土地占全流域土地的 95.4%，不透水率为 52%。在 20 世纪中期以前，农业用地是该流域的主要用地类型；快速城市化开始于 20 世纪 50 年代，主要内容之一是巴尔的摩环城高速公路建设，该公路横穿了 DR 流域，于 1962 年全部完工。由于历史原因，该地区的土地利用类型较为复杂，工业用地、商业用地和居民用地交错混合。土地利用情况和流域特征资料来源与前文相同，均来自 NLCD 和 USGS Gages Ⅱ。

DR 流域及其周边地形地势较为复杂，属于山脉过渡地区，西南—东北朝向的阿帕拉契山脉(Appalachian Mountains)是该地区主要特征之一，最大海拔高度超过 1 100 m，西部有蓝岭山脉(Blue Ridge Mountains)，东部有切萨皮克湾(Chesapeake Bay)，巴尔的摩城市带和华盛顿特区均位于陆-海边界的沿海地区。

DR 流域是美国第一批城市“国家科学基金长期生态研究”站点之一，也是巴尔的摩生态系统研究(Baltimore Ecosystem Study, BES)地区之一。该地区的流量资料较为充分，共有包括 5 个子流域在内的 6 个 USGS 站点，所有资料的时间间隔均为 5 min。

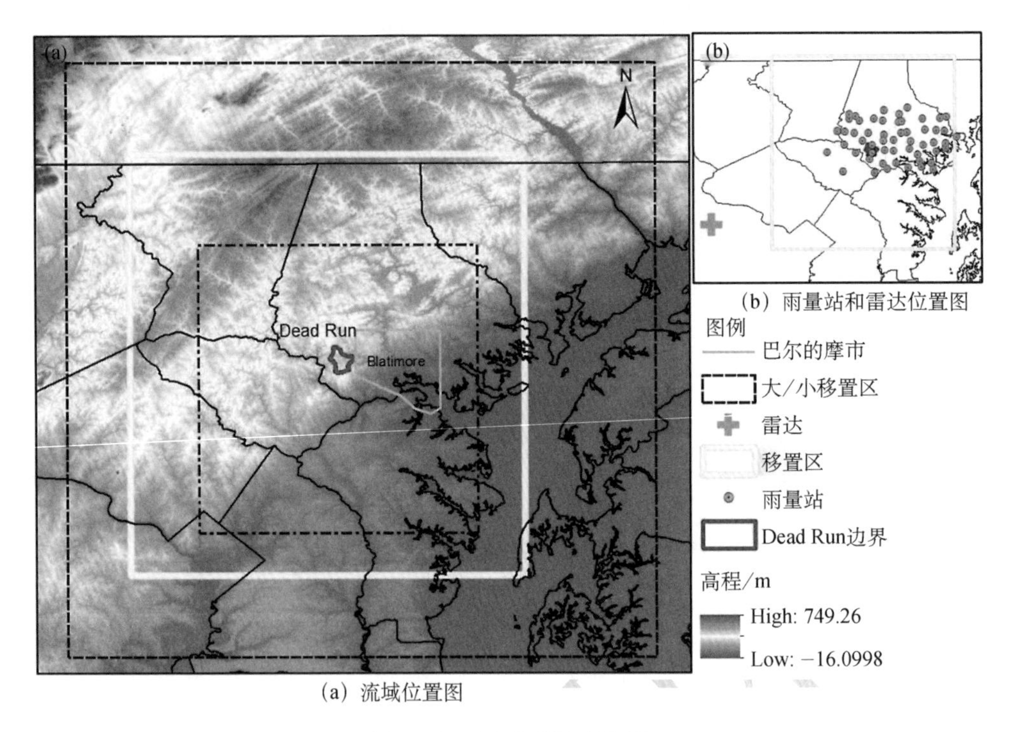

(a) 流域位置图　　(b) 雨量站和雷达位置图

图 5.18　DR 流域地理位置

表 5.6　DR 流域主要特征

<table>
<tr><td>不透水率</td><td>斜率</td><td>流域密实度</td><td>排水管网密度/(km・km⁻²)</td><td>白天人口密度/km²</td><td colspan="2">夜晚人口密度/km²</td></tr>
<tr><td>38.6%</td><td>2.73%</td><td>2.46%</td><td>14.22</td><td>2 276.8</td><td colspan="2">976.6</td></tr>
<tr><td colspan="7">土地利用类型</td></tr>
<tr><td>高密度开发区</td><td>中密度开发区</td><td>低密度开发区</td><td>开发空地</td><td>总开发用地</td><td>森林</td><td>其他</td></tr>
<tr><td>11.3%</td><td>23.7%</td><td>37.0%</td><td>23.9%</td><td>95.9%</td><td>3.8%</td><td>0.3</td></tr>
</table>

5.5.2　空间异质性分析

在进行研究地区空间异质性检验前，首先划定移置区。在本节研究中，划定了面积为 7 000 km^2 的正方形移置区(图 5.18)，包含了 DR 流域位于区域的中心地带。

地区空间异质性的检验可通过对地区降雨诊断图分析得到。图 5.19(a)是 3-h 暴雨目录中 200 场降雨的平均雨量分布图。从图中可见，降雨空间分布存在显著异质性。首先，降雨分布整体上呈现出由西南向东北递增的趋势，即从山脉内陆地区向沿海递增。最大降雨量出现的位置在移置区的东部，即海湾的上游源头，巴尔的摩市以东地区；最小降雨量出现的位置在移置区的西南部，即蓝岭山脉以南的山脚附近。降雨事件发生的空间概率分布情况与平均降雨空间分布情况基本对应。降雨事件的空间概率计算

[图 5.19(b)]是基于所有降雨事件的降雨中心位置，采用 2-D 高斯核平滑器计算。发生概率最大的位置位于移置区的东部，即海湾的上游源头；发生概率最小的位置位于移置区西南部，即蓝岭山脉以南的山脚附近。此外，降雨空间分布概率与平均降雨量之间的相关性显著，相关系数超过 0.8。

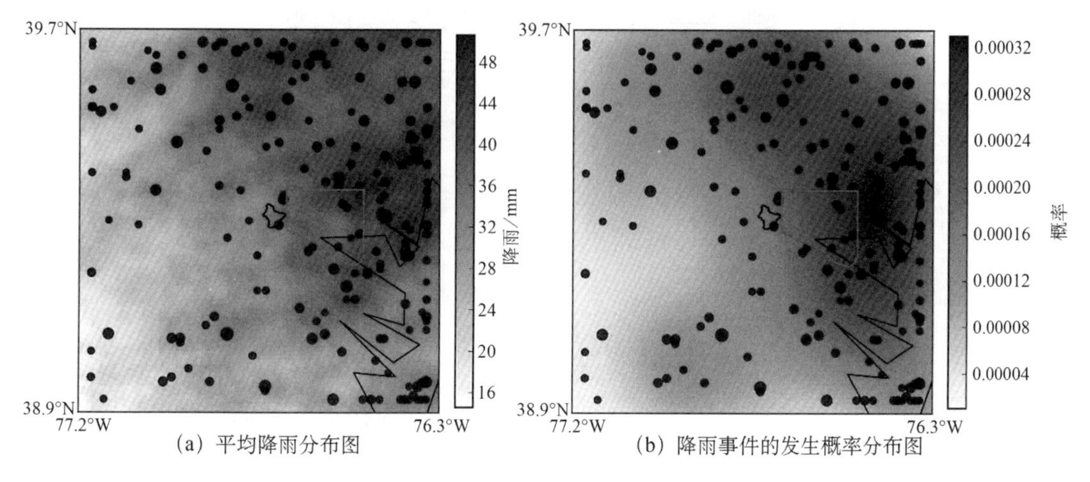

(a) 平均降雨分布图 (b) 降雨事件的发生概率分布图

图 5.19 3-h 暴雨目录中的平均降雨分布图和降雨事件的发生概率分布图

图 5.20 是 3-h 暴雨目录中最大 50 场降雨事件的分布图，该图充分体现了地区极端降雨的空间特征。从图中可见，其分布也呈现出西南—东北方向的变化特征，与 200 场降雨分布情况相符合。其中，降雨事件数量从西至东呈现出略有增加的趋势，但南北方向未有明显的变化特征。同时，降雨事件的降雨强度在空间上并未表现出显著的变化特征。另外需要指出的是，从降雨发生位置上看，在所划定的移置区边缘地带并未出现降雨事件，尤其是排名前三的降雨聚集的区域，说明该移置区划分的范围较为合理，同时包含了足够数量的极端暴雨事件，可进行下一步研究。

综上所述，该地区存在较为明显且不可忽略的地区气候异质性。Smith 在 2002 年的研究中通过分析夏季雷暴天气系统，也发现了该地区极端天气气候事件存在地区异质性。因此，结论与其研究成果相符，符合实际情况。不同于 Wright 在夏洛特地区的研究，在本次 SST 分析中，降雨的发生在移置区各处并不是等概率的，研究区域的地区一致性假设无法通过检验。以下分析将充分考虑其显著的极端降雨异质性，采用降雨事件的空间概率进行计算[图 5.19(b)]。

巴尔的摩地区复杂的地理特征是造成该地区显著的极端降雨异质性的主要因素。该地区特殊的地理特征包括东部海湾(陆-海交界)、西部山区以及巴尔的摩市区及其周边地区的快速城市化所带来的土地利用变化等。因此，显著的气候异质性也表明了区域化的地理特征以及城市化发展会给地区极端天气气候带来较为显著的影响。

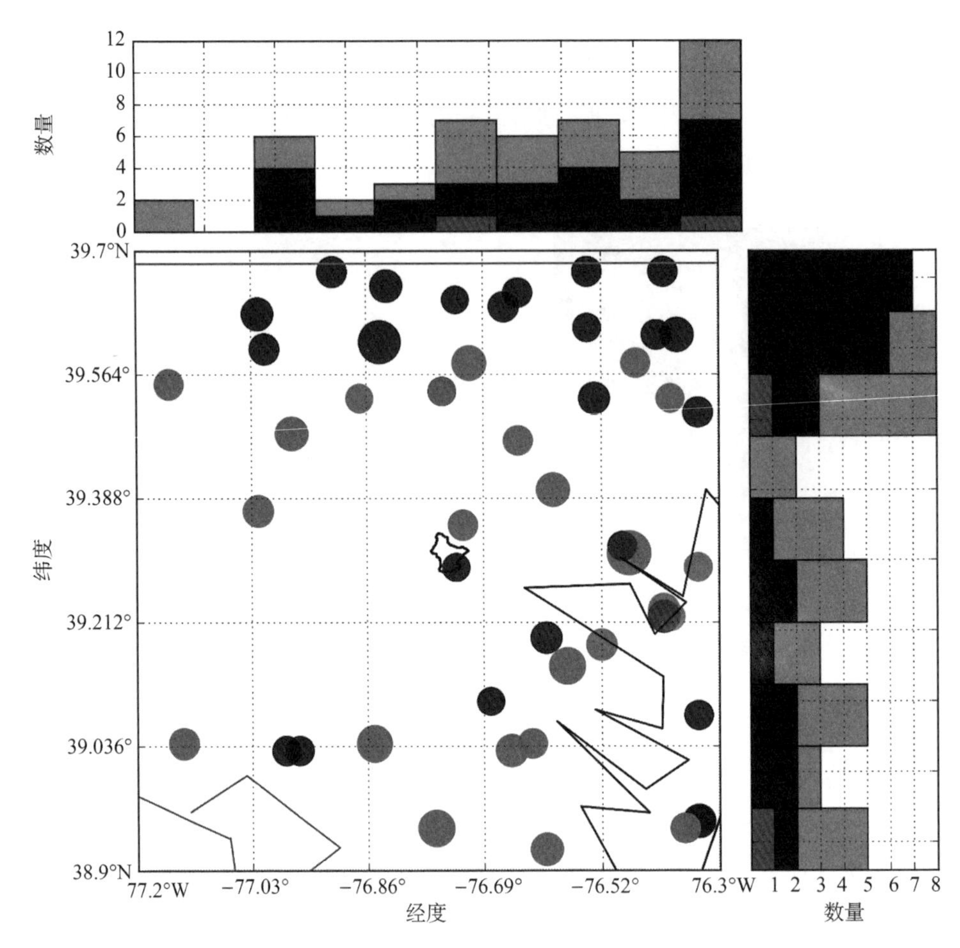

图 5.20　3-h 暴雨目录中最大 50 场降雨分布图(圆点大小表示降雨强度,灰色表示为热带气旋,黑色表示为雷暴天气降雨)

5.5.3　暴雨目录分析

在本节研究中,基于 2000—2015 年期间时间分辨率为 15-min、空间分辨率为 1-km² 的雷达降雨场数据,生成了降雨时长为 1-h, 3-h 和 6-h 的暴雨目录。通过对暴雨目录中的降雨进行分析,可充分掌握巴尔的摩地区极端天气气候事件的主要特征。

1. 暴雨量级分析

图 5.21(a)是不同降雨时长下,暴雨目录中降雨累积量的箱式图。从图中可见,1-h, 3-h,6-h 降雨累积量的中值分别为 50.3 mm, 60.5 mm, 65.6 mm。在每个降雨时长下,降雨累积量的平均值均大于降雨累积量的中值。暴雨量级的变异性在 1-h 时长下最小,在 3-h 和 6-h 时长下的变异性相对较大。每个时长下均存在 10 个以上的异常值,降雨量超过了 95th 百分位数,且异常值的数量随着降雨时长的增加而增加。在 3-h 降雨时长下,

最大的降雨量超过了 180 mm，第二大降雨量为 179 mm，而第三大降雨量小于 140 mm，反映出同一时长下极端降雨事件的变异性。

需要指出的是，3-h 和 6-h 时长下最大的两场降雨事件相同，但是各个时长下暴雨目录中的降雨事件不尽相同，尽管其中的相同事件数量超过了 80%，但是各个暴雨目录下的降雨事件仍存在不同的时空变异性。

基于 NOAA Atlas 14 的设计暴雨结果，各暴雨目录下的重现期不等：1-h 降雨时长下，重现期从 5 年至 1 000 年不等；3-h 降雨时长下，重现期从 2 年至 1 000 年不等；6-h 降雨时长下，重现期从 1 年至 1 000 年不等。

图 5.21(b)是不同降雨时长下暴雨目录中最大降雨强度的箱式图。根据雷达降雨场数据和 DR 流域面积，计算了时间步长为 15 min 的流域平均降雨强度序列。从图中可见，最大降雨强度表现出了与降雨累积量不同的特征。总体而言，在 3 个降雨时长下，最大降雨强度存在一定的可比性。1-h 时长下最大降雨强度的中值最大，为 75 mm/h，3-h 和 6-h 时长下的最大降雨强度略小且相近。但是，最大降雨强度的异常值分布情况与降雨累积量的分布情况相似，且 3 个时长下异常值的量级相近。

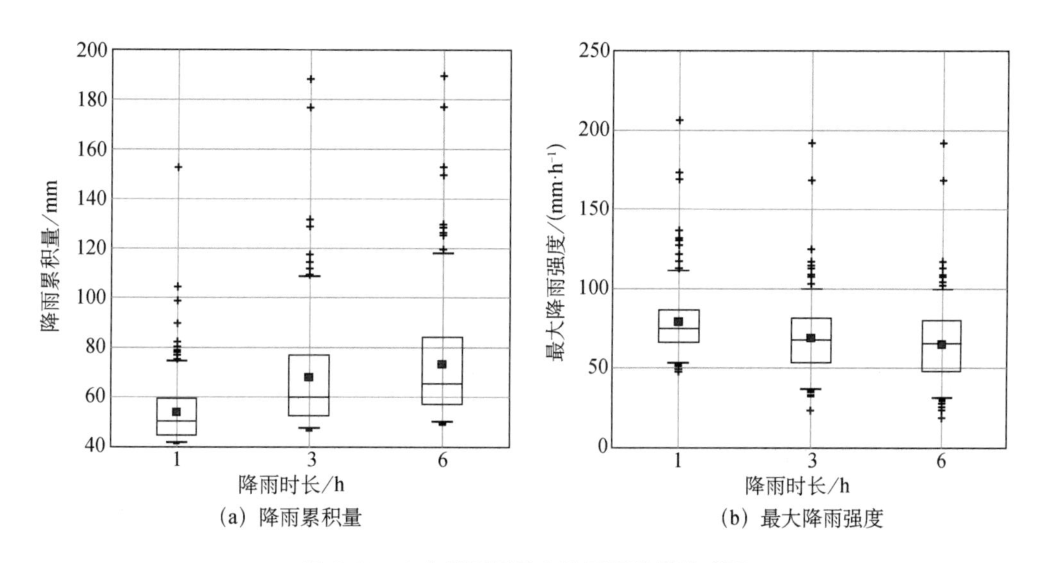

(a) 降雨累积量　　(b) 最大降雨强度

图 5.21　3 个暴雨目录中降雨累积量箱式图

采用 GPD 分布分析了极端降雨分布的上部尾端特征，共计算了 3 个暴雨目录中降雨累积量的 GPD 分布(表 5.7)，3 个形状参数均为正值，且大小相近，反映出该地区极端降雨分布是“无界”的。上文中提到，极端天气上部尾端的性质会在很大程度上受到该地区暴雨成因、地形地貌和城市化的共同影响，因此，后续的研究中可加强有关城市流域极端降雨分布的上部尾端研究。

表 5.7 暴雨目录中降雨累积量 GPD 分布的形状参数

降雨时长/h	超过阈值/mm	形状参数
1	70	0.36
3	100	0.41
6	110	0.41

2. 暴雨季节性

图 5.22(a)是 3-h 暴雨目录中降雨事件发生的年际分布图。从图中可见,暴雨目录中的降雨事件虽然并未出现显著的趋势性变化,但是年际间发生的数量变化较大。2009 年降雨事件数量最大,占比为 20%,2000 年次之,2002 年降雨事件最少,仅占 6%。最大 100 场降雨事件年际分布类似,2009 年仍为最大年份。

不同于年际分布情况,降雨事件的年内分布呈现显著的季节性。图 5.22(b)所示为降雨事件年内分布概率情况,在年中 200 d 附近,即 7 月初,降雨发生概率出现最大值,说明降雨发生存在极为显著的季节性。最大 100 场降雨事件的概率分布"峰型"相对平缓,且最大值略小,但最大值出现时间类似,反映出该地区极端降雨事件具有较强的季节性,多数降雨发生在夏季。

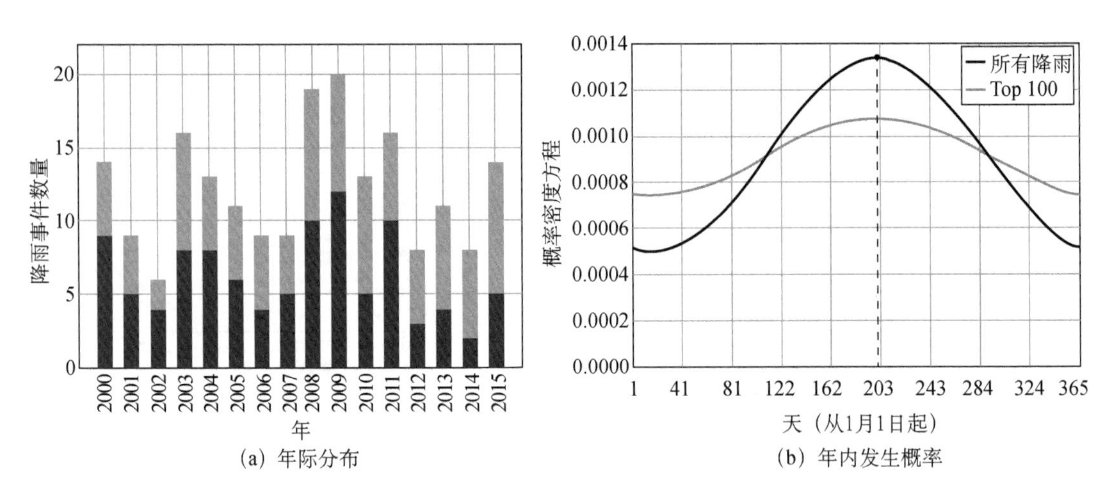

图 5.22 3-h 暴雨目录中降雨事件的年际分布与年内发生概率图

3. 降雨类型

对于热带气旋和夏季雷暴天气的检验,采用了与前文相同的数据源和类似的方法。表 5.8 所列是降雨事件由热带气旋和雷暴天气引发的百分比。在 3 个降雨时长的暴雨目录中,夏季雷暴降雨所占降雨事件的百分比最大,超过了 50%;热带气旋所占比重均小于 5%。最大 50 场降雨中,有一半的降雨事件与夏季雷暴天气有关,仅有两场热带气旋降雨事件，这也印证了以上结论。在最大10场降雨中，1-h和3-h时长下雷暴引发的降雨事件均有3场，6-h时长下有4场，并没有热带气旋引发的降雨事件。由此充分说明了夏季雷暴天气是引发该地区极端降雨的最主要因素。该结论也与Smith的研究结果相符合。暴雨目录中较少的热带气旋事件主要与该地区2000年后热带气旋事件发生数量减少有关，热带气旋事件数量的减少，导致其对极端降雨分布上部尾端的影响不显著。同时，以往研究表明，热带气旋事件数量虽然不多，但是可造成的极端降雨量级巨大，能引发极为严重的暴雨洪水事件。

最大50场降雨(3-h暴雨目录)中仅有两场热带气旋，一是2012年10月29日的Sandy飓风，最大3-h降雨累积量为87 mm，发生位置在移置区的东南角(海湾内)；二是2005年7月7日的Cindy飓风，最大3-h降雨累积量为77 mm，发生位置在移置区的北部。其中，Sandy飓风在6-h暴雨目录中排名第十，6-h降雨累积量为120 mm。最大50场降雨中，最大降雨事件是2000年7月14日发生在移置区东部巴尔的摩市东部，即靠近海湾上游源头，降雨累积量为188.0 mm。第二大降雨事件是2001年5月27日发生在移置区北部，降雨累积量为177.0 mm。这两大降雨事件也是1-h暴雨目录中最大的两场降雨。

表5.8　暴雨目录中雷暴天气事件与热带气旋事件统计

降雨时长/h	1	3	6
雷暴天气事件占比	66%	56%	64%
最大10场降雨中的雷暴天气事件数量	3	3	4
热带气旋事件占比	3%	3%	3%

4. 降雨的时空分布结构

图5.23是3-h暴雨目录平均降雨的空间分布图。从图中可见，“移置后”的降雨中心位于DR流域中部，最大降雨超过95.0 mm。降雨从流域中心向流域边界减少，其中，由中心向流域东北方向上的递减梯度更为明显，降雨量最小的位置位于流域北部边界。

图5.24是暴雨目录中降雨累积量与最大降雨强度的关系图。从图中可见，二者存在一定的正相关性，即降雨事件的降雨累积量越大，其最大降雨强度越大，但相关性大小随着时长的增加而降低。在1-h降雨时长下，降雨累积量与最大降雨强度的相关性最大(皮尔逊相关系数为0.48)。在3-h降雨时长下，最大两场降雨事件的降雨累积量相似，分别为188.0 mm和177.0 mm，但最大降雨强度相差较大，分别为98 mm/h和196 mm/h，这说明两场降雨虽然具有同量级的降雨累积量，但其时空结构差异较大。因此，暴雨目录可为研究具有不同时空结构的同量级降雨事件对SST估计值的影响以及为后续研究降雨时空结构对灾害模型分析的影响提供有效途径。

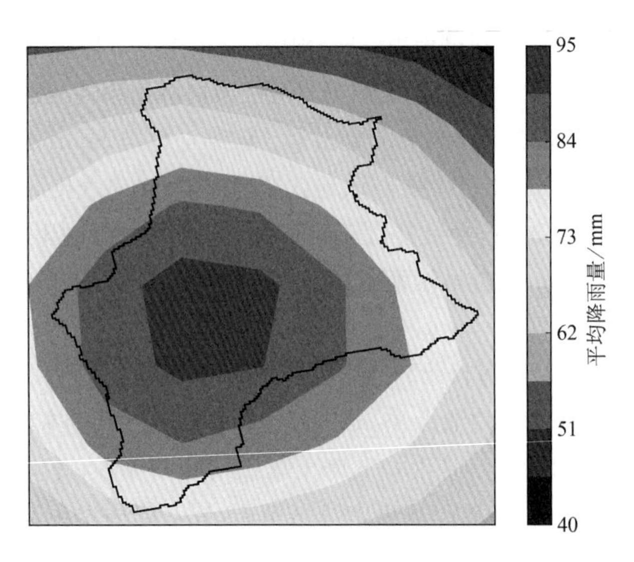

图 5.23　3-h 暴雨目录平均降雨的空间分布图

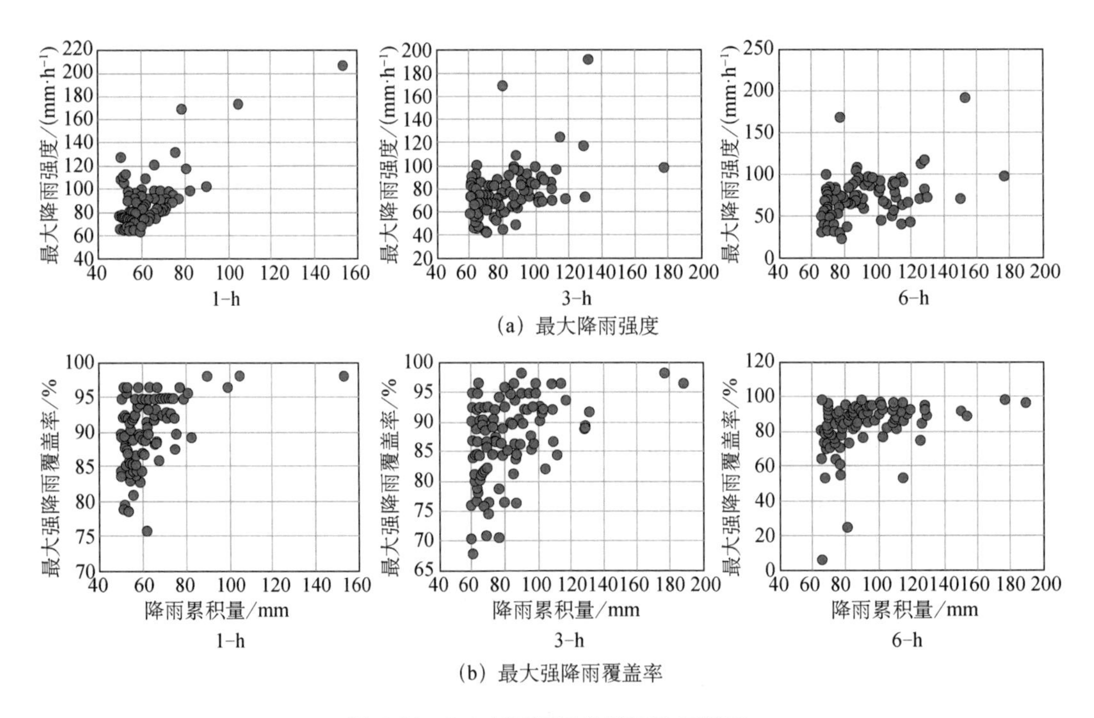

图 5.24　3-h 暴雨目录的降雨特征关系

为了分析降雨核心在流域的空间覆盖情况，本节计算了每场降雨的强降雨在 DR 流域的最大覆盖率(图 5.24)。本节中强降雨的定义为流域平均降雨强度超过 25 mm/h。在 1-h 和 3-h 降雨时长下，所有降雨事件的最大强降雨覆盖率均超过了 50%；在 6-h 降雨时长下，强降雨的最大覆盖率变异性较大，从 0～100%不等。最大 50 场降雨(1-h 和 3-h 暴雨目录)的最大降雨覆盖率均超过 80%，说明大多数短历时极端降雨事件在 DR 流域的覆盖率较大。降雨覆盖率的差异与降雨成因有关,说明 1-h 和 3-h 暴雨目录中的降雨事件特征总体上较为相似;而在 6-h 暴雨目录中,相较于短历时暴雨目录,降雨事件的成因和降雨结构较为复杂。

类似于不同时长下的降雨累积量与最大降雨强度的关系,降雨累积量与最大强降雨覆盖率也存在一定的正相关性,即降雨事件的降雨累积量越大,其最大强降雨覆盖率也越大,且降雨累积量与最大强降雨覆盖率的相关性也随着时长的增加而相应减小。

5.5.4 设计暴雨推求

1. IDF 估计值分析

对每个暴雨目录,通过基于空间异质性的随机移置方法,一共生成了 1 000 个"500 年最大降雨序列",因此,IDF 的最终结果是每个重现期下 1 000 个估计值的中值,分析得到 IDF 的结果见图 5.25。将计算结果与美国国家海洋和大气管理局(National Oceanic and Atmospheric Administration,NOAA)发布的全国暴雨图集 Atlas 14 中 DR 流域的估计值进行比较。Atlas 14 已被美国大部分地区的水文气象部门和相关设计单位认可并使用。最近版的 Atlas 14 发布于 2004 年,使用的降雨资料主要为各雨量站不同时段下的年最大降雨量序列,采用地区线性矩法进行暴雨估算。

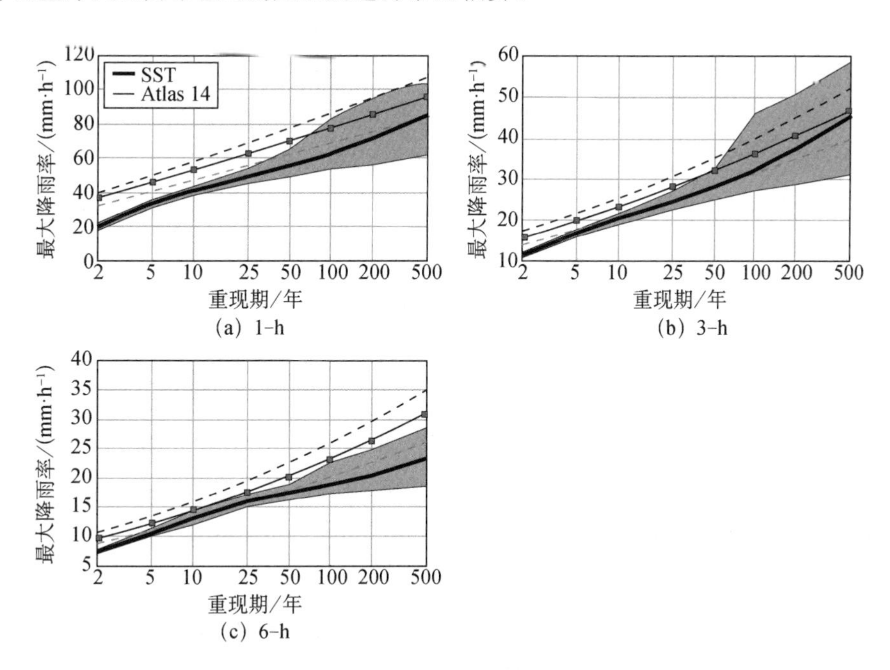

图 5.25 SST 估计值及其与 Atlas 14 的比较结果(上、下界为 1 000 组结果得到的 95th 和 5th 百分位数)

图 5.25 中,SST 的上、下区间采用的是 1 000 个估计值的 95th 和 5th 百分位数,Atlas 14 的上、下区间采用的是 90%置信区间。从图中可见,SST 的估计值总体上略小于 Atlas

14，尤其是在重现期 T 较小的情况下，SST 在 3 个降雨时长下估计值小于 Atlas 14 的情况较为显著。在 1-h 降雨时长下，SST 估计值的中值略小于 Atlas 14；在 $T \geqslant 100$ 年的情况下，Atlas 14 的估计值及其上、下置信区间基本上位于 SST 估计值的中值及其 95th 百分位的区间内；仅在 $T \leqslant 50$ 年的情况下，SST 估计值均小于 Atlas 14。在 3-h 时长下，SST 估计值与 Atlas 14 的关系同 1-h 时长下的类似，在 $T>50$ 年的情况下，Atlas 14 的估计值及其上、下置信区间完全位于 SST 的区间内；且随着重现期的增大，SST 估计值与 Atlas 14 更为接近。其中，$T=500$ 年时，SST 估计值的中值与 Atlas 14 估计值几乎一致；在 $T<100$ 年时，尽管 SST 的中值略小于 Altas 14，但 SST 的 95th 百分位数与 Atlas 14 较为接近，且接近程度随着重现期的增大而增加。在 6-h 时长下，SST 估计值的低估情况相对明显，在 $T>10$ 年的情况下，Atlas 14 的下界处于 SST 区间内，但 SST 的 95th 百分位数与 Atlas 14 较为接近，且接近程度随着重现期增大而减小。

SST 估计值在 1-h 和 3-h 时长下表现出相似的性质，且与 Atlas 14 的接近程度较高；但在 6-h 时长下，SST 估计值与 Atlas 14 的接近程度相对较低，低估的情况较为明显。综上所述，SST 估计值整体上是合理的，并且在短历时的情况下较为准确合理，在降雨历时较大的情况下，SST 低估的现象较为明显。

在随机移置过程中，很有可能出现某一年 k 个降雨事件被随机移置到某个位置使得 DR 流域内的降雨量极少或为零，则当年的“年最大降雨量”极小，从而使得降雨估计值减小，这种现象显然是不真实的。这种低估情况一般会在重现期较小、面积较小的目标流域中较为明显。这一结果与 Wright 的研究结果相符合，但其发现该低估现象在短历时降雨的情况下更为显著，且建议通过增加暴雨目录中的降雨数量以及提高每年随机移置的降雨事件数 k 来降低 SST 的低估性。但在本节的研究中，已提高了暴雨目录中的降雨事件数（为 200），大大超过了 Wright 研究中相应的降雨事件数，发现短历时降雨的估计值要优于长历时降雨估计值，且大重现期下仍存在一定程度的低估现象，这一结果与 Wright 的研究结果并不一致。产生该情况的原因：①与 DR 流域面积较小（14.3 km^2）有关，这使得筛选得到的暴雨目录中降雨事件在时空分布上存在一定的共性和局限性。②与观测数据有关。Atlas 14 采用的是 2000 年以前的雨量站数据，且地区线性矩法中将 DR 流域归入了较大的水文气象一致区，该一致区大于研究设定的移置区，整体降雨量较大，极有可能提高了 DR 流域的估计值；而本节采用的雷达降雨数据为 2000 年以后的数据，上文中已经提到，由于 2000 年以后巴尔的摩地区的热带降雨气旋事件发生数量减少，使得极端降雨事件数量和量级均有所降低，因此，暴雨目录中极端降雨的量级也略有减弱，导致在大重现期下仍出现低估的情况。

表 5.9 所列是 SST 估计值的变化情况（每个时长下均有 1 000 个估计值）。采用了变差系数 C_v 来表示其估计值的变异性。在 $T>25$ 年的情况下，3-h 估计值的变异性超过了 1-h 和 6-h 的变异性。在每个时长下，变异性随着重现期的增加而增加，这主要是由降雨估计值的增大而引起的。但是，在大重现期下，降雨量主要是在若干个极端降雨事件移植

后产生的,因此估计值会出现上限。降雨分布的上界主要由极少的极端降雨事件控制,这是 SST 方法最为显著的限制之一。例如,在 3-h 时长下,T=500 年的降雨估计值主要是由降雨事件“2001-05-27”随机移置产生的,这场降雨产生了 3-h 暴雨目录中第二大降雨累积量,且其降雨峰值最大。

表 5.9 降雨估计值的变异性统计

降雨历时	重现期/年						
	5	10	25	50	100	200	500
1-h	0.025	0.023	0.027	0.039	0.050	0.089	0.097
3-h	0.020	0.024	0.031	0.043	0.057	0.098	0.115
6-h	0.022	0.029	0.021	0.023	0.033	0.057	0.081

2. 降雨时空结构

本节主要讨论降雨估计值的时空结构。图 5.26 所示是不同降雨时长下 T=100 年的流域平均降雨强度过程线(基于 1 000 个 500 年“年最大降雨序列”)。从图中可见,在 1-h 和 3-h 降雨时长下,降雨过程线的变异性较为显著;在 6-h 时长下,降雨过程线的变异性相对较弱。在 1-h 降雨时长下,尽管降雨过程显示出单峰型过程,但中间两个步长的降雨强度都较高。在 3-h 和 6-h 降雨时长下,降雨过程存在多峰型趋势,且降雨强度较大的降雨持续时间较长。传统的设计暴雨一般假设为单峰型的降雨过程线,因此,相比于传统设计暴雨理想化的假设,SST 降雨过程线的表现更为灵活和真实,所包含的降雨时空分布信息更为丰富和具体。

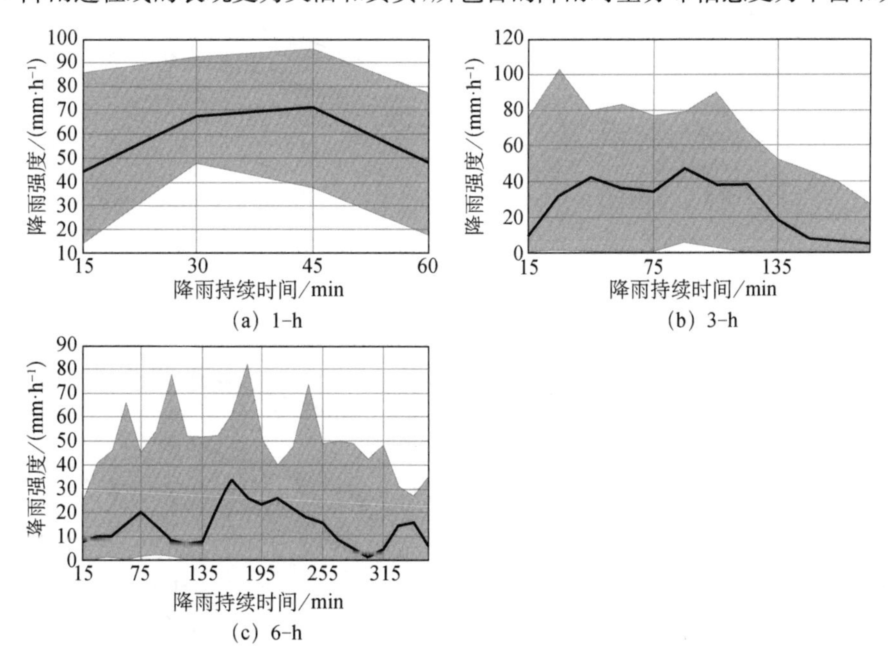

图 5.26 三个降雨时长下的 T=100 年设计暴雨过程线(上、下界为 1 000 组结果得到的 95th 和 5th 百分位数)

3. 空间异质性影响分析

SST 方法类似于探求地区可能最大降水，在暴雨移置时，需要考虑地形和地理的影响。在 Wright 先前的研究中，由于研究地区并未出现明显的空间异质性，因此对空间异质性的影响并未作深入的探讨和分析。上文中提到该地区具有显著的极端降雨空间异质性，在上述章节的研究中也已考虑了一定的空间异质性，本节将详细分析极端降雨空间异质性对 SST 估计值的影响。首先，当假设移置区具有空间一致性时，在降雨事件移置时，主要采用以下两个假设：①降雨在空间内各处发生的概率相同；②降雨在空间内各处发生时降雨量级并未发生变化。在随机暴雨移置法中，将不采用以上两个假设，而采用以下两个条件：①降雨在各处发生的概率不同；②降雨在空间各处发生时量级会相应出现变化。

图 5.27(a)比较了未考虑空间异质性和基于空间异质性的计算结果。在 1-h 降雨时长下，基于空间异质性的计算结果要明显大于未考虑空间异质性的结果。但是未考虑空间异质性的低估程度随着降雨时长的增加而降低，在 6-h 降雨时长下，除了 $T=5$ 年和 $T=10$ 年外，二者的估计值几乎一致，这说明在短历时降雨下，空间异质性对估计值的影响较大；空间异质性对估计值的影响随着降雨时长的增加而相应减弱，仅在重现期较小的

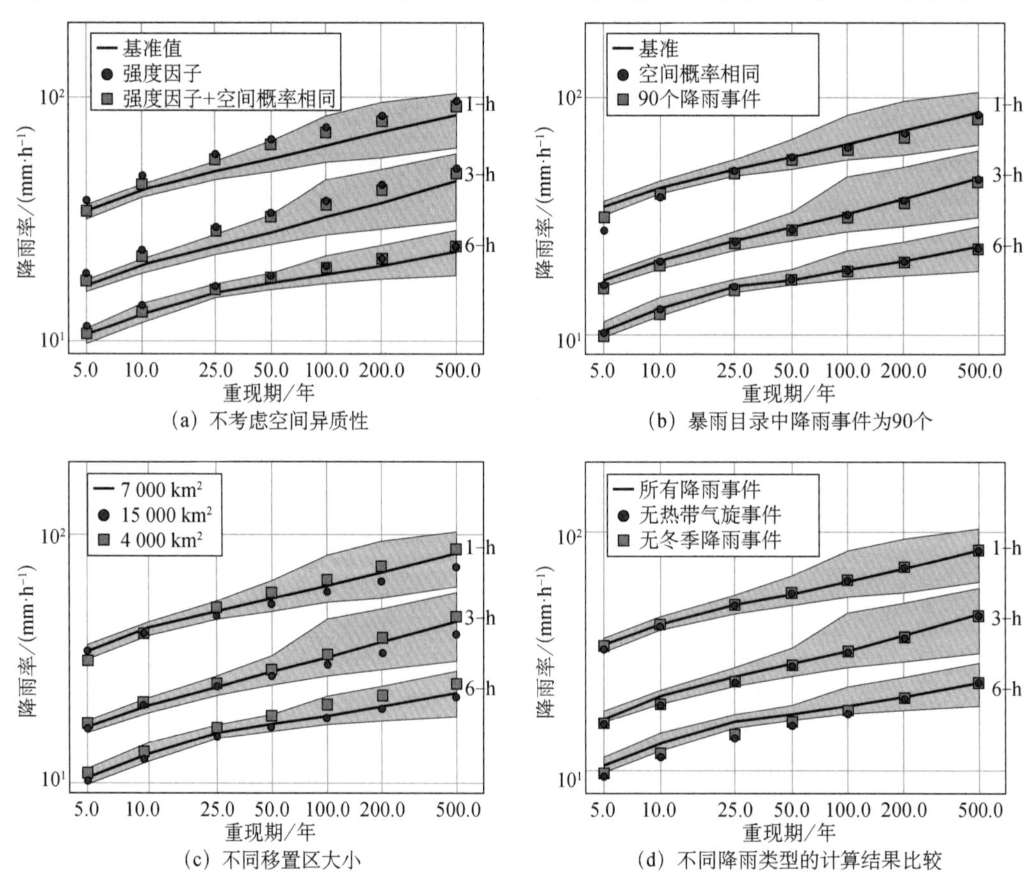

图 5.27 不同 SST 估计值

情况下，对估计值的影响较为明显。

考虑移置后的降雨空间量级变化时，采用暴雨目录的平均降雨分布图(图 5.19)，引入乘积因子——“强度因子”来作为量级变化率，则移置后的降雨定义为

$$R_{\text{trans}} = B_{(x',\, y')} \cdot R_{(x,\, y)} \tag{5.10}$$

式中，R_{trans} 是考虑“强度因子” 的移置降雨场；$R_{(x,\, y)}$ 是实际雷达降雨场数据；$B_{(x',y')} = \frac{r_{(x',\, y')}}{r_{(x,\, y)}}$，即为“强度因子”，其中，$(x,\, y)$ 是降雨实际发生的位置，$(x',\, y')$ 是降雨移置后的位置，$r(x,\, y)$ 和 $r(x',y')$ 分别是平均降雨分布图中降雨实际发生位置$(x,\, y)$ 和降雨移置后位置$(x',\, y')$ 上的降雨量。

图 5.27(b)所示是考虑“强度因子”的 SST 计算结果比较。从图中可见，在三个时长的各个重现期下，采用“强度因子”的 IDF 结果均明显高于未引入“强度因子”的结果，但其高估程度随着时长的增加而降低。此外，同时考虑发生概率和量级变化的结果要高于仅考虑量级变化的结果。仅在 6-h 降雨时长下，$T>100$ 年，二者的估计值相当。以上结果表明，该地区的空间异质性不可忽略，空间异质性对短历时降雨的影响更为明显。考虑到 DR 流域是面积较小的城市流域，短历时极端降雨对流域洪涝等灾害的影响最为显著，因此，该地区短历时设计暴雨的准确性和合理性更为重要。同时，结合 Wright 先前的研究结果可以发现，在考虑空间异质性时，也需要考虑流域尺度的影响，不同流域尺度下，地区空间异质性对不同降雨时长、不同重现期的影响不同，需要根据实际目标(如设计暴雨的重现期、降雨历时等)选择合理的异质性假设。此外，需要指出的是，移置后的降雨量级由于“强度因子”异常大，很可能出现不可能达到的异常值，出现与真实情况不符的情况，故对“强度因子”的不确定性分析应在未来作进一步研究。

5.6 本章小结

在气候变化和快速城市化的共同影响下，城市地区极端降雨及其引发的暴雨洪水灾害已成为制约城市发展的主要问题之一。本章首先利用栅格化降雨资料、长系列雨量站点资料及流域地理、水文和土地利用等数据，提取了暴雨时空分布特征指标，总结了城市流域暴雨时空演变特征。结合地区极端天气气候特征，充分运用暴雨的时空分布信息，采用随机暴雨移置法推估设计暴雨。该方法尤其适用于雨量观测资料极少或资料缺乏一致性的城市洪水高风险地区。

本章研究成果不仅提供了研究城市暴雨时空特征的分析方法，同时还展示了基于降雨时空结构的设计暴雨计算方法，具有重要的理论意义和实用价值，对我国城市暴雨洪水研究具有借鉴意义。但需要指出的是，该设计暴雨方法主要依托高精度的雷达降雨资料，

由于数据资料的限制，上海地区基于随机暴雨移置法的研究在本章中只做了初步的介绍。随着观测手段的提升和观测资料的丰富，国内城市地区的随机暴雨移置方法的研究将进一步深入，可广泛应用于国内城市地区的设计暴雨计算，从而可为提高城市防洪减灾能力、建设可持续发展的海绵城市提供科学依据和技术支持。

本章参考文献

[1] Helsel D R, Hirsch R M. Statistical methods in water resources[M]. Elsevier, 1992.

[2] Smith J A, Baeck M L, Meierdiercks K L, et al. Field studies of the storm event hydrologic response in an urbanizing watershed[J]. Water Resources Research, 2005, 41(10):1-15.

[3] 袁作新. 流域水文模型[M]. 北京:水利电力出版社, 1990.

[4] Scholten H, Kassahun A, Refsgaard J C, et al. A methodology to support multidisciplinary model-based water management[J]. Environmental Modelling & Software, 2007, 22(5):743-759.

[5] Liu J. A GIS-based tool for modelling large-scale crop-water relations[J]. Environmental Modelling & Software, 2009, 24(3):411-422.

[6] Ogden F L, Downer C W. GSSHA: Model to simulate diverse stream flow producing processes[J]. Journal of Hydrologic Engineering, 2004, 9(3):161-174.

[7] Ogden F L, Downer C W. Gridded Surface Subsurface Hydrologic Analysis (GSSHA) User's Manual[M]. Washington D C, U.S. Army Corps of Engineers, 2006.

[8] Sharif H O, Chintalapudi S, Hassan A A, et al. Physically based hydrological modeling of the 2002 floods in San Antonio, Texas[J]. Journal of hydrologic Engineering, 2013, 18(2):228-236.

[9] Sharif H O, Hassan A A, Bin-Shafique S, et al. Hydrologic Modeling of an Extreme Flood in the Guadalupe River in Texas 1[J]. JAWRA Journal of the American Water Resources Association, 2010, 46(5):881-891.

[10] Sharif H O, Sparks L, Hassan A A, et al. Application of a distributed hydrologic model to the November 17, 2004, flood of Bull Creek watershed, Austin, Texas[J]. Journal of Hydrologic engineering, 2010, 15(8):651-657.

[11] Ogden F L, Sharif H O, Senarath S U S, et al. Hydrologic analysis of the Fort Collins, Colorado, flash flood of 1997[J]. Journal of Hydrology, 2000, 228 (1-2):82-100.

[12] Wright D B, Smith J A, Villarini G, et al. Estimating the frequency of extreme rainfall using weather radar and stochastic storm transposition[J]. Journal of hydrology, 2013, 488:150-165.

[13] Wright D B, Smith J A, Villarini G, et al. Long-term high-resolution radar rainfall fields for urban hydrology[J]. JAWRA Journal of the American Water Resources Association, 2014, 50(3):713-734.

[14] Krajewski W F, Kruger A, Smith J A, et al. Towards better utilization of NEXRAD data in hydrology: An overview of Hydro-NEXRAD[J]. Journal of hydroinformatics, 2011, 13(2):

255-266.

[15] Kruger A, Krajewski W F, Domaszczynski P, et al. Hydro-NEXRAD: Metadata computation and use[J]. Journal of Hydroinformatics, 2011, 13(2): 267-276.

[16] Wright D B, Smith J A, Villarini G, et al. Hydroclimatology of flash flooding in Atlanta[J]. Water Resources Research, 2012, 48(4):W04524.

[17] Smith B K, Smith J A, Baeck M L, et al. Spectrum of storm event hydrologic response in urban watersheds[J]. Water Resources Research, 2013, 49(5): 2649-2663.

[18] Villarini G, Smith J A, Baeck M L, et al. Hydrologic analyses of the July 17-18, 1996, flood in Chicago and the role of urbanization[J]. Journal of hydrologic engineering, 2013, 18(2):250-259.

[19] Yang L, Tian F, Smith J A, et al. Urban signatures in the spatial clustering of summer heavy rainfall events over the Beijing metropolitan region [J]. Journal of Geophysical Research: Atmospheres, 2014,119(3):1203-1217.

[20] Seo B C, Krajewski W F, Kruger A, et al. Radar-rainfall estimation algorithms of Hydro-NEXRAD[J]. Journal of Hydroinformatics, 2011, 13(2):277-291.

[21] Smith J A, Smith B K. The Flashiest Watersheds in the Contiguous United States[J]. Journal of Hydrometeorology, 2015b, 16(6):2365-2381.

[22] Bawa J, Coles S, Trenner L, et al. An introduction to statistical modeling of extreme values[M]. New York: Springer, 2001.

[23] Smith J A, Baeck M L, Morrison J E, et al. The regional hydrology of extreme floods in an urbanizing drainage basin[J]. Journal of Hydrometeorology, 2002, 3(3):267-282.

[24] 林炳章. 分时段地形增强因子法在山区 PMP 估算中的应用[J]. 河海大学学报,1988(6):40-52.

[25] Wilson L L, Foufoula-Georgiou E. Regional rainfall frequency analysis via stochastic storm transposition [J]. Journal of Hydraulic Engineering, 1990, 116(7):859-880.

[26] Martin D, Bonnin G M, Lin B, et al. Precipitation-frequency atlas of the United States[M]. 2006.

[27] Franchini M, Helmlinger K R, Foufoula-Georgiou E, et al. Stochastic storm transposition coupled with rainfall—runoff modeling for estimation of exceedance probabilities of design floods [J]. Journal of Hydrology, 1996, 175(1-4):511-532.

[28] Foufoula-Georgiou E. A probabilistic storm transposition approach for estimating exceedance probabilities of extreme precipitation depths[J]. Water Resources Research, 1989, 25(5):799-815.

[29] 王国安.可能最大降水:途径和方法[J].人民黄河,2006,28(11):18-20.

[30] 陈宏.水汽放大法在 PMP 估算中的改进与探讨[D].南京:南京信息工程大学,2014.

[31] Wright D B, Mantilla R, Peters-Lidard C D. A remote sensing-based tool for assessing rainfall-driven hazards[J]. Environmental modelling & software, 2017, 90:34-54.

[32] Ntelekos A A, Smith J A, Krajewski W F. Climatological analyses of thunderstorms and flash floods in the Baltimore metropolitan region[J]. Journal of Hydrometeorology, 2007, 8(1):88-101.

[33] Ogden F L, Raj Pradhan N, Downer C W, et al. Relative importance of impervious area, drainage density, width function, and subsurface storm drainage on flood runoff from an urbanized

catchment[J]. Water Resources Research, 2011, 47(12):1-12.

[34] Smith J A, Miller A J, Baeck M L, et al. Extraordinary flood response of a small urban watershed to short-duration convective rainfall[J]. Journal of Hydrometeorology, 2005, 6(5):599-617.

[35] Meierdiercks K L, Smith J A, Baeck M L, et al. Analyses of Urban Drainage Network Structure and its Impact on Hydrologic Response 1[J]. JAWRA Journal of the American Water Resources Association, 2010, 46(5):932-943.

[36] Lindner G A, Miller A J. Numerical modeling of stage-discharge relationships in urban streams[J]. Journal of Hydrologic Engineering, 2012, 17(4): 590-596.

[37] Chow V T. Open channel hydraulics: McGraw-Hill Book Company[J]. Science, 1959, 131(3408):1215.

[38] Rawls W J, Brakensiek D L. Prediction of soil water properties for hydrologic modeling[C]// Watershed management in the eighties. ASCE, 1985:293-299.

[39] 周正正,刘曙光,Wright D B.基于随机暴雨移置方法的城市设计暴雨分析[J].水科学进展,2020,31(4):583-591.

第6章 结论与展望

设计暴雨一直以来都是防洪减灾面临的首要任务。在当前气候变化和快速城市化的大背景下，暴雨洪涝已成为制约社会经济可持续发展的突出瓶颈。随着防洪思想的转变和新形势下系统性防洪规划体系的建立，流域、区域和城市等层面下的设计暴雨标准不协调、防洪能力不达标的情况日益突出，已不适应新时代的治水思路。当前防洪情势和社会经济发展对设计暴雨提出了新的要求和新的任务，科学合理制定设计暴雨已成为经济社会发展的迫切需要。

针对以上设计暴雨中的问题，本书从流域、区域和城市相结合的角度梳理了三个尺度下的设计暴雨研究框架，探讨了不同空间尺度下设计暴雨计算的主要研究手段和当前较为新颖的研究技术，可为流域、城市和区域的设计暴雨问题研究制定适应中国实际的防洪设计标准和规范，建立可统筹、可协调、可衔接不同尺度的防洪排涝体系，最终为建立人与自然和谐共生的防洪保障体系提供重要的科技支撑；也可为从流域、区域和城市各层面做好防洪减灾的顶层设计、新形势下海绵城市建设和实行雨洪资源安全管理提供重要参考。

6.1 主要结论

(1) 针对流域、区域和城市不同的特征和防洪目标，应分别采用适合该地区的设计暴雨计算方法。

在流域尺度下，往往计算的流域面积较大，降雨分布不均匀，需要综合考虑流域整体特征及地区独特性进行设计暴雨计算。地区分析法是适用于流域设计暴雨计算的主要方法，该方法能够有效利用水文气象一致区内所有站点的信息，在一定程度上减少单站分析时的估计误差。本书的研究结果发现，在流域尺度下采用区域线性矩法的计算结果比传统方法更准确、更稳健，得到的设计暴雨结果更为可靠。基于线性矩法的地区设计暴雨分析方法，可为我国其他类似地区的防洪设计提供重要的技术支持和理论依据。

在区域尺度下，水文资料相对更为齐全，因此，在区域研究中需要从暴雨、流量等多特征要素进行综合考虑。本书的研究结果发现，基于事件的多变量暴雨频率分析方法更符合水文事件物理性质的取样方法，从而能提供更为合理的设计暴雨结果，有效提高了设计结果的合理性和可靠性。研究成果也可为平原感潮河网地区以及其他类似地区的水文气象极值事件风险评估提供新思路和新方法。

城市地区是流域防洪的重点，在城市尺度下推求设计暴雨需要获取并利用高精度的降雨资料。本书的研究结果发现，采用基于高精度雷达降雨数据的随机暴雨移置法，能够结合地区极端天气气候特征，充分运用降雨的时空分布信息，合理推求小区域包括降雨时空分布结构的设计暴雨。该方法尤其适用于雨量观测资料极少或资料缺乏一致性的城市洪涝高风险地区。

(2) 流域、区域、城市尺度下设计暴雨的推求需要考虑相互间的协调和统一。

流域防洪设计是以流域为基础，为防治其范围内的洪灾而制定的方案；区域防洪设计是流域防洪设计的一部分，应服从流域整体防洪设计并与之相协调；城市防洪设计由于其本身的特殊性，是流域防洪设计的重中之重。尽管我国已经初步构建了全国防洪减灾体系，大江大河防洪工程体系已基本建成，形成了流域控制、分区防范的防洪格局，但目前流域、区域和城市设计暴雨均单独开展计算，且采用的资料系列也各不相同，三个层级之间必须相互协调才能发挥整体防洪最大效益。

6.2 展望

本书在流域、区域和城市三个尺度的设计暴雨研究框架下，系统探讨了三种空间尺度下设计暴雨计算的主要研究手段和当前较为新颖的研究技术。未来进一步的研究工作可从以下几个方面开展。

(1) 在流域设计暴雨计算中加强不同抽样方法和分布曲线方法的选择。

在抽样方法的选择上，可尝试多种形式的抽样方法。本书中应用的资料为年最大降雨序列，在今后样本数据的抽样过程中，应尽可能多地利用站点内已有资料，考虑如阈值法、年多次抽样法等，扩大可使用的信息量。考虑不同抽样方法对频率估计值的影响，分析不同抽样方法之间的联系和差异，确定频率估计值之间的转化关系，也是待研究的重要问题之一。

在分布线型的选择上，本书仅选取了规范中规定的 P-Ⅲ 型分布曲线，以及被广泛应用的 GEV 分布曲线进行频率估计，分析了其适用范围及对估计结果不确定性的影响。未来可进一步考虑其他参数估计曲线研究，如 GNO 分布、GLO 分布等。

(2) 深化设计暴雨的不确定性研究。在流域设计暴雨计算中，仅利用蒙特卡洛模拟的方法重点分析了频率估计时的不确定性来源及特点，后续工作可考虑应用多种不确定性分析方法进行分析。本书给出了应用单站分析法拟合 GEV 曲线时频率估计值的分布函数参数与重现期之间的关系。确定更加详细的置信区间的计算公式，进一步考虑应用 P-Ⅲ 型分布曲线时的不确定性也是今后的重点研究方向。

(3) 重点加强城市设计暴雨与设计洪水的研究。

我国有高精度、长系列水文气象资料的城市地区仍相对较少,数据的缺失极大地影响了城市设计暴雨/洪水的精度及可靠性。因此,未来应更多借助高精度、高密度、高频次完整翔实的数据资料(例如美国已大规模应用的雷达降雨资料等),进一步加强城市地区设计暴雨研究,从而优化国内大、中城市的设计暴雨标准。在此基础之上,进一步研究暴雨洪灾的防控理论和方法,建立健全城市暴雨洪水监测与预测预警系统、洪涝应急管理系统等。